克斯的堡垒和防御工事，绘于 1855 年。

FORTS

AN ILLUSTRATED HISTORY OF BUILDING FOR DEFENCE

堡垒图文史

从远古至21世纪，用图片和文字描绘军事设施演进轨迹

人类防御工事的起源与发展

[英] 杰里米·布莱克（Jeremy Black）◎著

李驰◎译

金城出版社
GOLD WALL PRESS
·北京·

图书在版编目（CIP）数据

堡垒图文史：人类防御工事的起源与发展：彩印精装典藏版 /（英）杰里米 · 布莱克 (Jeremy Black) 著；李驰译 .—北京：金城出版社有限公司，2023.1
（世界军事史系列 / 朱策英主编）
书名原文：Forts: An Illustrated History of Building for Defence
ISBN 978-7-5155-2299-9

Ⅰ. ①堡… Ⅱ. ①杰… ②李… Ⅲ. ①关隘－军用建筑－建筑史－世界 Ⅳ. ① TU29-091

中国版本图书馆 CIP 数据核字 (2021) 第 257906 号

堡垒图文史
BAOLEI TUWENSHI

作　　者 [英] 杰里米 · 布莱克
译　　者 李　驰
策划编辑 朱策英
责任编辑 李晓凌
责任校对 陈珊珊
责任印制 李仕杰
开　　本 710 毫米 ×1000 毫米　1/16
印　　张 23
字　　数 307 千字
版　　次 2023 年 1 月第 1 版
印　　次 2023 年 1 月第 1 次印刷
印　　刷 小森印刷（北京）有限公司
书　　号 ISBN 978-7-5155-2299-9
定　　价 148.00 元

出版发行 **金城出版社有限公司** 北京市朝阳区利泽东二路 3 号　邮编：100102
发 行 部 (010) 84254364
编 辑 部 (010) 64271423
投稿邮箱 jinchenglxl@sina.com
总 编 室 (010) 64228516
网　　址 http://www.jccb.com.cn
电子邮箱 jinchengchuban@163.com
法律顾问 北京市安理律师事务所 （电话）18911105819

译 序

自人类出现以来，战争就一直没有停止过，而人类的战争史可以说就是一部防御工事的建筑史。堡垒、城堡、要塞都是人类曾经建造过的防御工事。根据现代汉语词典，“堡垒”一词指用于防守的坚固建筑物，也用来比喻难于攻破的事物或思想顽固的人。而一提到城堡，喜欢中世纪影视题材（如热播美剧《权力的游戏》）的小伙伴们更是如数家珍，无须本人赘述。在中国古代，“要塞”一词泛指在隘口和津要地点构筑的城、堡等防御体系；到了近现代，则进一步定义为构筑永久性工事进行长期坚守的国防战略要地，通常配置专门守备部队、较强的火器和充足的储备物资。同样，在英文里，表达上述类似概念的有 fort、fortress、castle、fortification 等等。其中，fort 指为抵御攻击而建造的建筑，fortress 指为抵御攻击而进行加固设防的建筑或地方，fortification 指为保护一个地方并使其变得更难攻击而建造的建筑物、城墙或沟渠等设施。当然，字典里的解释也许并不全面，就像本书作者在前言里提到的那样，在学术上给“防御工事”（fortification）进行准确定义并非一件易事。

这本由杰里米·布莱克先生撰写的著作，基本按时间顺序展开，介绍了防御工事的起源、中世纪的防御工事、16至21世纪防御工事的发展演变，收录了大量前人流传下来的关于堡垒、城堡、要塞、堑壕等防御工事的示意图、建筑平面图或照片，通过精炼生动的文字，讲述了发生在它们身上的那段血与火的历史往事。

中国是一个拥有五千年文明史的国家，很早就开始建造城池，修筑防御工事。除了举世闻名的万里长城，在我们国家各处山川险隘，都有前人精心设计、巧夺天工的雄关要塞。它们无论是在建造规模、成本、施工难度还是在建筑水平上，均不逊于甚至领先于同时代的其他国家和地区。作为一名西方历史学者，作者虽然在本书中对中国的防御工事着墨不多，但对世界其他地方，尤其是欧洲、美洲、中东和南亚历史上的著名防御工事，进行了较为详细的介绍。所以，如果您是一名军事历史爱好者、中世纪城堡迷，有兴趣了解国外防御工事的历史，本书值得一读。

翻译永远是个学习和精进的过程。对于书中出现的人名、地名、术语和其他细节，我尽可能地查阅了中外资料，但因相关知识储备有限，如有疏漏之处，还请读者见谅，并不吝指出。

在本书的翻译和校对过程中，我首先要感谢本书策划编辑提出的翻译思路和修改意见，他细致的工作态度和饱满的工作热情让初涉图书翻译的我受益匪浅，在此深表感谢。最后，我要感谢我的妻子对本书翻译工作的支持，以及在文字润色上提供的帮助。

李　驰

2022年10月于长沙

目录
CONTENTS

前 言

防御工事不仅是防御中心和攻击基地，也是军事史的重要组成部分。历史上的许多防御工事遗迹犹存，生动地向后人诉说着它们过往的强大，以及当年工程之繁巨。本书收录了许多有关防御工事的照片和平面图，展现了防御工事的发展历史。此外，书中还讲述了攻城术（siegecraft）对防御工事造成的潜在威胁。

虽然“防御工事”一词在本书中反复出现，但仍无明确的定义。在造访日本的城堡或德国在格恩西岛的海岸防御工事时，我还在琢磨该词的具体定义。这可能显得有些荒谬，但实际上，要对其做出准确的定义，会涉及许多问题。例如，如果一座城堡的主要功能是居住或充当监狱，那么，它是否还属于防御工事？德国在法国西海岸修筑的潜艇洞库[1]，它们至今仍令人印象深刻，是否因为用于保护潜艇免受空袭，就不属于防御工事了？这些生动形象的例子都是关于固定防御工事的。而那些非固定并且在设计之初就不打算让其变为固定的防御性装备，是否属于防御工事呢？它们的确属于防御工事，是为起到保护作用而设计的。在这里，我们确实处于概念、方法和历史的困境中。如果在定义时将防护作为重点，那么在个人层面上，盔甲或任何形式的防护服都属于防御工事。如果我们将目光移至使用临时或强化阵地，那么仓促挖出的堑壕或门窗紧锁的农舍也属于防御工事。这种定义方法似乎有误，但鉴于最近的相关文献中都重点研究叛乱和反叛乱战争，在讨论防御工事时忽略相关防御手段似乎是错误的。事实上，非正规战争及不断变化的对称冲突[2]模式也是如此。

“战争”一词具有广泛的含义，所以人们将军事领域的词汇延伸至其他领域。例如，在医学领域，当描述

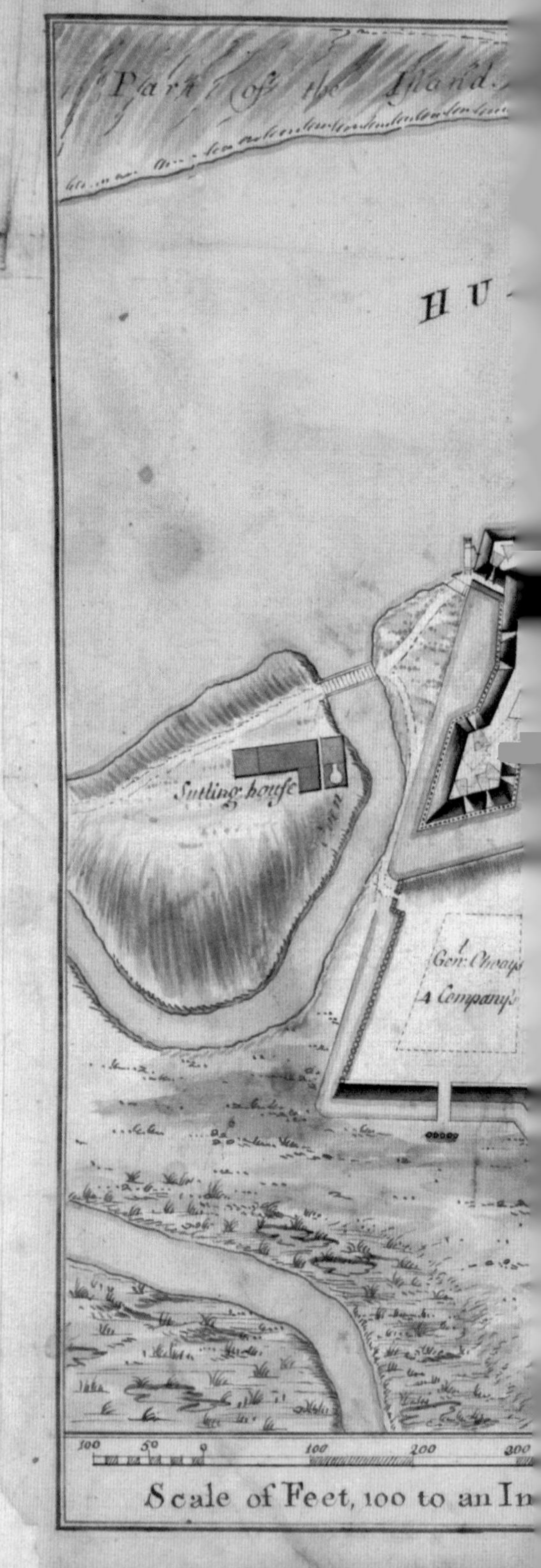

纽约爱德华堡，绘于 1757 年

爱德华堡建于 1755 年，是法国—印第安战争[3]期间修建的一座堡垒。

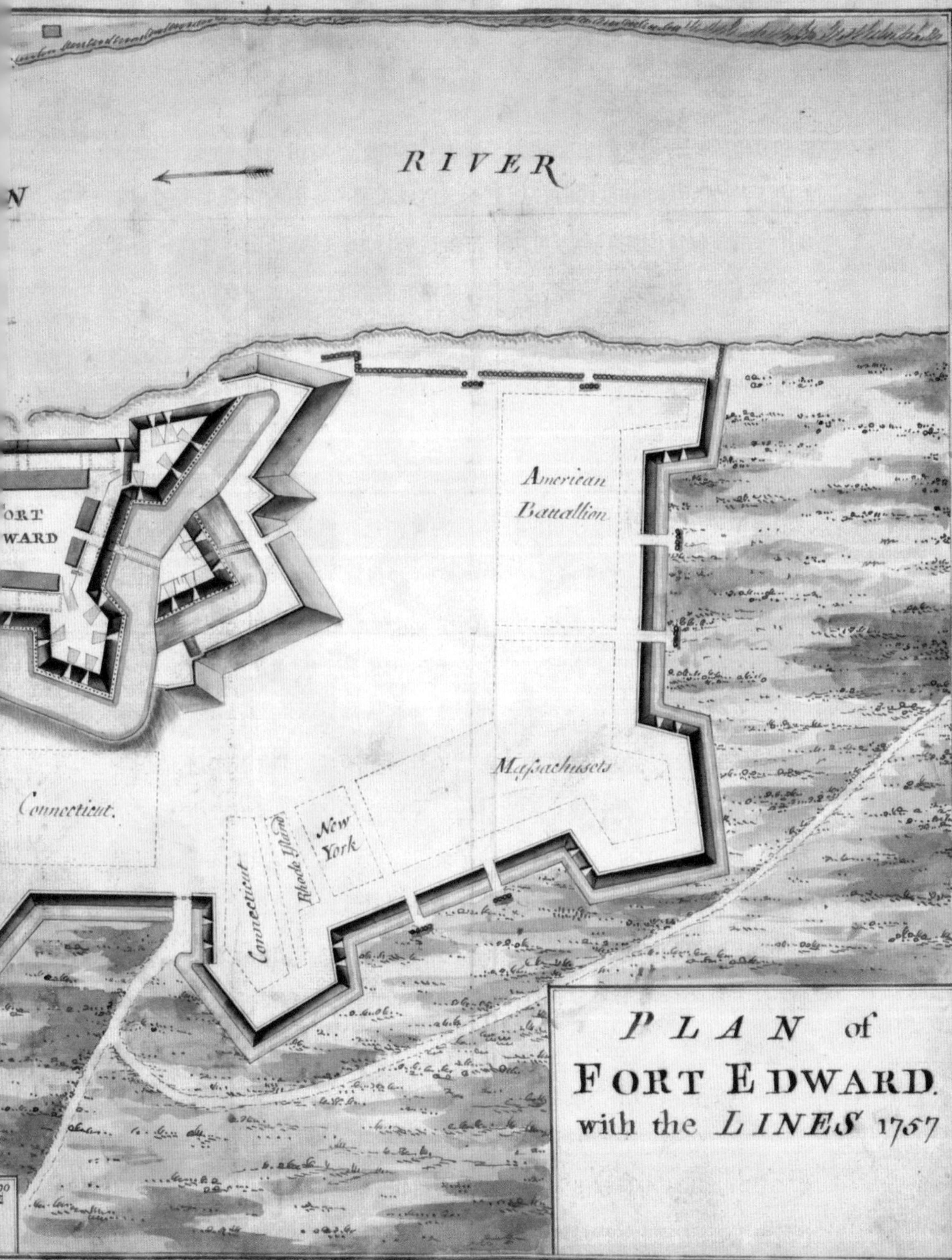

RIVER

N

ORT
WARD

American
Battallion

Massachusets

Connecticut

New
York

Rhode Island

Connecticut

PLAN of FORT EDWARD with the LINES 1757

癌症和其他疾病时，人们也会用到“战争”“防御”“攻击”这类词。当这类词汇用于治安、法律和秩序时，就更不会造成误解了。因为防御工事的一个主要用途就是保证国内安全，可用于打击违法行为，镇压叛乱。在这种情况下，防御工事与其他手段一样，可确保或增强防御能力。这一点可以进一步延伸至概念不确定的新领域。首先，想想那些为防御目的而设计或至少用于防御目的的武器和平台，例如装甲车，尤其是俄国内战[4]中的装甲车。其次，想想那些进攻性武器上用于防御的部件，例如军舰或飞机上的装甲和二级防御武器。将轰炸机命名为“飞行堡垒”[5]只是描述其部分功能，当然，这并不是说将用来拦截轰炸机的飞机称为截击机，就更能准确地反映其功能。作为加强防御的一种手段，护航战斗机（和执行同等任务的战舰）承担了防御任务，用来保护发动打击的力量，这无疑增加了防御工事定义的复杂性。

根据逻辑权重给出一个明确的定义是不可信的。我在此给出了一些标准。本书在讨论防御工事时，并未涉及海战和空战。然而，在讨论固定防御工事时需充分顾及非固定防御工事；尽管这里所说的非固定性不适用于车辆，即无论是古代用于战斗或比赛的双轮敞篷马车还是现代的坦克，都不适用。虽然本书中也会提及个人防护装备，但叙述的重点并不是对个人的保护和防御，而是通过阵地防御（无论是临时性还是永久性）的手段来加强对个人的保护。相应地，虽然围攻主要是针对固定防御工事，但针对阵地防御工事的攻击手段也会有所论述。总而言之，本书的目的是鼓励读者对防御工事这一主题进行广泛的思考。重新认识防御工事一词的复杂性，尤其是在定义层面，是这一思考过程的组成部分。

一方面，防御工事的历史是一部人类史，实际上也是一部全球史。从日本到美国，从新西兰到巴拿马，我参观过世界各地的防御工事，也曾在多个防御工事的遗址进行过讲学，比如伦敦塔和约克城的防御阵地等，这些经历让我受益匪浅。在本书写作过程中，我获邀前往半岛战争[6]的各个战场作巡回演讲，尤其让我收获颇丰。我要感谢斯蒂芬·丘奇（Stephen Church）、凯利·德弗里斯（Kelly DeVries）、约翰·弗伦奇（John France）、鲍勃·海厄姆（Bob Higham）、考希克·罗伊（Kaushik Roy）和乌尔夫·桑德伯格（Ulf Sundberg），他们对本书初稿的全部或大部分内容提出了建议。本书编辑丽莎·托马斯（Lisa Thomas）也为我提供了大量帮助。本书要献给彼得·克拉克（Peter Clarke）。他和我一样对军事历史感兴趣，他也是温迪·杜里（Wendy Duery）的合作伙伴。多年来，在与温迪·杜里合作的过程中，后者对我的帮助一直让我心存感激。

注释

[1] 潜艇洞库（Submarine Pen），在港湾内构筑的工事，用来保障舰艇隐蔽及安全停泊、维修和补给。如无特别说明，本书注释均为译者所加，后文同。

[2] 对称冲突（symmetrical conflict），双方实力对等的冲突。

[3] 法国—印第安战争（French and Indian War），是1754至1763年间英国和法国在北美的一场战争。许多印第安部落在这场战争中与法国结盟，共同对抗英国。

[4] 俄国内战（Russian Civil War），是指1918至1920年，苏维埃俄国同国内反革命势力和外国武装干涉者进行的战争。

[5] 飞行堡垒（Flying Fortress），即B-17，是美国波音公司在20世纪30年代为美国陆军航空兵研制的四引擎重型轰炸机。

[6] 半岛战争（Peninsular War），指1808至1814年发生于伊比利亚半岛的战争，是拿破仑战争的主要组成部分之一，交战双方分别是西班牙、葡萄牙、英国和拿破仑统治下的法国。

第一章
防御工事的起源

防御工事已久存于世，并在人类历史上写下了浓墨重彩的一笔。有些古代的防御工事，即使其留存的证据零碎难辨，但仍在历史上扮演过十分重要的角色。人类需要保护自己免受自然和超自然因素的伤害，同时还要防范动物和其他人的侵害。最初的防御工事都是天然的，为人类提供庇护和（或）增强人类的力量。洞穴和山脊就是典型的例子。灌木丛也是一样，徒步者可藏身其中，避开行动更敏捷的掠食动物。

在整个人类历史中，天然防御工事，包括那些在冲突中充当防守据点的天然防御工事，一直发挥着重要作用。后来，人们对一些天然防御工事进行了强化。最初的人工防护，是用石头和泥土筑成屏障，加上对火的使用，然后又出现了木栅栏，用来圈养、保护家畜。如果没有木头，也可以用石头或泥土做成围栏。实际上，虽然修筑防御工事的方式一直在变化，但防御工事的基本原则一直保持不变。

随着国家的出现和发展，防御工事的类型变得更加复杂。原因在于，与要防御的掠食动物相比，人类攻击者带来的威胁更大。尤其是人类攻击的规模、持续性和复杂程度（例如，人类会用火攻），均远超掠食动物。对防护的需求，设立管控的决心，以及国家间的利益冲突，导致了人类的筑墙而居和大规模冲突，这二者紧密相连。自公元前4000年起，在幼发拉底河的肥沃河谷，以及后来在底格里斯河流域（位于当今伊拉克境内），城邦开始出现并发展起来。此外，到公元前 3300 年左右，埃及人开始沿尼罗河修建带围墙的城镇。中国也出现了类似的定居点。

与敌方进行近距离交战的需要，使得防御工事具有强大的威力。只有可靠且强力的投射武器才能抵消其威力，而且只能部分抵消。此外，由于攻城术存在局限性，防御工事的“生存能力”得以增强。然而，防御工事与攻击手段之间一直是一种动态的关系。这种情况延续至今，并将持续至未来。

公元前 9 至前 7 世纪，积极对外扩张的亚述帝国（今伊拉克境内）对攻城武器进行了改进。无论亚述人的扩张是否导致战争，先进的攻城武器能确保他们轻易击败位于城墙之后的守军，而在当时的战争中，城墙久攻不下乃兵家常事。亚述帝国首都尼尼微宫殿的石浮雕，描绘了当年的攻城场景。亚述人使用攻城锤攻城。从浮雕上可以看到，亚述士兵站在保护攻城锤的高塔顶端作战，这便是带攻城锤的攻城塔（siege tower），也可以说是带攻城塔的攻城锤。

除了直接接触城墙的攻城锤和攻城塔等装置，攻城器械（siege engine）还包括投掷射弹[1]的武器，尤其是弹射武器。大型弹射武器可以投掷沉重的石弹，破坏建筑结构，中型弹射武器可以发射大型弩箭，而轻型、手持式弹射武器可以发射轻型弩箭和石子，用于射杀防御阵地上的单兵。这种杀伤性武器（anti-personnel weaponry）可用于获取战术优势，为攻城器械的使用扫除障碍。因此，为了压制防御力量，攻城的不同阶段会用到不同的攻城武器。

反过来，针对攻城的不同阶段也会有相应的防守战术。这包括部署在城墙上的火力，尤其是部署在塔楼上的火力，而塔楼是城墙上防御力最强的部分。公元前 332 年，马其顿的亚历山大大帝在征服波斯帝国期间，围

攻并占领了防守严密的港口城市提尔（位于当今黎巴嫩境内）。在使用攻城锤撞击城墙时，以及在用木板搭建便于船上士兵登陆的便桥时，弹射武器均能提供掩护火力。后来，当火炮[2]出现后，可以从更远的距离摧毁城墙，无须像攻城锤一样抵近城墙。

亚历山大的帝国灭亡之后，进入了诸强林立的希腊化时代[3]。在公元前1世纪之前，希腊诸国一直统治着近东和东地中海地区，他们能够制造更强大的攻城武器，比如，外裹铁皮、安装在滚轮上的攻城锤。在16世纪之前，罗德岛[4]一直是一处兵家必争的防御要地。在公元前305至前304年的罗德岛围攻战中，还出现了带铁尖的钻槌（通过绞盘、滑轮和滚轮发挥效力），用于在城墙上打孔。此外，攻城塔也变得更大、更重，因此投送能力大大增强。攻城塔的防御力亦有提升，比如在表面用铁板和山羊皮覆盖，可以抵御

英格兰梅登堡（Maiden Castle）

英格兰梅登堡遗迹位于现在的多尔切斯特城之外，在罗马军队入侵英格兰时，该城堡发挥了防御作用。梅登堡是一座山丘堡垒，曾归杜罗特里吉部落所有，其周围如梯田一样层叠的土埂，用于迟滞敌人的进攻。最内侧的土坡上还设置过栅栏。公元43年，罗马军队发动了大规模入侵，他们迅速攻克了英格兰的众多山丘堡垒。后来成为罗马帝国皇帝的韦斯巴芗（Vespasian），率军攻陷了梅登堡。

印度瓜廖尔堡（Gwalior Fort）

瓜廖尔堡是位于印度中部的一座山丘堡垒，其历史至少可以追溯至公元 10 世纪。这座堡垒雄踞于山丘之上，居高临下俯视着瓜廖尔城，曾用来抵御德里苏丹国[5]的扩张，战略位置非常重要。15 世纪，统治者托马尔家族强化了瓜廖尔堡的防御工事，但后来还是落入了莫卧儿人之手。18 世纪中叶，马拉塔人[6]夺取了这座堡垒。1780 年，英军架设云梯发起猛攻，拿下了这座一度被人认为固若金汤的堡垒。

守军的火矢和飞石。使用上的灵活性十分重要，因为这些攻城塔可以组装和拆卸；或者，如果木材易得，攻城塔可就地建造。

罗马人也擅长攻取堡垒，他们在行军途中会依照惯例建立营地，并在边境或边境附近部署军队长期驻守。中国人和罗马人都修筑了多段令人生畏的城墙，包括中国境内的魏、赵、燕（约公元前 350 至前 290 年）长城和罗马的石灰墙（尤其是在莱茵河上游和多瑙河上游之间的城墙）。这些城墙都有堡垒提供支持。在中国，攻城武器不断发展，为了对付外有深沟环绕、内有厚土墙保护的城市，出现了攻城塔和抛掷石块的弹射装置（罗马人也使用这两种武器）。由于军队数量庞大，在进攻敌方的坚固阵地时，中国人和印度人习惯于采取包围加封锁的作战方式。

在英格兰地区，自青铜时代以来，堡垒的遗迹就屡见不鲜。从公元前约 700 年的铁器时代开始，山丘堡垒变得愈加普遍。不过，这些山丘堡垒很可能是避难场所，而非居所。其中的一个重要原因，是山顶的供水很成问题。山丘堡垒常常修筑在彼此的视野之内。英国的山丘堡垒遗迹往往不大起眼，比如德文郡的伍德伯里堡（Woodbury Castle）。不过，也有规模庞大的山丘堡垒存在，比如多塞特郡的梅登堡。

事实上，英国境内众多山丘堡垒的主要建造者是罗马人。他们不仅建立了固若金汤的军团基地，如德瓦（切斯特）要塞、伊布拉坎（约克）要塞和伊斯卡（卡利恩）要塞，而且建立了存在时间较短的军团基地，如埃克塞特要塞。此外，罗马人还建造了哈德良长城（Hadrian’s Wall），作为罗马帝国北部边界的标志。自公元 3 世纪 70 年代起，为了防范来自日耳曼的海上袭掠者，罗马人修筑了“撒克逊海岸”[7] 诸堡垒，堡垒从布兰卡斯特、诺福克，延伸至波特切斯特、汉普郡。这些堡垒为保护海港和河口而设计，大多带有凸出的塔楼。罗马堡垒通常带有凸出的圆形塔楼，能够向攻击者施以纵射火力，如耶路撒冷的罗马式堡垒就是典型的例子。

从公元 3 世纪起，罗马帝国在不列颠和西班牙等地建造了许多城防工事，此外还于公元 3 世纪 70 年代在罗马修筑了一道高大的城墙。这些防御工事的修建，表明罗马人对外患的态度逐渐倾向于防御。在罗马帝国的“蛮族”征服者纷纷建立了自己的国家后，这类城墙依然十分重要。因此，在西班牙和法兰西南部（比如卡尔卡松和图卢兹）的西哥特人治下，以及法兰西的法兰克人治下，罗马传统具有重要地位。公元 9 世纪，法兰克人在桥梁上设置防御工事，抵御沿河流进军的维京人。

9 世纪晚期，为了抗击维京人的入侵，在韦塞克斯国王阿尔弗雷德[8]的推动下，英格兰南部建立了许多布尔赫[9]，以此构成防御体系的重要组成部分。有些布尔赫是翻新后的罗马城防工事，另一些则为新建的。阿尔弗雷德的继任者延续了这一防御体系，他们在 10 世纪建立了古英格兰国，攻克了维京人占据的东米德兰兹。另外，城堡的基础——具有防御性质的私人宅邸，在撒克逊时期[10]后期出现，其中一些宅邸是由诺曼人和“忏悔者”爱德华[11]（1042—1066 年在位）的法国门徒建造的。西欧其他地区也出现了类似的防御性工程。

欧洲东南部，东罗马（拜占庭）帝国维持着规模宏大的防御工事，尤其是在君士坦丁堡（伊斯坦布尔）和萨洛尼卡[12]。现有的防御工事得到了改进，比如公元 6 世纪，在近东的安提阿[13]建造了巨大的拜占庭式城墙，有大约 60 座塔楼，分为两组：大型的多边形主塔和依附于它们的小型方塔。这一案例清楚地表明，外部威胁是发展防御工事的直接动力。出于对波斯（伊朗）萨珊王朝[14]扩张的担忧，东罗马人在该地区修建了拜占庭式的防御工事。

英格兰哈德良长城

哈德良长城是一条长达 73 英里（117.5 千米）的坚固石墙，由哈德良皇帝[15]于公元 122 年下令修建，西起泰恩，东至索尔韦，横贯不列颠岛的最窄处。罗马人还修建了支撑性的堡垒，如豪斯戴斯堡，作为哈德良长城的一部分。哈德良长城不仅是一条边界，一个兵力投送基地，还是一种防御手段，一条关税线。修建哈德良长城时利用了地形特征，尤其是火山岩床。公元 180 年后，哈德良长城在一次攻击中被入侵者突破，但此后再也未被攻破，直至罗马统治结束。

注释

[1] 射弹（projectile），泛指武器发射的投射物、枪弹、炮弹。

[2] Cannon，大炮、火炮，音译为加农炮，在本书中指炮管长度约为口径的20倍，发射铁弹或石弹的旧式大炮。

[3] 希腊化时代（Hellenistic Age），是指从公元前323年亚历山大大帝逝世到公元前30年罗马征服托勒密王朝为止的时期。这一时期，地中海东部地区原有文明区域的语言、文字、风俗、政治制度等逐渐受希腊文明的影响而形成新的文明特点。

[4] 罗德岛（Rhodes）是希腊佐泽卡尼索斯群岛的最大岛屿，位于爱琴海最东部，与土耳其隔马尔马拉海峡相望。

[5] 德里苏丹国（Sultanate of Delhi），是13至16世纪突厥和阿富汗军事贵族统治北印度的伊斯兰教区域性封建国家的统称，以其建都德里得名。

[6] 马拉塔人（Marathas），印度主要民族，在历史上是印度教的勇士和捍卫者。

[7] 撒克逊海岸（Saxon Shore）是罗马帝国晚期的一个军事指挥部，由英吉利海峡两岸的一系列防御工事组成。

[8] 韦塞克斯国王阿尔弗雷德（Alfred, King of Wessex，849—899年），是盎格鲁-撒克逊时期韦塞克斯王国国王，在位期间进行了广泛的军事改革，并率众抗击北欧海盗维京人的侵略，使英格兰大部分地区回归盎格鲁-撒克逊人的统治。他是英国唯一一位被授予“大帝”名号的君主，被后人尊称为“英国国父”。

[9] 布尔赫，burh的音译，指设置防御工事的原始城镇。

[10] 撒克逊时期（Saxon period），指英国历史上从公元5世纪初到1066年诺曼征服的时期。

[11] “忏悔者”爱德华（Edward the Confessor），是英国盎格鲁-撒克逊王朝君主，因为对基督教信仰有无比的虔诚，被称作“忏悔者”。

[12] 萨洛尼卡（Salonica），是希腊的一座城市。

[13] 安提阿（Antioch），也译作安条克，是土耳其的一座城市。

[14] 波斯萨珊王朝（Sassanids of Persia），是公元3至7世纪统治西亚和中亚大片地区的王朝，被认为是第二个波斯帝国，因其创建者阿尔达希尔一世的祖父萨珊而得名。

[15] 哈德良皇帝（Emperor Hadrian，76—138年），西班牙人，外号“勇帝”，罗马帝国五贤帝之一。

第二章 中世纪的防御工事

城堡是一种有效的权力展示平台，也是一种让人印象深刻的武力倍增器。去看看那些矗立在乡间并俯瞰四周的现存石头城堡，你就能充分理解这一观点。石头遇火不会燃烧，而木材很容易燃烧，并且用石头建造的城堡更为坚固，给进攻方带来了战术和组织上的难题，尤其是能给围城部队造成补给上的困难。西欧国家在修筑城堡时将石头作为主要建筑材料，印度、东南亚国家则更多地使用泥土或木材来建造城池。事实上，所谓的石头城堡依然使用了大量的木质构件，所以防守方非常害怕敌方的坑道作业，即在城墙下挖掘一条用易燃物填充的地道，然后通过烧毁木质支撑物的方式来造成城墙坍塌。

虽然城堡是权力的象征并能够威慑入侵者，但是也需要达到一定的规模。当城墙环绕的城市，如米兰和安提阿遭遇相对小规模的攻城部队时，城市的大小就显得尤为重要。如果城市的规模大到攻城部队无法围攻，攻城部队只得集中兵力进攻各个城门，这就使得守城部队能轻易地对其发动突袭。当城外还有援军配合作战时，例如 1098 年第一次十字军东征 [1] 期间，十字军对安提阿的围攻中，攻城部队就很容易受到攻击。这种情况下的围攻，只是作为整个野外作战行动的一部分。

和以往的防御工事一样，堡垒本身也会因其存在的弱点而处于危险境地。相反，城堡和其他防御工事一样，在作为联合军事体系的组成部分时更能发挥其独特作用。事实上，11 至 13 世纪的欧洲军事史，在某种程度上，就是讲述法兰克统治者如何通过发展骑士队伍、城堡和围城技术来镇压国内的反对者，并在边境与对手作战，从而扩张他们的势力。法兰克统治者的对外扩张，迫使立陶宛、普鲁士、苏格兰和威尔士等周边地区的统治者开始建造自己的城堡。

但是，如果将城堡的守军抽调出去进行野外作战，会使城堡处于危险境地，一旦他们战败，还会影响士气，这些都会进一步影响城堡的军事效用。例如，1187 年萨拉丁 [2] 在哈廷击败耶路撒冷王国的军队后，又相继攻克了阿克里、耶路撒冷等堡垒，并俘虏了它们的守军，就是因为这些堡垒在没有援军的情况下，势单力薄，无法坚守。

十字军东征，使欧洲军事体系面临特别的挑战。同心城堡 [3] 的出现和发展，让十字军领地在城堡设计水平方面超越了欧洲。原因在于，阿拉伯人拥有数量庞大的军队和先进的攻城技术，给十字军带来了重大挑战。

骑士城堡 [4] 是现存最宏伟的中世纪军事遗址之一，最初由阿拉伯人所建，用于保卫的黎波里至哈马的道路。后来，的黎波里伯爵带领十字军加强了此处的防御工事。1142 年，医院骑士团（也称圣约翰骑士团）[5] 从的黎波里伯爵手中得到了骑士城堡，随后对其进行了全面重建，塑造了城堡如今的外观。1188 年，骑士城堡成功地抵御了萨拉丁率领的大军。到 1190 年时，它成了硕果仅存的几座十字军城堡之一。13 世纪初，骑士城堡的防御工事有所改进，特别是修筑了一道外墙，并在上面设置多座半圆形凸出塔楼，增强了外墙的防御力。骑士城堡独特的设计，使敌军难以通过挖地道的方式攻城。防御工事的多功能性，以及环环相扣、互为犄角之势的布局，确保了一旦外墙被突破，敌军仍须沿着暴露在防御火力下的廊道和坡道前行。城堡的建筑艺术，反映了防御技术专家所扮演的重要角色。

尽管骑士城堡的防御设计十分巧妙，但 1271 年，在一场持续近一个月的围城战中，骑士城堡还是落入了马穆鲁克人[6]手中。马穆鲁克大军横扫了十字军世界的残余势力。（从 2011 年持续至今的叙利亚内战中，骑士城堡一度成了叙利亚反对派武装的藏身地，遭到叙利亚和俄罗斯战机的轰炸，造成部分外墙垮塌。）1291 年，马穆鲁克大军对阿克里发起决定性攻

英格兰庞蒂弗拉克特城堡（Pontefract Castle），绘于 1561 年

庞蒂弗拉克特城堡是一座重要的中世纪城堡，始建于公元 1070 年左右。城堡最初为木制，后改为石筑——位于军事要地的城堡普遍采用石头建造。13 世纪，又修建了一座主楼。1322 年，兰开斯特伯爵托马斯（Thomas, Earl of Lancaster）在这座城堡的城墙外被斩首。下达命令的是此前击败托马斯的爱德华二世[7]，他也是托马斯的远亲。庞蒂弗拉克特城堡后来成为兰开斯特公爵冈特的约翰[8]的乡村宅第，他的儿子亨利四世[9]在这里废黜了理查二世[10]。理查二世于 1400 年被害。在 1536 年反对亨利八世[11]的恩典朝圣叛乱[12]中，城堡被其监护人托马斯（第一代达西勋爵）交给了叛军，随后他因叛国罪被处决。这幅插图来自 1561 年的一次地理勘测。奥利弗·克伦威尔[13]将该城堡描述为“英国最强大的内陆要塞之一”。在英国内战[14]期间，它遭到议会军（parliamentarian forces）的围困。议会军占领该城堡之后，有意将其“冷落”，甚至为了防止以后再被叛军利用，于 1649 年将其毁坏。

击。他们用配重式投石机破坏了阿克里的防御工事，并开挖地道，造成南段城墙大段垮塌，最终攻克了该城。

诺曼时代的城堡

1066 年诺曼征服[15]后，与盎格鲁－撒克逊时期的防御工事（比如布尔赫或筑防城镇）相比，英格兰的城堡呈现出截然不同的特点。英格兰和威尔士的早期城堡一般为土岗城廓式城堡或环形（围场）城堡：采用土木结构，建造匆忙（但仍需许多工日[16]方可建成），足以应对当地的骚乱。土岗城廓式城堡和环形城堡曾长期流行于不列颠群岛，直至 13 世纪。高昂的成本，熟练石匠的短缺，降低了石质建筑的吸引力。不过，诺曼时代早期的城堡并非都是土木建筑。埃克塞特、伦敦和其他地方均有早期的石

筑城堡。

城堡的建造，不论是采用木材、石头，还是两者兼而有之，其设计目的都是昭示统御一方新晋家族的强大力量。“征服者”威廉一世（1066—1087年在位）及其继任者在各个郡（以及伦敦）设有城堡，作为皇家统治体系的一部分。在防御工事的发展历史上，对国内进行统治是其一项重要功能。镇压内部反对势力与抵御外部威胁同样重要。随着时间的推移，城堡的设计又有了种

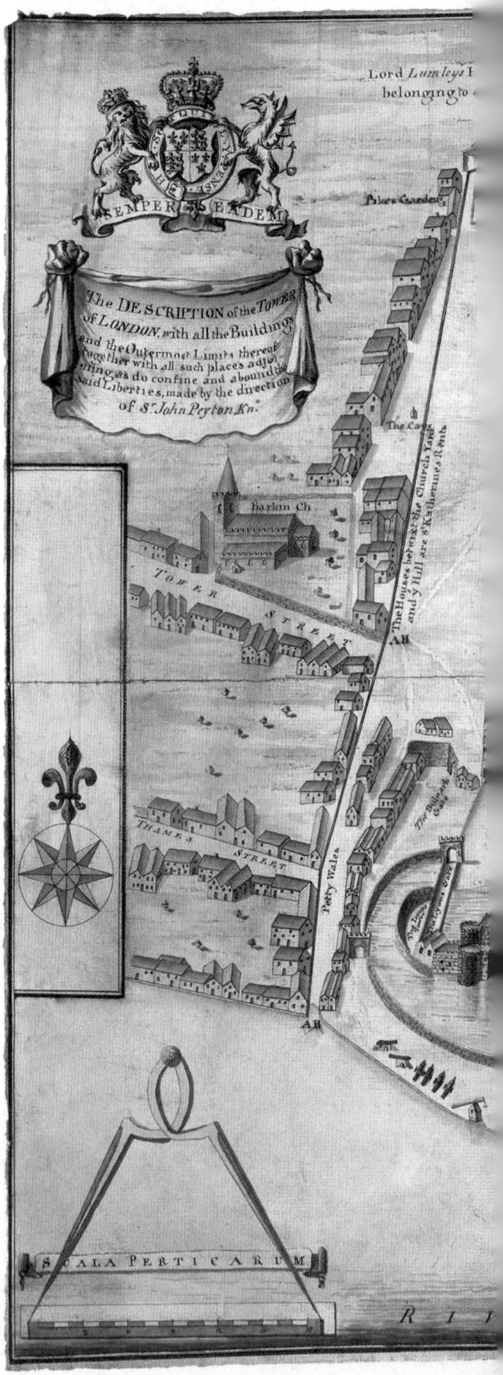

英格兰伦敦塔，绘于 1597 年

伦敦塔最初由威廉一世所建，坐落于罗马时期伦敦城的东南角。白塔是整座堡垒的中心，也是英国最早的石筑城堡主楼，大概在 1100 年建成。塔的周围建有一道城墙。1189 至 1190 年，对伦敦塔进行了扩建，挖掘了一条护城河。13 世纪，又进行了大规模的扩建，尤其是增加了两道新的防御围墙。墙体利用了地形特点，尤其是火山岩床。进入伦敦塔的参观者，必须先通过一个外堡和三个门楼。1191 年，这座城堡在一次围攻中陷落，但在 1214—1215 年和 1267 年的围攻中，成功地将入侵者拒之门外。1191 年，约翰王子之所以能攻陷伦敦塔，是因为守军的食物耗尽。在 1381 年英格兰农民起义（Peasants' Revolt）期间，起义军攻占了伦敦塔，当时为迎接国王，伦敦塔的大门敞开。尽管起义军并未遭遇抵抗，但还是屠杀了里面的王室官员，并将伦敦塔洗劫一空。在 15 世纪末的玫瑰战争[17]中，为了抵御火炮的攻击，对伦敦塔进行了加固。英王亨利六世[18]和爱德华五世[19]，分别于 1471 年和 1483 年在伦敦塔被谋杀。本图为 1597 年地理勘测图的副本。

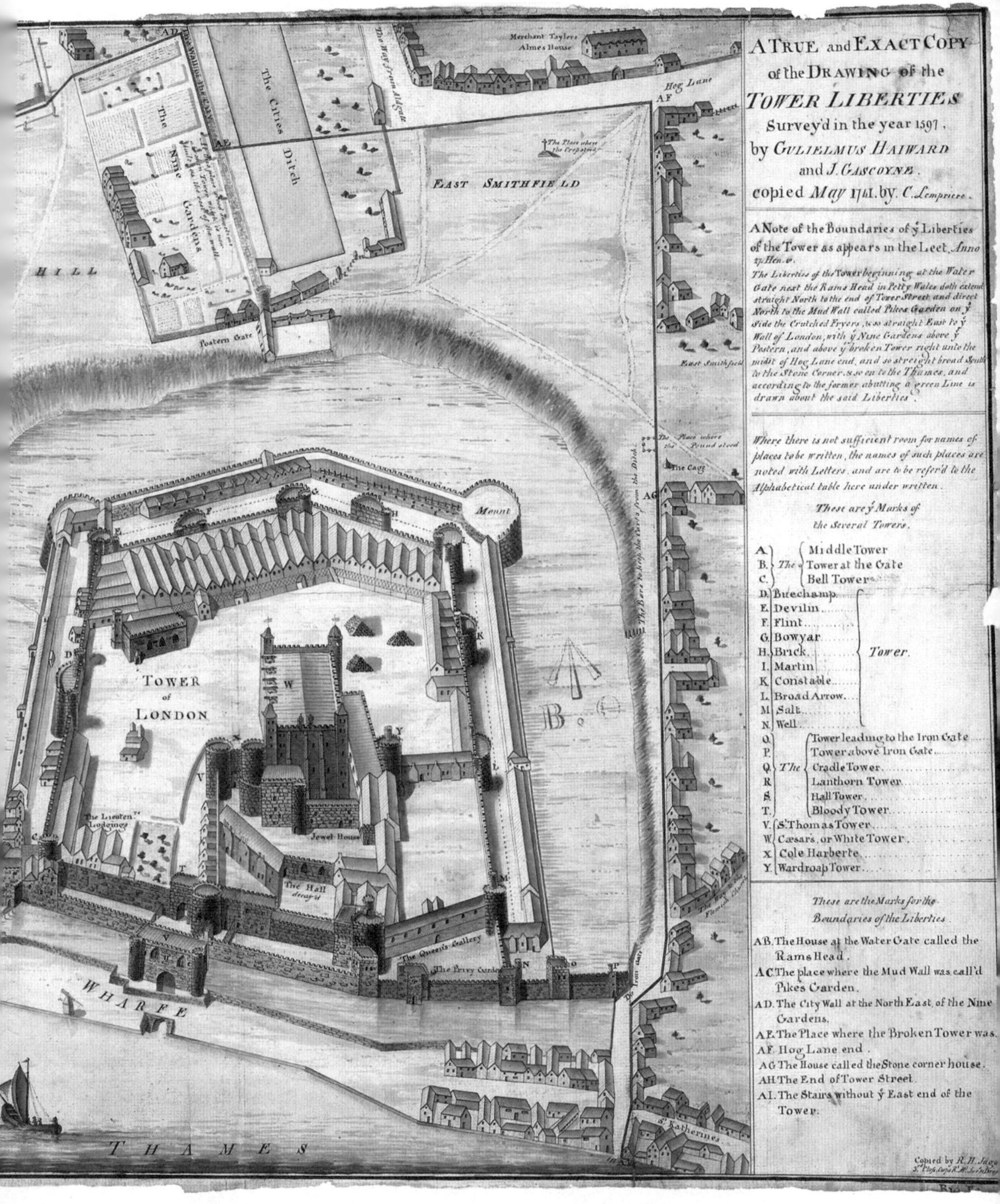
A TRUE and EXACT COPY of the DRAWING of the TOWER LIBERTIES Survey'd in the year 1597, by GULIELMUS HAIWARD and J. GASCOYNE. copied May 1741. by C. Lempriere.
A Note of the Boundaries of ye Liberties of the Tower as appears in the Leet, Anno 17. Hen. 8.
The Liberties of the Tower beginning at the Water Gate next the Rams Head in Petty Wales doth extend straight North to the end of Tower Street and direct North to the Mud Wall called Pikes Garden on ye side the Crutched Fryers, is so straight East to ye Wall of London, with ye Nine Gardens above ye Postern, and above ye broken Tower right unto the midst of Hog Lane end, and so streight broad South to the Stone Corner, & so on to the Thames, and according to the former abutting a green Line is drawn about the said Liberties.
Where there is not sufficient room for names of places to be written, the names of such places are noted with Letters, and are to be refer'd to the Alphabetical table here under written.
These are ye Marks of the Several Towers.
A. B. C. The Middle Tower, Tower at the Gate, Bell Tower
D. Buechamp. E. Devilin. F. Flint. G. Bowyar. H. Brick. I. Martin. K. Constable. L. Broad Arrow. M. Salt. N. Well. Tower.
O. P. Q. R. S. T. The Tower leading to the Iron Gate, Tower above Iron Gate, Cradle Tower, Lanthorn Tower, Hall Tower, Bloody Tower
V. S. Thomas Tower. W. Cæsars, or White Tower. X. Cole Harberte. Y. Wardroap Tower.
These are the Marks for the Boundaries of the Liberties.
AB. The House at the Water Gate called the Rams Head.
AC. The place where the Mud Wall was call'd Pikes Garden.
AD. The City Wall at the North East of the Nine Gardens.
AE. The Place where the Broken Tower was.
AF. Hog Lane end.
AG. The House called the Stone corner house.
AH. The End of Tower Street.
AI. The Stairs without ye East end of the Tower.
Copied by R. H. Jago
Merchant Taylers Almes House
The Way from Aldgate
Hog Lane
The Cities Ditch
The Nine Gardens
EAST SMITHFIELD
HILL
Postern Gate
East Smithfield
The Place where the Pound stood
The Cage
Mount
TOWER of LONDON
The Lieutents Lodgings
Jewel House
The Hall decay'd
The Queen's Gallery
The Privy Garden
WHARFE
THAMES
S. Katherines

种改进。伦敦城内，雄伟的白塔在诺曼王朝的头 40 年间落成，是伦敦塔中最早的建筑；之后，又有一些城墙和防御塔如众星拱月般地建在白塔四周。到了 13 世纪，其周围又增添了两道环形防御工事。这座新建成的防御建筑群拥有坚固的河堤和护城河。

此外，城堡还有一项重要的功能，那就是作为具备防御力的住宅使用。比如，上文所述的白塔和英国王室居住的温莎城堡。尤其在西欧，城堡往往兼具两种不同的功能，一方面，城堡是防御工事和征服手段；另一方面，大部分城堡或多或少还扮演着住宅的角色，并且是一地领主（或一国君主）的行政中心。

城镇内城墙的作用是控制人员和货物的通行。城堡比筑防城镇更易防守，因为后者的防御工事须与城镇伴生，而城堡的选址则常常取决于防御上的考量，比如利用山坡地形强化防御，给攻击者制造更大麻烦。从军事角度上看，这固然正确，但值得注意的是，许多城堡并未建于易守难攻之地，从中反映出城堡的社会行政地位和属性。在公元 1070 年（威廉一世镇压英格兰城镇的叛乱后）至 13 世纪的英格兰历史文献中，关于城镇围攻战的记述并不多见。然而，对当时的战争而言，城堡围攻战是经常发生的。

领土扩张中的堡垒

修建城堡也是开疆拓土的重要一环。但无论是进攻性城堡，还是防御性城堡，其力量辐射半径仅有约 15 英里（24 千米）。对于骑兵而言，这是正常的巡逻距离，不会累死自己的坐骑。在崎岖地形和山岭地带中，这个距离只会更短。拔地而起的城堡，巩固了基督教势力的扩张成果，并为新的扩张行动提供前进基地。

在 8 至 15 世纪对摩尔人[20]的漫长战争中，西班牙和葡萄牙就是采取这种方式的。在“收复失地运动”[21]中，摩尔人建造了城堡，对抗基督徒的城堡。几乎每一座基督徒城堡，都有一座穆斯林城堡与之针锋相对，反之亦然。例如，在西班牙东北部的韦斯卡省，有一座建于 11 世纪的洛阿雷城堡[22]，距离相对的穆斯林城堡仅 10 千米，彼此相望。在北方十字军战役[23]的发生地波罗的海地区，为了统治当地人民，十字军征服一方土地后便会建起城堡。在 14 世纪初的佛兰德斯[24]地区，法国人也试图通过建造城堡来扩大自己的利益，比如在里尔便是如此。

在此期间，特别是 13 世纪，筑城技术持续发展。城堡不仅在规模和高度上甚于以往，在复杂性上也有所增加。在大炮问世以前，增加城堡的高度十分重要，因为城堡面临的威胁均来自云梯、弓箭手和投石武器。

在不列颠，威尔士地区可谓是运用城堡扩张版图的典范。英格兰国王和寻求扩张权势的诺曼贵族，纷纷修起了城堡。1081 年，威廉一世前往威尔士巡视，加的夫城堡（Cardiff Castle）很可能是在他的主导下修建的。威廉一世手下的一名领主——威廉·菲茨奥斯本（William FitzOsbern），于 1067 至 1071 年在切普斯托建造了威尔士的首座石头城堡，以此作为扩张基地。另一名领主罗杰·德·蒙哥马利（Roger de Montgomery），在蒙哥马利市兴建了一座木头城堡，并从这里向威尔士中部进军。此外，罗杰还负责从位于奥斯沃斯特里的城堡向北进逼，该城堡建于 11 世纪 80 年代晚期。当遭遇威尔士人发动的袭击时，这些城堡成了诺曼人的避风港。不过，威尔士人可以轻易绕过这些城堡。因此，城堡的建造，并未完全巩固诺曼人的统治。相反，诺曼人不得不依赖自己的轻装部队，追击威尔士劫掠者。于是，为了弥补城堡的短板，设立了以城堡为基地的轻装骑兵部队。

自 1277 年起，爱德华一世[25]开始了对威尔士西北部的征服，这是一段尤为重要的历史。威尔士人建造的城堡，实质上并未迟滞或阻止爱德华的大军。唯一一次对威尔士城堡的大规模围攻，是 1287 年的德里斯温之战，当时正值威尔士南部发生叛乱。为了攻打德里斯温城堡，英格兰军队动用了一部配重式投石机。战后，又用 80 辆马车组成的车队将投石机运往纽卡斯尔埃姆林。作为军队最后的退守之地，威尔士的各个城堡未能发挥重要的战略作用。1287 年的叛乱，以及 1294 至 1295 年间更为严重的叛乱，促使爱德华一世全力推进他的筑城计划。圣乔治的詹姆斯大师[26]为爱德华一世新建的主要堡垒，尤其是卡那封城堡、康威城堡、哈勒赫城堡和博马里斯城堡，均为可从海上进行补给的海岸城堡。建造城堡所需的大部分重磅建材，也通过海路运来。修建这些巨大的石头城堡，是项艰巨的工程，耗费了至少 9.3 万英镑，动用了数以千计的英格兰工人。之所以能吸引这些工人前来，是因为开出的酬劳比教会更为优厚，以至于教会为表达不满胡乱指摘，声称其建筑工人是被强征而去。由此可以看出英国君主政体的强势和政治手腕。

城堡（或是像卡那封城堡这样的宫殿式城堡），象征着权力、王室和帝国之威严。在面对叛乱（例如，欧文·格伦道尔[27]在 1400 至 1408 年发动的一场叛乱）时，城堡也证明了自身价值。虽然哈勒赫城堡在叛乱中失陷，博马里斯城堡和康威城堡则陷落得更快，但威尔士人的游击战术和袭击破坏，不足以从根本上撼动英格兰的城堡防御体系。

英格兰在爱尔兰的扩张，也是通过修建城堡来彰显其成果，例如，阿斯隆城堡、卡里克弗格斯城堡、科尔雷恩城堡、邓多克城堡、基尔代尔城堡和特里姆城堡。阿斯隆城堡始建于 1129 年，原本是座由康诺特省[28]地方首领修筑的木头城堡。1210 年，一座矗立在山丘上的石筑塔楼取代了木堡，其建造者为英格兰人。1276 年左右，堡丘周围又筑起了一圈带有塔楼的幕墙[29]。

在英格兰境内，城堡既是区域权力的象征，又反映着区域权力的现实，例如，伍斯特郡的埃尔姆利城堡。埃尔姆利城堡建于 11 世纪末，是世家大族博尚家族（Beauchamps）的府邸。英国内战期间也有城堡的建造。在内战的纷争中，英王斯蒂芬[30]（1135—1154 年在位）手下的大贵族（例如，汉普郡和威尔特郡的司法官约翰）趁机追逐自身利益，巩固其在地方的势力，建造了许多城堡。1138 年，斯蒂芬的兄弟——位高权重的温彻斯特主教亨利（布卢瓦的亨利），据说也已开工建造 6 座城堡。

13 世纪，年轻的亨利三世[31]（1216—1272 年在位）通过围攻贝德福德等地的城堡，恢复其政府的权威。而在早前的 1217 年，他的政府曾凭借多佛城堡和林肯城堡，成功地抵御了法军和亲法势力的进攻。亨利三世统治后期，西蒙·德·孟福尔（Simon de Montfort）发动起义。这期间，亨利三世再次通过围城战镇压起义，例如 1266 年的凯尼尔沃思城堡围攻战。凯尼尔沃思之围持续了 6 个月，成为英国中世纪历时最长的一场围城战。交战双方均使用了投石器械。凯尼尔沃思城堡的护城河，有效地阻止了国王的军队对防御工事的破坏。守军最终因疾病和缺粮而投降。

14 和 15 世纪，对于恢复统治权威而言，围城战也起着重要作用。以 15 世纪晚期的玫瑰战争诸役为例，在短期战役中，野战交锋才是重头戏，但也发生过城堡围攻战。例如，1462 和 1464 年，约克家族的军队成功围攻了诺森伯兰海岸的邓斯坦伯城堡（Dunstanburgh Castle），对该城堡造成重创。

火炮的威胁

15 世纪，欧洲各地的堡垒开始愈发频繁地面临火炮的威胁。随着欧洲冶铁技术的进步，人们可以制造更大型的火炮。这些改进颇为重要，同样重要的改进还包括：铁制炮弹取代石制炮弹，威力更强的火药投入使用，火炮运输方式的改变，以及炮耳（火炮两侧的圆柱形凸轴）的发展。炮耳的出现，使火炮易于变换射击角，并提升了火炮机动性。上述种种改进，都提升了火炮的效能。因此，在火炮用于实战后，投石机很快就过时了，1415 年后很少出现在战场。与投石机相比，火炮的体型较小，机动性更好，准确度更高。此外，由于火炮安设于地面，故在敌方堡垒的炮火反击下，火炮的生存能力远高于攻城塔。如此一来，攻城战术便发生了变化，战事的结果也常有不同。例如，1346 至 1347 年加莱之围的攻城方法，与 1436 年加莱之围的攻城方法迥然不同。1449 至 1451 年间，英国人控制的诺曼底和加斯科尼地区的筑防据点，在查理七世率领的强大法军面前迅速失陷。特别值得一提的是，查理七世麾下还有一支实力可观的炮兵部队。不过，查理七世主要以威慑手段攻城略地。英法百年战争（Hundred Years War）中，在守军兵力不足、援军无望现身的情况下，这种手段经常用到。攻方会通过谈判促使城内居民投降，时限一般为 2 周。如果援军到来，或守军料到将有援军前来，那便无投降可言，攻方也不会纳降，并将发起炮轰。如果守军投降，便可收拾行装离去，且需保证在 2 至 3 个月内不再参战。如若不然，守军便会在堡垒失陷后遭到处决。这种攻城手段往往奏效。1415 至 1417 年间，亨利五世凭此手段在诺曼底和法兰西岛地区攻城略地（仅卡昂和鲁昂未在 2 周内投降）。1429 年，圣女贞德和“奥尔良的

拜占庭帝国君士坦丁堡之围

凭借公元 4 和 5 世纪修建的高大城墙，尤其是里外双层的狄奥多西城墙（Theodosian Wall），君士坦丁堡成功地抵御了入侵者的多次围攻（包括 626 年、674 至 678 年、717 至 718 年、813 年和 1422 年的围攻），只在 1204 年和 1453 年被攻陷过。这幅插图来自约翰·斯凯勒兹（John Skylitzes，卒于 1101 年）所著的《拜占庭历史概要》（*A Synopsis of Byzantine History*），该书的时间跨度为 811 至 1057 年。图中的守军使用了“希腊火”，这是一种由火焰喷射装置释放出的可燃化合物，专门用于对付船只。在 674 至 678 年以及 717 至 718 年阿拉伯人围攻君士坦丁堡时，守军正是凭借“希腊火”将其击败。

私生子”[32] 也以相同手段沿卢瓦尔河进攻。无论是 1415 至 1417 年的英军，还是 1429 年的法军，都拥有实力可观的炮兵部队。

反过来看，防御工事的建筑技术向前发展，使火炮取得的进步有所失色。事实上，火炮与防御工事之间彼此竞赛，火炮的效用某种程度上取决于后者的发展。但是，推动防御工事与攻城战术发生变革的并非只有火炮。例如，15 世纪意大利的围城战表明，战士的勇气与奉献，以及训练有素的步兵，在突破城墙缺口的过程中比火药武器更为重要。在后来的历次战争中，实际情形也是如此。

马车营垒[33]

通往防御工事的“现代化”有数条可能的途径。15 世纪，波西米亚的胡斯派[34] 曾使用马车营垒。在 16 世纪的伊斯兰世界中，马车营垒也得到了运用，例如 1514 年奥斯曼土耳其对战波斯萨非王朝[35] 的查尔迪兰战役（Battle of Chaldiran）。这种看似过时的防御手段，可上溯至赫梯古国[36]。再往后的例子，比如 19 世纪，美国西部拓荒者或南非布尔人所用的马车营垒，则为这种防御手段的效用提供了佐证。无论如何，这些马车营垒是近代野战防御工事

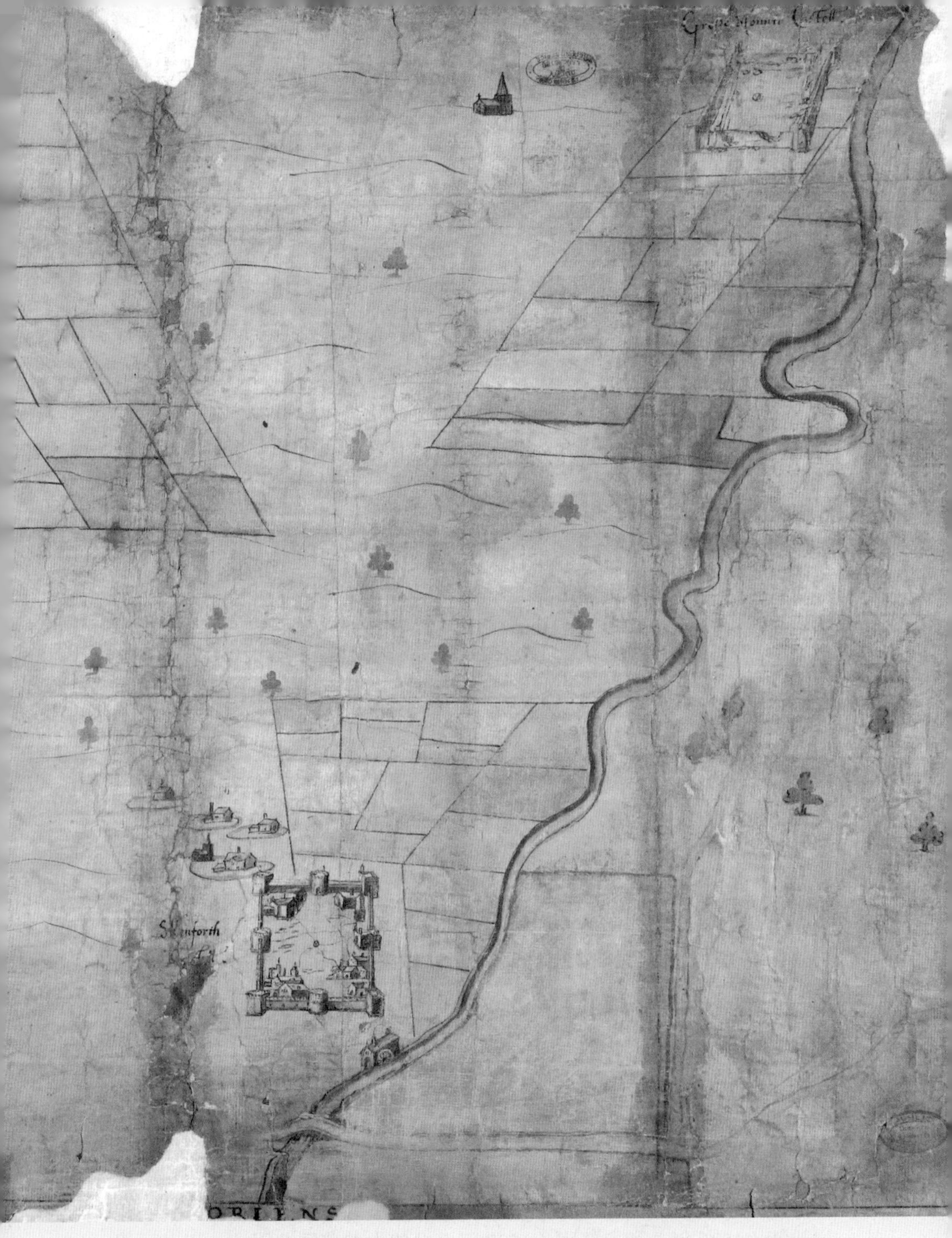

英格兰与威尔士边境的“西进者”城堡

位于瓦伊河流域的“三座城堡”——斯肯弗里斯、格罗斯蒙特和怀特，由英格兰人建造，旨在巩固其对威尔士边境地区的控制。城堡的主人既有英国王室，也有寻求扩张势力的诺曼贵族。与 19 世纪美国西进运动时的情况一样，这些城堡为入住者提供庇护，使他们免受威尔士骑兵的袭击。城堡中驻扎的轻装骑兵，可弥补其防御的不足。在防御工事中，需要时刻保持一支能够进行主动防御的队伍，以便在被动防御之外发挥其他作用。如图所示，斯肯弗里斯城堡最初只是一座土木防御工事，在 12 世纪末用石头重建。

英格兰纳尔斯伯勒城堡，绘于 1561 年

纳尔斯伯勒城堡修建于 1100 年左右，坐落于约克郡尼德河畔的险要位置。13 世纪初，英格兰国王约翰对其进行了加固。14 世纪初，爱德华一世和爱德华二世再次对其进行了加固。该城堡攻守兼备，既可作为北进苏格兰的行动基地，又可作为抵挡苏格兰人南下突袭（1310—1319 年，苏格兰人频频南下侵扰英格兰）的防御基地。1644 年，议会军攻占该城堡，并于 1648 年将其荒废。整个城堡包括一栋主楼，两座堡场，一道包含多座塔楼的城墙。1561 年，安布罗斯 · 凯夫爵士（Sir Ambrose Cave）对英格兰北部的城堡进行地理勘测时绘制了此图。安布罗斯 · 凯夫爵士是伊丽莎白一世的忠实支持者，曾任兰开斯特公爵领地大臣和北部港口的行政长官。

的前身，既可制造障碍，又能提供防护，同时还是机动灵活、成本低廉的“活动堡垒”，避开了固定式防御工事存在的诸多问题，为应对慢速火药武器的威胁提供了解决之策。

在查尔迪兰战役中，奥斯曼军队的防御工事挡住了萨非骑兵的冲击，使其步兵和大炮的防御火力有机会给对方造成杀伤。奥斯曼帝国苏丹、别称“冷酷者”的赛利姆一世[37]最终大获全胜。奥斯曼军队在查尔迪兰战役中使用的战术，与其在巴斯肯特（1473 年）、里达尼亚（1517 年）和莫哈奇（1526 年）之战中采取的战术颇为相似。在这三场战役中，奥斯曼军队分别击败了土库曼人、马穆鲁克人和匈牙利人。除此之外，帕尼帕特（1526 年）和卡努阿（1527 年）之战中的莫卧儿军队，以及贾姆（1528 年）之战中的萨非军队，也采取了类似战术。[38]在这些战事中，

胜方采用了一种在土耳其语中被称作 tábúr cengí 的阵法：一排马车以锁链相连，布设于中央一线，阻敌前进，马车后方则部署火炮和步兵，而弓骑兵部署于两翼。奥斯曼军队对马车营垒做出的一项重要改进，是加入了早已为中亚突厥化蒙古人所熟悉的火药武器。16 世纪 20 年代，北印度的莫卧儿征服者巴布尔借鉴了马车营垒战术。1572 年，外号为“恐怖的伊凡”的沙皇伊凡四世[39]，在莫洛季战役中大破克里米亚的鞑靼骑兵。不过，俄军之所以能大获全胜，除了马车营垒战术功不可没，近身作战中的胜利也很重要。

约旦舒巴克的蒙特利尔城堡（Montreal Castle）

蒙特利尔城堡由耶路撒冷的鲍德温一世（Baldwin I of Jerusalem）于1115年修建，当时正值他远征至该地区。1116年，鲍德温一世占领了濒临红海的亚喀巴。蒙特利尔城堡建在一座小山丘上，战略位置险要，扼守叙利亚到阿拉伯的朝圣和贸易路线。1189年，萨拉丁率领的大军将这座城堡围困，但由于地处丘陵，进攻方无法使用攻城器械。在长期的围困中，守军饱受食物和水的短缺之苦。

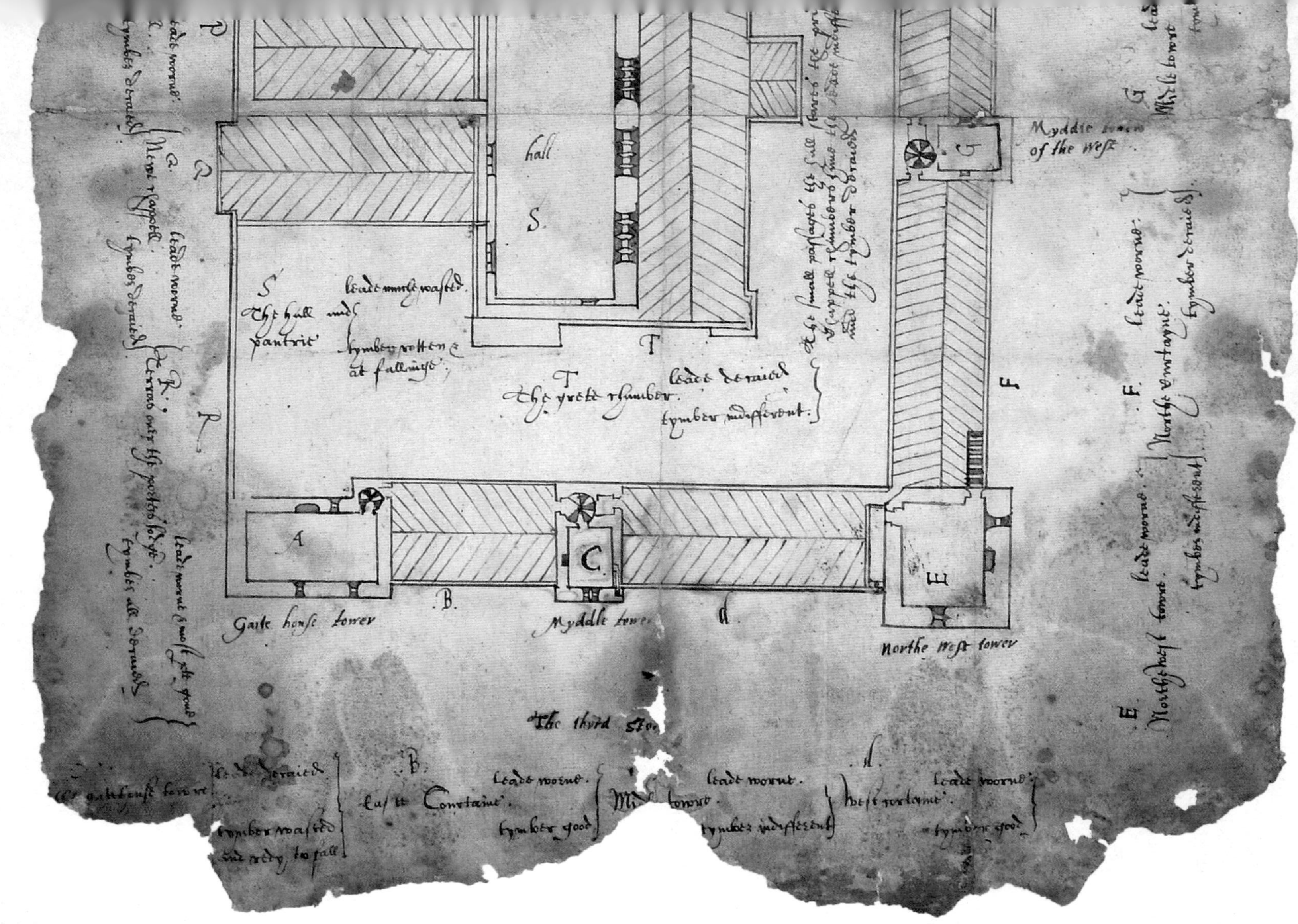
hall
S.
S
The hall and pantrie
leade muche wasted
tymber rotten & at fallinge
T
The previe chamber
leade decaied
tymber indifferent
A
C
E
G
Gate house tower
B.
Myddle tower
Northe West tower
Myddle tower of the West
F
The third stor
leade worne
Mide tower
tymber good
leade worne
West curtaine
tymber good

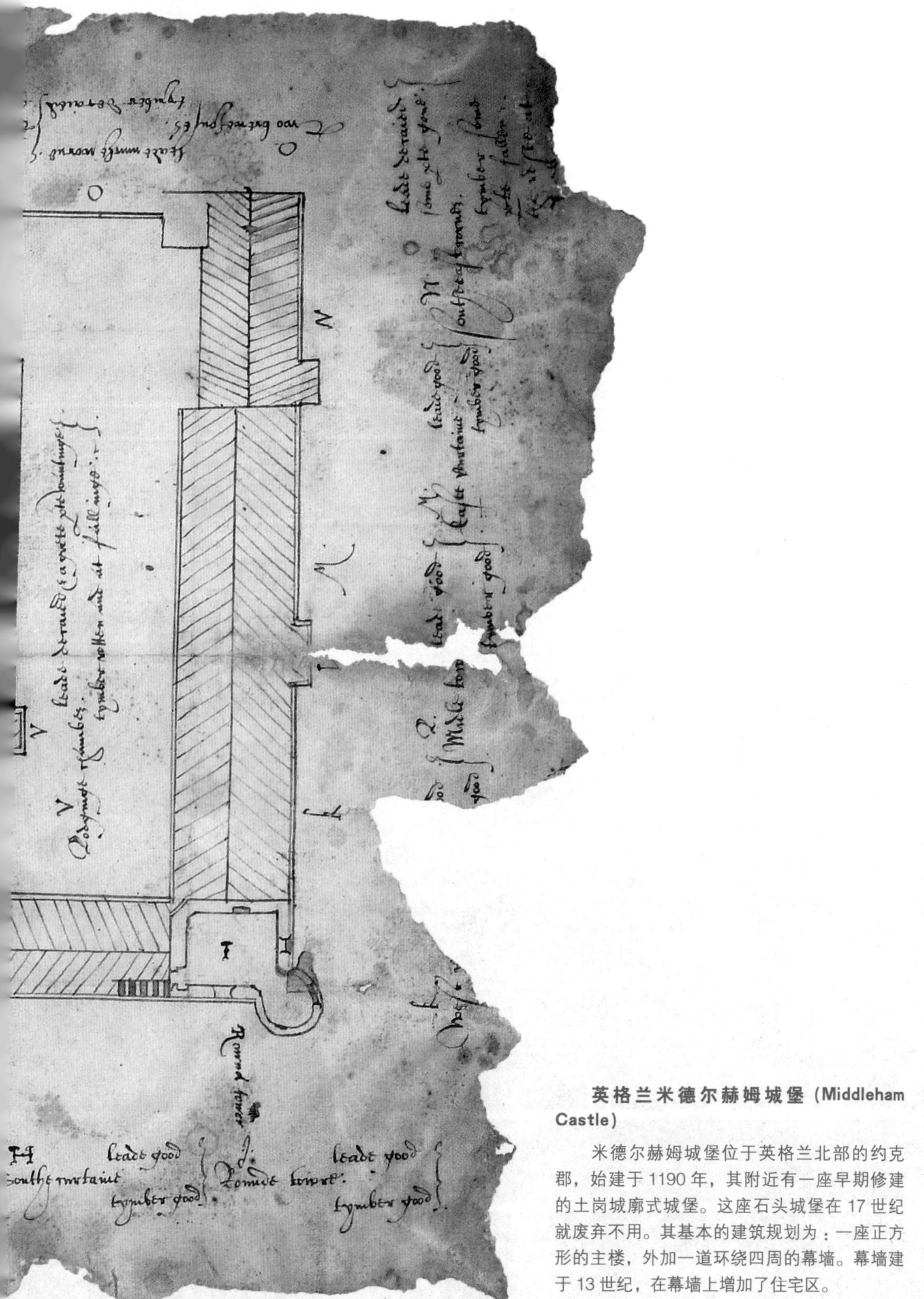

英格兰米德尔赫姆城堡（Middleham Castle）

米德尔赫姆城堡位于英格兰北部的约克郡，始建于 1190 年，其附近有一座早期修建的土岗城廓式城堡。这座石头城堡在 17 世纪就废弃不用。其基本的建筑规划为：一座正方形的主楼，外加一道环绕四周的幕墙。幕墙建于 13 世纪，在幕墙上增加了住宅区。

叙利亚的骑士城堡

骑士城堡于 1142 年归医院骑士团所有，直至 1271 年。医院骑士团在 12 世纪 40 年代开始对骑士城堡进行重建，但在 1170 年的一场地震中，完成的工程遭到破坏。医院骑士团控制了许多位于的黎波里伯国的边境城堡，这些城堡是在第一次十字军东征后建立的。骑士城堡既是一个行政中心，又是一座军事基地。1188 年，它成功地抵挡了萨拉丁率领的穆斯林大军，而其他大多数十字军基地则未能取得这样的战绩。

在 13 世纪，又新建了一座外墙，并在上面设置多座半圆形凸出塔楼，以增强其防御力。这些扩建使骑士城堡成为一座同心城堡。在它的黄金时期，里面容纳了约 2000 人的驻军，周围有一大片地区向其贡奉钱粮。1271 年，经过 36 天的围攻后，马穆鲁克王朝的苏丹拜巴尔斯（Baybars）攻占了骑士城堡。据说，医院骑士团之所以投降，是因为马穆鲁克人模仿骑士团大首领的笔迹，伪造了一封信件。

印度拉贾斯坦邦吉多尔格尔（奇托尔）堡（Chittaurgarh [Chittor] Fort）的空中俯瞰图

作为印度最大的堡垒之一，奇托尔堡高 180 米，占地 280 多公顷，整个堡垒区由各个历史时期的宫殿、城门、寺庙和两座高耸的纪念塔组成。从 9 世纪到 13 世纪，它一直由帕拉马拉（Paramara）王朝统治。1303 年，经过 8 个月的围攻，德里的统治者阿拉丁・哈尔吉（Alauddin Khalji）在奇托尔堡击败了拉坦・辛格（Ratan Singh）拉纳[40]的军队。1535 年，古吉拉特苏丹巴哈杜尔・沙阿（Bahadur Shah, Sultan of Gujarat）在击败比克拉姆吉特・辛格（Bikramjeet Singh）后，接管了该堡垒。1567 至 1568 年，莫卧儿王朝的统治者阿克巴对这座城市进行炮轰，并通过挖掘地道实施爆破的方式打开缺口，蜂拥而入的士兵迅速将其攻占。

英格兰桑德尔城堡（Sandal Castle）透视图，绘于 1561 年

桑德尔城堡位于约克郡的韦克菲尔德，俯瞰着卡尔德河，最初是由第二代萨里伯爵威廉·德·沃恩（William de Warenne, 2nd Earl of Surrey）在 12 世纪初建造的。威廉·德·沃恩是一位杰出的贵族，他起初支持亨利一世的兄长——诺曼底公爵罗伯特（Robert, Duke of Normandy），最后成为亨利一世的重要支持者。桑德尔城堡最开始是一座带木质栅栏和塔楼的土

岗城廓式城堡。从 12 世纪 60 年代开始，改为石制城堡。13 世纪，用石头修建了一座主楼和一道幕墙。14 世纪晚期，约克公爵成为城堡的主人。1460 年 12 月，觊觎王位的约克公爵理查德曾驻扎在桑德尔城堡，随后在韦克菲尔德战役中，他被亨利六世的军队击败并杀害。1483 至 1485 年，理查德的儿子理查德三世以这座城堡为基地，巩固其在英格兰北部的地位。1645 年，议会军成功地将其围困，并于 1646 年将其荒废。此图来自 1561 年的一次地理勘测。

1328 年，意大利蒙特马西围攻战（Siege of Montemassi）中的吉多里西奥 · 达 · 福格里亚诺（Guidoriccio Da Fogliano）

此图为西蒙尼 · 马蒂尼[41] 的画作，福格里亚诺是锡耶纳军队的指挥官。1328 年，锡耶纳军队占领了蒙特马西，它最初是一座设防的村庄。这幅壁画显示了地形对防御的重要性，此为防御工事的一贯特点，不过武器的发展及其对防御和进攻战术带来的变化使这一特点受到影响。

1312 至 1313 年，威尔士博马里斯城堡的建筑工程账目

爱德华一世于 1295 年镇压了马多格・阿普・卢埃林（Madog ap Llywelyn）的叛乱，此后便重启了之前被推迟的计划——在安格尔西岛上建立一座要塞。要塞选址在博马里斯，靠近主要港口兰法斯镇。为了建立一座受城堡保护的英格兰城镇，原来的威尔士居民被搬迁。博马里斯城堡的建筑师是圣乔治的詹姆斯大师，人称“威尔士国王工程的大师”。他负责的工程在《财税卷宗》[42] 中有详细记录。由于爱德华一世忙于进行与苏格兰的战争，这项工程于 1300 年停工，但从 1306 年开始复工。到 1330 年完工时，这项工程总共花费了 15000 英镑，当时这是一笔惊人的数目。威尔士叛军在 1403 年占领了该城堡，当时正值欧文・格伦道尔叛乱，但国王的军队在 1405 年将其收复。

围攻君士坦丁堡，绘于 1453 年

虽然奥斯曼大炮对穆罕默德二世（Mehmed II）的胜利做出了贡献，但在 54 天的围攻中，数量上的优势——10 万左右大军对阵大约 8000 守军——是至关重要的。奥斯曼军队用火炮，包括在阿德里安堡（埃迪尔内）[43] 铸造厂铸造的约 60 门新炮，击退了拜占庭海军，连续轰击城墙并形成了突破口，最终导致城市落入土耳其人之手。拜占庭皇帝康斯坦丁十一世兵败而亡。奥斯曼帝国后来将首都迁至君士坦丁堡，而穆罕默德二世则被冠以“征服者”的称号。

西班牙曼萨纳雷斯－埃尔雷亚尔（Manzanares el Real）城堡，建于 1475 年

建造防御工事一般是为了应对特定的威胁。在卡斯蒂利亚王位继承战争（War of the Castilian Succession，1475 至 1478 年）中，于 1474 年成为统治者的伊莎贝拉，得到了阿拉贡[44]（伊莎贝拉嫁给了她的堂弟费迪南，阿拉贡的法定继承人）和大多数贵族以及神职人员的支持，而她的竞争对手，最终战败的侄女（其父亲是伊莎贝拉同父异母的兄长）乔安娜，则得到了葡萄牙（乔安娜嫁给了阿方索五世）和一些主要贵族的支持。1475 年，费迪南和伊莎贝拉的支持者，第一代英凡塔多公爵迭戈·乌尔塔多·德·门多萨（Diego Hurtado de Mendoza, 1st Duke of the Infantado）开始在曼萨纳雷斯－埃尔雷亚尔建造一座新的宫殿式城堡，以彰显其家族的显赫地位。

克里米亚苏达克

苏达克是克里米亚的一座城市。1365年，热那亚人从鞑靼人手中夺取了苏达克，此后统治此地100多年。1475年，奥斯曼人经过长期围困后将其占领。热那亚人重新加固了这座城市，建造了至今仍然可见的城堡。这幅插图反映了克里米亚战争[45]（1853—1856年）期间，英国人对此地的兴趣。

意大利那不勒斯之围，绘于 1495 年

1495 年，法国查理八世的侵略军抵达那不勒斯，用大炮轰击新堡（意大利语 Castel Nuovo），但收效甚微。10 天的炮轰只造成了有限的损失，法国人的铁质炮弹和火药也趋于耗尽。守军最终因疲惫和内讧而投降，而非屈服于火炮的威力。

注释

[1] 十字军东征（The Crusades，1096—1291 年），是在罗马天主教教皇的准许下，由西欧封建领主和骑士以收复异教徒占领的土地之名义，对地中海东岸国家发动的一系列宗教战争，前后持续近 200 年，共计有 9 次。

[2] 萨拉丁（Saladin），中世纪伊斯兰世界著名军事家、政治家，埃及阿尤布王朝首任苏丹（1174—1193 年在位），因在阿拉伯人抗击十字军东征中表现出的卓越领袖风范和军事才能而闻名基督徒和伊斯兰世界，在埃及历史上被称为民族英雄。

[3] 同心城堡（Concentric Castle）是指从中心点扩展，由两堵或更多的环形城墙（及护城河）所包围的城堡。

[4] 骑士城堡（Krak des Chevaliers）位于当今叙利亚境内。它是世界上现存最重要的一个中世纪城堡。

[5] 医院骑士团（Hospitallers），也称圣约翰骑士团（Knights of St John），是第一次十字军东征结束后罗马教宗组织的三大骑士团之一，另外两个分别为圣殿骑士团和条顿骑士团。

[6] 马穆鲁克人（Mamluks）的原意是“奴隶”，最初是由奴隶组成的雇佣军，后逐渐发展成为一个穆斯林军事政治集团，并建立了统治埃及达 300 年（1250—1517 年）之久的马穆鲁克王朝。

[7] 爱德华二世（Edward II），英格兰国王（1307—1327 年在位），金雀花王朝成员。

[8] 冈特的约翰（John of Gaunt），是英格兰国王爱德华三世的儿子，理查二世的叔叔，因为侄子年幼，故在 1377—1399 年间代其治理国家。约翰因娶了兰开斯特公爵的女儿布兰奇而成为兰开斯特公爵。

[9] 亨利四世（Henry IV），英格兰兰开斯特王朝第一位国王（1399—1413 年在位）。爱德华三世之孙、兰开斯特公爵冈特的约翰的长子。

[10] 理查二世（Richard II，1367—1400 年），英格兰国王，1377 至 1399 年在位。

[11] 亨利八世（Henry VIII，1491—1547 年），是都铎王朝第二任君主（1509—1547 年在位），英格兰与爱尔兰的国王，在位期间使英国教会脱离罗马教廷，自己成为英格兰最高宗教领袖。

[12] 恩典朝圣叛乱（Pilgrimage of Grace Rebellion）是 1536—1537 年间发生在英格兰

北部的人民起义。

[13]　奥利弗·克伦威尔（Oliver Cromwell，1599—1658 年），英国政治家、军事家、宗教领袖。17 世纪英国资产阶级革命中，资产阶级新贵族集团的代表人物、独立派的首领。曾逼迫英国君主退位，解散国会，并将英国转为资产阶级共和国，建立英吉利共和国，出任护国公，成为英国事实上的国家元首。

[14]　英国内战，指 1642—1651 年间，发生在英国议会派与保皇派之间的一系列武装冲突及政治斗争。

[15]　诺曼征服（Norman Conquest），是以诺曼底公爵威廉为首的法国封建主对英国的征服。1066 年初，英王“忏悔者”爱德华死后无嗣，韦塞克斯伯爵哈罗德二世被推选为国王。威廉以爱德华曾面许继位为理由，要求获得王位。1066 年 9 月末，威廉率兵入侵英国，英王哈罗德迎战，双方会战于黑斯廷斯，最终哈罗德战败阵亡，伦敦城不战而降。12 月 25 日，威廉在伦敦威斯敏斯特教堂加冕为英国国王，即征服者威廉一世，诺曼王朝（1066—1154 年）开始统治英国。

[16]　工日（man-day）是工程计量时统计人工费的一个依据，一个劳动者工作一天为一个工日。

[17]　玫瑰战争（Wars of the Roses，1455—1485 年），是英王爱德华三世的两大后裔兰开斯特家族和约克家族的支持者为争夺英格兰王位而发起的一系列内战。

[18]　亨利六世（Henry VI，1421—1471 年），英格兰兰开斯特王朝最后一位国王。

[19]　爱德华五世（Edward V，1470—1483 年），英格兰约克王朝第二位国王。

[20]　摩尔人（Moors）是指中世纪伊比利亚半岛的伊斯兰征服者。

[21]　“收复失地运动”（Reconquista），是 718 至 1492 年间，位于西欧伊比利亚半岛北部的基督教各国逐渐战胜南部穆斯林摩尔人政权的运动。

[22]　洛阿雷城堡（Loarre Castle）是一座罗马式城堡和修道院，位于西班牙韦斯卡省的同名城镇附近，是西班牙最古老的城堡之一。

[23]　北方十字军战役（Northern Crusades），是丹麦和瑞典信奉天主教的国王、德意志的宝剑骑士团以及条顿骑士团，针对北欧波罗的海东南部的异教徒所发起的军事征服。

[24]　佛兰德斯（Flanders），是西欧的一个历史地名，包括当今法国西北部、比利时西部与荷兰西南部一带。

[25] 爱德华一世（Edward I，1239—1307 年），又称“长腿爱德华”，金雀花王朝的第五位英格兰国王（1272—1307 年在位）。在位期间征服了威尔士，完备了英国的军事制度和各个兵种。

[26] 圣乔治的詹姆斯大师（Master James of St George，约 1230—1309 年），是欧洲中世纪最伟大的建筑师之一。

[27] 欧文·格伦道尔（Owen Glendower），威尔士统治者，是最后一位自称威尔士亲王的威尔士人。1400 年，为阻止英格兰人统治威尔士，他发动叛乱，最后战败并下落不明。

[28] 康诺特省（Connacht），位于爱尔兰岛西部。

[29] 幕墙（curtain wall），尤指中世纪城堡串联塔楼的城墙。

[30] 英王斯蒂芬（King Stephen，1096—1154 年），诺曼王朝的最后一位英格兰国王。

[31] 亨利三世（Henry III，1207—1272 年），金雀花王朝的第四位国王。虽然他在位时间相当长，但他是英格兰历史上最无名的国王之一。

[32] 圣女贞德（Joan of Arc，1412—1431 年），又称“奥尔良的少女”，法国民族英雄，天主教圣人。在英法百年战争中，她带领法国军队对抗英军的入侵，最后被捕并被处决。“奥尔良的私生子”（Bastard of Orléans），即迪努瓦与朗格维尔伯爵，与圣女贞德并肩作战的法军将领。

[33] 马车营垒（Wagon Fort），指用马车充当屏障，环绕而成的临时营垒。Wagon 指四轮载重马车（或牛车）。

[34] 15 世纪早期捷克宗教改革运动中兴起的一个教派，因其发动者胡斯（Hussite）得名。胡斯派于 1419 年发动起义，反抗德意志皇帝和罗马教皇，史称胡斯战争。

[35] 萨非王朝（Safavids）是从 1501 至 1736 年统治伊朗的王朝，统一了伊朗的各个省份，是伊朗从中世纪向现代时期过渡的中间时期。

[36] 赫梯古国（The Hittites）是一个位于土耳其北部安纳托利亚，即古代小亚细亚的亚洲古国。

[37] 赛利姆一世（Selim I），是奥斯曼帝国第九任苏丹（1512—1520 年在位）。

[38] 巴斯肯特（Baskent），位于当今土耳其境内；里达尼亚（Raydaniyya），位于当今埃及境内；莫哈奇（Mohacs），位于当今匈牙利境内；帕尼帕特（Panipat）和卡努阿（Kanua），位于当今印度境内；贾姆（Jam），位于当今伊朗境内。

[39] 伊凡四世（Ivan IV），是俄国历史上的第一位沙皇。1533 至 1547 年为莫斯科大公，1547 至 1584 年为沙皇。

[40] 拉纳（Rana）是印度历史上的一种头衔，表示印度教君主。

[41] 西蒙尼・马蒂尼（Simone Martini）是一位出生于意大利锡耶纳的画家。他在文艺复兴早期的重要成就是，极大地发展和影响了未来的国际哥特式艺术风格。

[42] 《财税卷宗》（Pipe Rolls），1131 年和 1156 至 1833 年间（1216 年和 1403 年除外）英格兰财政部的账目记录，显示了王室收入和开支状况，反映了中世纪英格兰各大家族及一些城镇的历史变迁，是关于法律和行政方面的重要历史资料。

[43] 阿德里安堡（Adrianople），或称埃迪尔内（Edirne），土耳其埃迪尔内省省会，位于邻近希腊和保加利亚的边境，因罗马皇帝哈德良所建而得名。土耳其语埃迪尔内是希腊语阿德里安堡的音译。

[44] 阿拉贡（Aragon）指阿拉贡王国（1035—1707 年，西班牙语 Reino de Aragón），是伊比利亚半岛东北部阿拉贡地区的一个封建王国。

[45] 克里米亚战争（Crimean War），又称“东方战争”或“第九次俄土战争”，是 1853 年因争夺巴尔干半岛控制权而爆发的一场战争。奥斯曼帝国、英国、法国、撒丁王国先后向俄罗斯帝国宣战，战争于 1856 年结束，以俄国失败告终。

MUSEE
D.2613.

第三章
16世纪的防御工事

到了 16 世纪，大炮日渐普及，技术水平不断提升，开始在防御工事攻防战中扮演重要角色，但对全世界而言，各地的情况迥异。1572 年，西班牙人抵达菲律宾马尼拉湾。彼时，当地人修建的防御工事，仅仅是帕西格河入口处的一道竹制栅栏。西班牙人到来之前，菲律宾已知的石制堡垒仅有一座。

在信仰基督教的欧洲，情形则大不相同。自 15 世纪起，大炮就是对付高大石墙等固定目标的利器，到 16 世纪更是如此。其导致的结果是，为了应对大炮的攻击，防御工事经过重新设计，变得更加低矮、密集和复杂。在更为著名的“新式”[1]（意大利语 alla moderna）——后来也称作“意大利式”（意大利语 trace italienne）——堡垒问世前，出现了许多为抵御大炮而做出的改进和变化，其中包括使用砖石对现有塔楼进行加固，以及在城墙底部增设倾斜的挡板。在 1429 年对奥尔良的围攻中，使用了一种土木结构的防御工事（林荫大道），用来防止围攻者将大炮移至靠近城墙的位置。

尽管如此，为应付大炮而设计的防御工事首先在意大利大量修建，然后由意大利建筑师推广到欧洲各地。在这一新的堡垒系统中，引入了棱堡[2]。棱堡通常为四边形或五边形，与地面成一定角度，沿所有墙壁间隔一定距离，以防止围攻者进入内墙，并提供能够对攻击者发动有效侧翼攻击的大炮平台。在城墙上放置大炮，可确保城墙具有主动防御能力。与阵地或城墙的高度优势相比，防御工事上预先规划的火力区，能更好地提升防御能力。降低防御工事的高度，并用壕沟环绕四周，可迫使进攻者将其大炮阵地暴露于反击炮火的射界之内。此外，用泥土加固防御工事，并使墙面保持一定的倾斜度，可以减弱大炮实心炮弹的毁伤效果。当时，日本的城堡也采用了类似的设计。这些针对防御工事的改进，降低了大炮在攻城战中的冲击力，使其还不足以成为左右胜负的决定性力量。

有一种观点认为，大炮终结了中世纪防御工事的价值，从而终结了中世纪的军事体系。此观点虽然经常被引用，但其实有待论证。在当时，由于大炮十分笨重，运输起来十分困难，即使被用于攻城，所获得的战果也只是略微优于以前的攻城手段。事实上，大炮最初用于攻城时，失败的次数要大于成功的次数。很多时候，一座城堡沦陷的主要原因并不是大炮的轰击，而是守军的背叛或双方谈判的结果。此外，突袭往往比围攻更有效。例如，在意大利战争期间，法国人在 1512 年突袭占领了威尼斯人控制的布雷西亚。

尽管如此，随着攻城塔和攻城锤的消亡，1550 年的攻城战已与两个世纪前的攻城战有所不同，更侧重于使用大炮。1544 年，英格兰军队围攻布洛涅时，部署了 250 多门重炮，其中包括发射爆炸性铸铁炮弹的臼炮[3]。最终，英军凭借大炮取得了胜利。火药武器的引进及产生影响是一个循序渐进的过程，更像是进化，而非革命（这个词有点过度使用）。同样，为了应对火药武器，有许多比意大利式防御系统更便宜的方法来加强现有的防御工事，这些方法的应用也更为广泛。其实，大部分情况下，并非所有堡垒都是花重金打造，拥有宏大的规模。大多数防御阵地都相对比较简陋。因此，大多数围城战并不需要耗费漫长的时间，付出巨大的努力。历史上有付出巨大努力而取得成功的案例，例如，为了镇压荷兰起义（Dutch Revolt），西班牙军队分别于 1585 年对安特卫普，1601 至 1604 年对奥斯坦德进行围攻，这两处地方都防守严密，拥有坚固的防御工事。

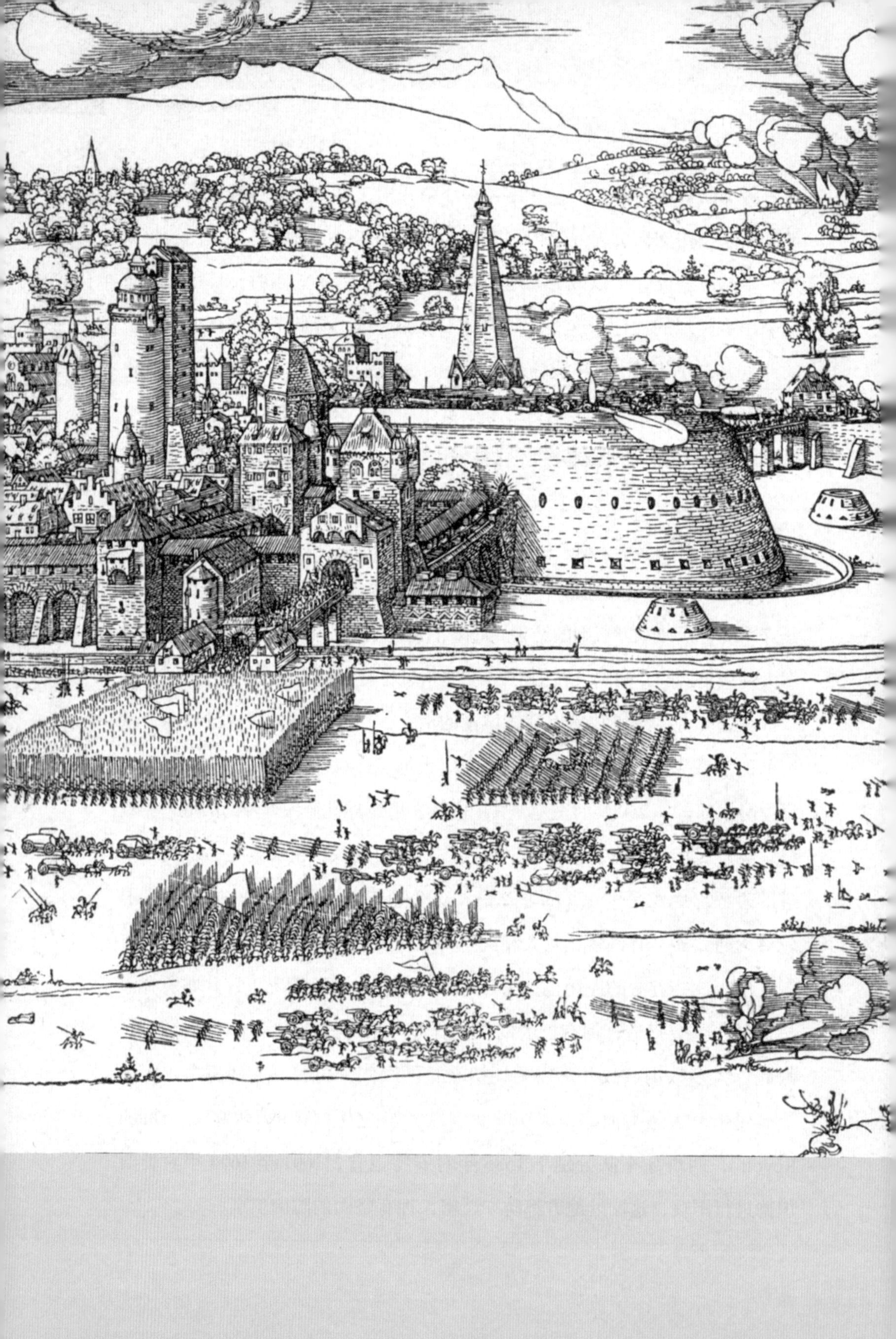

《围攻堡垒图》，阿尔布雷特 · 丢勒（Albrecht Dürer）绘于 1527 年

1527 年，丢勒发表了一篇关于防御工事的论文，提出以巨大的低矮圆粗式塔楼作为城墙的主体，塔楼上可设置大炮平台。这种矮而粗的塔楼用土木加固，与高墙相比更能承受大炮的轰炸。这表明，并非每位建筑设计师都会采用意大利人以矮墙、棱堡为特点的新式防御体系。

当时欧洲新建的最大规模的防御工事，是俄国于1597至1602年间在斯摩棱斯克修建的。它们是按传统方式建造，有6.5千米长、13至19米高的石墙，还有塔楼加强防卫。然而，高石墙在大炮面前是十分脆弱的，也就是说，人们越来越认为此类防御工事已不合时宜。事实上，斯摩棱斯克的城墙曾两度在遭遇围攻后被攻破——波兰人于1611年将其攻破，1654年又被俄国人夺回。

一般来说，当防御工事与能够为其解围的野战部队相结合时，才能最大程度地发挥其价值。事实上，许多战役都是围绕两个目的而进行，即发起围攻和解除围困。围城战导致了帕维亚（1525年）、诺德林根（1634年）和罗克罗伊（1643年）等重大战役，这些战役都是为了解除围困。此外，围城战的胜利，往往不是取决于是否有破墙大炮，而是取决于是否有足够的轻骑兵来封锁堡垒和控制周围区域。围城战凸显了这一时期军队难以解决的后勤问题，因为围城部队必须在同一地区维持相当长的时间，这样才能耗尽当地的补给。

在防御工事及与之相关的战役中，还涉及其他因素。就武力的重要性而言，通过防御工事来展示武力，可能比它们在作战行动中的具体作用更为重要。在攻打要塞的过程中也是如此。因此，许多围城战并不是随着特定的作战行动而告终，其结束是因为守军在面对更大规模的围攻军队时选择投降。这种交战方式几乎成了一种仪式性的惯例，不仅仅发生在欧洲。

借助堡垒进行扩张

在欧洲之外，西方列强的扩张是以堡垒为支点的。这在大洋彼岸和俄国的东扩中都可以看到。俄国在东扩过程中，于1586年在萨马拉和乌法建立了要塞，然后跨过乌拉尔山脉，分别于1586年在秋明，1587年在鄂毕河畔的托博尔斯克建立了要塞。俄国人向西伯利亚扩张时，并没有遇到当地人修建的堡垒，但他们在进攻伊斯兰国家，特别是喀山汗国[4]时，却遇到了堡垒。征服喀山汗国，是人称“恐怖的伊凡”的伊凡四世（1533—1584年在位）的主要目标。喀山长期以来与俄国为敌，他们经常派出轻骑兵掳掠人口充当奴隶。喀山城坐落于高高的陡岸之上，俯瞰伏尔加河。其周围的双层城墙用橡树原木做成，上面覆盖着黏土，部分城墙表面铺设石块。虽然喀山的防御工事无法与意大利式防御工事相媲美，但也十分坚固。防线上有14座石塔，塔上有大炮，周围有深沟。这种壕沟对进攻方构成了障碍，突出了防御墙的高度，使其更难被破坏。这种深沟高垒一直存在于防御工事中。

喀山的守军有3万人，装备了70门大炮，这支部队实力强大，是保卫喀山的主力军。此外，还有一支约2万人的轻骑兵部队，可不断袭击围攻方。伊凡分别于1547—1548年和1549—1550年两次试图对喀山发起冬季战役，但都以失败告终。因为俄军在该地区没有设防的基地，又因大雨而不得不将大炮留在后方，最后完全靠骑兵作战，这对攻打喀山要塞毫无裨益。

但在第三次战役之时，俄军想方设法建起了一座基地。1551至1552年的冬春两季，俄国人在乌格里奇附近预制了堡垒塔楼和城墙部件，然后用驳船载着它们，连同大炮和部队一起沿伏尔加河顺流直下，到达距喀山25千米的伏尔加河与斯维亚加河交汇处。在这里，仅用28天就建成了斯维亚日斯克要塞，俄军从此有了前沿基地。当年夏天，攻城炮和物资被运到斯维亚日斯克，一支号称有15万之众、配备150门攻城炮的俄军向前进发，于8月20日兵临喀山城下。俄军构筑了围城线，大炮从围城线上开火，并使用了携带大炮的木制攻城塔，大炮安装在滚轮上可以移动。俄军用柴垛填满城市四周的壕沟，派工兵在城墙下开凿地道。10月2日，俄军通过地道实施爆破，摧毁了其中两座城门所在的城墙。打开缺口后，俄军分成7个纵队，同时进攻所有的7座城门，很快就攻入喀山城内，并大肆屠杀守军。从此，位置最北的伊斯兰汗国宣告灭亡。随后，伊凡四世趁热打铁，沿伏尔加河流域南下，于1556年攻占阿斯特拉罕，使俄国的势力到达里海。因此，攻占喀山这座要塞对俄国及其邻国产生了重大而持久

阿根廷布宜诺斯艾利斯，绘于1595年

这座南美城市由西班牙贵族佩德罗·德·门多萨（Pedro de Mendoza）于1536年建立，他曾在王室的支持下于1534年出海远航。这幅插图来自他在1595年的探险记录。图中展示了坚固的城墙，以及使用大炮来加强防御。土著人的攻击迫使打算定居者离开。此地于1542年被遗弃，1580年由总督胡安·德·加雷（Juan de Garay）重新建立。殖民者在修筑远离本土的设防基地时，不得不考虑快速施工的要求并使用当地的建筑材料。布宜诺斯艾利斯的防御工事由1米厚的泥土墙快速组装而成，但事实证明它并不能抵御雨水的侵袭。

Rio della Plata
oder Parana.

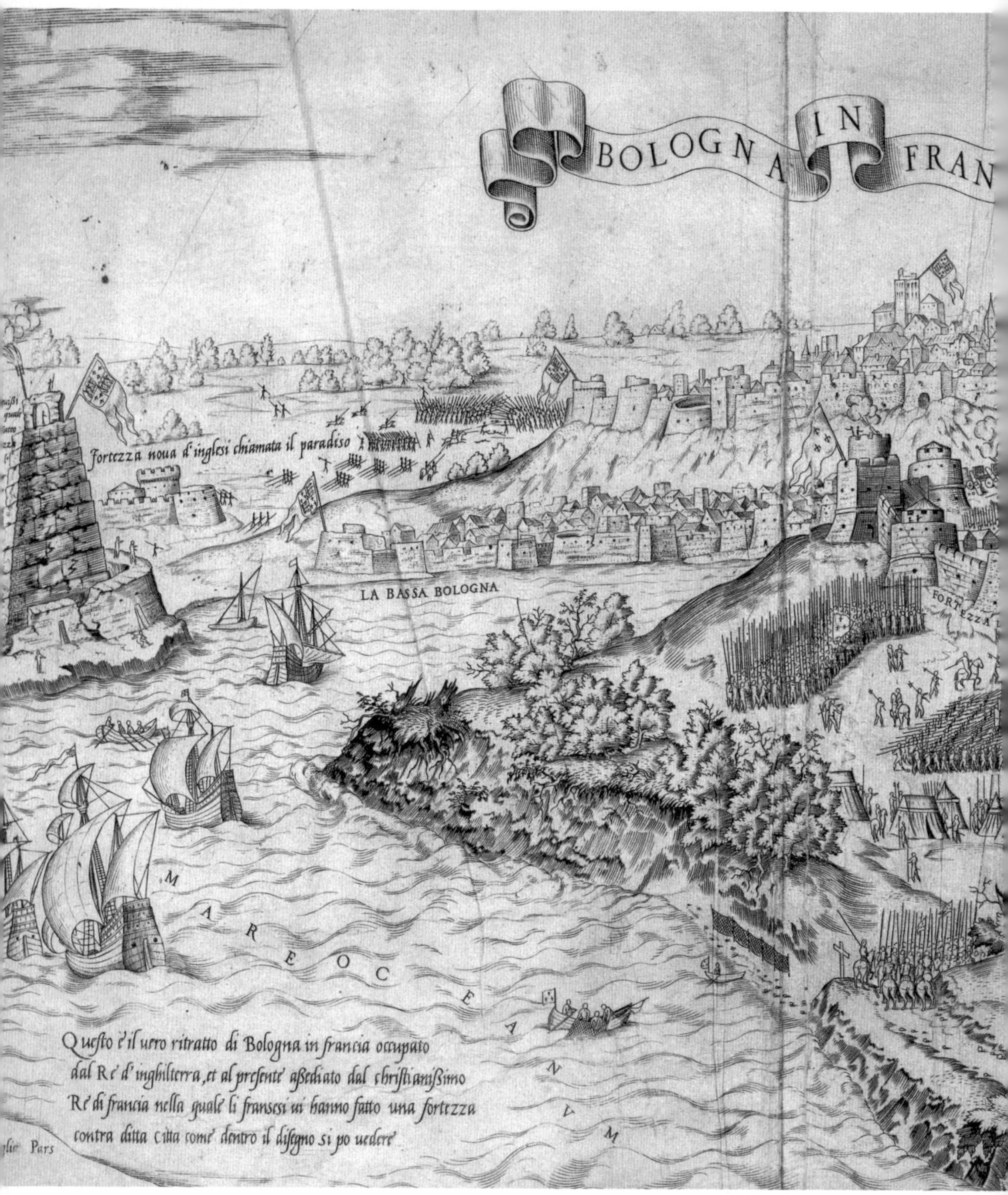
BOLOGNA IN FRAN
Fortezza noua d'inglesi chiamata il paradiso
LA BASSA BOLOGNA
FORTEZZA
MARE OCEANVM
Questo è il uero ritratto di Bologna in francia occupato dal Rè d'inghilterra, et al presente assediato dal christianissimo Rè di francia nella quale li fransesi ui hanno fatto una fortezza contra ditta citta come dentro il disegno si po uedere
Pars

的战略影响。在海外，欧洲列强同样依赖防御工事。葡萄牙和西班牙的扩张，以及随后英国、法国和荷兰的扩张都是如此。由于人力有限，葡萄牙帝国在进行殖民活动时，不仅依靠坚固的据点，特别是果阿、马六甲、蒙巴萨、莫桑比克和马斯喀特等港口的堡垒，还依靠使用这些港口的海军舰队。西班牙也采用类似的做法，不过，除了在韦拉克鲁斯、哈瓦那、圣奥古斯丁和卡塔赫纳等港口的防御工事外，其更多的防御工事是用来保护像墨西哥城这样的内陆行政中心。

1544 年，法国布洛涅之围

为了扩大英国在加莱海峡省[5]的阵地，亨利八世率军从 7 月 19 日开始围攻布洛涅。如图所示，该城地势较低的部分迅速陷落，但位于高地的部分难以攻克，于是英军对其持续轰炸。最终，英军在城墙上打开缺口。当英军还在城堡下挖掘地道时，法军于 9 月 13 日投降。英军部署了 250 多门重炮，包括可发射爆炸性铸铁炮弹的臼炮。次月，法军对布洛涅的反攻被击退。此后，英国人重兵把守布洛涅，1549 年又击退了法国人的进攻。但 1550 年，经过双方的谈判，布洛涅重新回归法国。

注重机动性的奥斯曼人

当西欧国家开始重新考虑防御工事的花费或设计风格时，同期的奥斯曼土耳其人在此问题上却表现得不是很积极。这并不是因为奥斯曼人未能跟上西方的脚步，而是因为防御工事在这些方面的改进对他们而言意义不大。奥斯曼人没有遭受外部的攻击。此外，奥斯曼人更注重部队的野战能力和机动能力，他们对开拓疆土更感兴趣，而不是把精力放在守卫固定地盘上。西方国家与此相反。16 世纪初，西方的许多要塞被奥斯曼人攻陷，例如莫顿 [6]（1500 年）、贝尔格莱德（1521 年）和罗德岛（1522 年），再加上对机动防御缺乏信心，促使西方国家开始推行新的星形棱堡式（angle-bastioned）军事建筑。尤其是威尼斯人，他们非常迅速地在其帝国中应用这种建筑。奥斯曼人在攻打莫顿时，部署了 22 门大炮和 2 门臼炮，每天发射 155—180 发炮弹。

1529 年，奥斯曼人对维也纳的进攻不太顺利，维也纳的城墙已有 300 年历史。尼克拉斯・冯・萨尔姆（Niklas von Salm）组织了顽强的抵抗，通过此战，他展示了如何在需要时迅速加强和扩大防御工事。在任何成功的防御战中，毅力和技巧都是关键因素，讨论防御工事时不应该将其忽视，也不应该将其视为内在的次要因素。萨尔姆封锁了维也纳的城门，新修了多座土堡和一道内墙，以加强城墙的防御力，并在其认为必要的地方夷平了所有建筑物。这些防御手段使奥斯曼人面临更多困难，他们不得不在这一年的晚些时候才开始围攻。最终，维也纳经受住攻击，并在战后大规模建造具有专门用途、环绕性的防御工事。

当有需要时，奥斯曼人也会修建堡垒。例如，在大马士革到开罗和麦加的道路上，他们修建了堡垒，以保护这些重要路线上的旅行者免受阿拉伯贝都因人的攻击，在红海南端也是如此。安纳托利亚东部的凡湖[7]地区，面临波斯萨非人的威胁，奥斯曼人在湖泊周围一线的城镇加强了防御。这些防御工事既挡住了萨非人，也起到了威慑库尔德人的作用。1582 年，为了巩固从埃塞俄比亚获得的地盘，奥斯曼帝国在苏亚金到马萨瓦的红海沿岸修建了 7 座堡垒。17 世纪，他们在也门也修建了要塞。

亚洲防御工事

城堡在日本也扮演了十分重要的角色。16 世纪，日本国内的动荡和内战催生了许多城堡。然而，由于凝聚力的增强和国家的统一，对城堡的需求反而下降。为了应对火药的威胁，日本的城堡不仅周围有厚厚的石墙，而且是在山顶之上用坚硬的石头堆砌而成。即便如此，16 世纪 80 至 90 年代统一日本的丰臣秀吉，凭借其战绩证明攻城术仍能成功。他在 1590 年攻克了本州东部的小田原和北条的城堡。16 世纪 80 年代开始，火炮的作用越来越大，但是，丰臣秀吉在攻城战中的胜利很大程度上要归功于其他因素，尤其是挖掘壕沟将护城河（由湖泊、河流供水）中的水转移。这些壕沟通过两种方式对城堡产生威胁：一是造成水位上升，淹没城堡；二是使城堡在某种程度上失去护城河的保护。这一手段对许多城堡都有效，尤其是那些保护渡口不受河流侵蚀的城堡，时至今日，壕沟依旧在这方面发挥着重要作用。

在印度，莫卧儿王朝皇帝阿克巴（1556—1605 年在位）热衷于对外扩张，成就斐然。他在印度北部建立了许多堡垒，尤其是在阿格拉、阿拉哈巴德、拉合尔、阿杰默、罗塔斯和阿托克。阿克巴也指挥过一些重要的围城战。在这些围城战中，后勤保障发挥了重要作用。很多时候，双方不仅兵戎相见，也会在谈判桌上交锋，在此过程中展示实力，从而兵不血刃地解决问题。然而，并不总是如此。1567 年，阿克巴宣布对梅瓦尔[8]拉杰普特公国的拉纳乌代·辛格（Udai Singh）发动“圣战”。该国的首都为吉多尔格尔（奇托尔），它坐落于高耸的石山之上，俯瞰拉贾斯坦平原。前几次进攻均被守军击退，后来，阿克巴一边用火炮轰炸，一边在城墙下挖掘地道，然后实施爆破。第二种方法特别有效，可在城墙上打开缺口，但也需要修建一条有遮盖的通道来提供掩护，这很重要。1568 年，经过一次夜间总攻，这座城市陷落，所有的守军和 2 万至 2.5 万名平民在白刃战中丧生。随后，该要塞被摧

英格兰迪尔城堡（Deal Castle）

这是一座炮兵堡垒，由英王亨利八世于 1539—1540 年建造。1538 年，神圣罗马帝国皇帝查理五世[9]与法国国王弗朗西斯一世[10]和解，并一致同意对英国采取行动。作为回应，亨利下令建造包括迪尔城堡在内的一系列堡垒。在迪尔、桑当和沃尔默修建的城堡，其设计目的是保护唐斯的锚地和迪尔海滩的潜在登陆点。迪尔城堡由 1 座主楼和 6 座半圆形炮台组成，有 66 个炮位。结果，对方没有发动入侵，亨利八世得以与查理五世谈判，并达成协议。后来，英法两国交战，城堡于 1558 年得到加固。1648 年，在第二次内战期间，议会军围攻保皇派据守的迪尔城堡，当议会军在普雷斯顿战胜入侵的苏格兰军队后，保皇派闻讯而降。拿破仑战争[11]期间，这座城堡是一个重要的防御点。

毁。山顶的位置，反映了地形对防御的重要价值，以及堡垒所传递的政治信息——威慑。意大利式防御工事是由葡萄牙人引入印度的，那里的环形堡垒，很可能也是他们的功劳，但这些技术的传播有限。

在中国，大明帝国（1368—1644 年）的军事力量更多地体现在防御工事上，而非火器。为了抵御蒙古人的侵扰，朝廷将大部分军队部署在北部边境，并修建了著名的明长城，这一建筑群串联起众多大型要塞。15 世纪中叶，蒙古人的威胁愈加严重，长城变得越来越重要。17 世纪初，长城又被用来抵挡满族人南下，但最终未能成功。

面对敌人侵袭，中国古人的应对之道是修建城墙及派兵扼守战略要道，因此，防御工事会修建于地形险要之处。而在中国人的攻城战术中，人数是至关重要的。中国人较早使用火药，导致他们的城池有很厚的城墙，能够抵御 16 世纪和更早的火炮。因此，对防御工事采用的战术是强攻而非轰炸。对于人数众多的军队而言，也比较适合采取强攻战术。伤亡惨重的风险是能够承受的，这既是军事上的务实考虑，也是对于损失、伤亡和纪律的文化态度问题。由于部队面临严重的后勤保障问题，围城战必须速战速决，促使决策者选择强攻。

年久失修和废弃

在某些特定地区，虽然人们不断在技术上完善防御工事，但也存在防御工事遭毁坏的情况。既有人为故意破坏，也有因疏忽、轻视导致的损坏。有些防御工事中的木材腐烂，壕沟和护城河堆满了废弃物，主要原因就是未得到重视。对防御工事的轻视，还体现在不愿通过增强防御工事来应对火炮技术的新发展。此外，为了对付国内现有和潜在政治对手，有的统治者想方设法削弱其军事资源。因此，对于一些王公贵族而言，修建防御工事可能会惹祸上身。第三代白金汉公爵爱德华·斯塔福德，于1511年开始建造索恩伯里城堡（Thornbury Castle），当时他是亨利八世的宠臣，但他们在1521年反目。修建城堡成了爱德华·斯塔福德的罪状之一，最终他因叛国罪被处决。索恩伯里城堡有6座带堞口[12]的塔楼，1座中世纪晚期风格的门楼。最后，亨利八世没收了这座城堡。

社会上层人士，尤其是西欧大部分地区的社会上层人士，倾向于唯国王马首是瞻，落实在具体行动上，就是每当国王推出不得人心的政策，不再像以前那样用暴力抵制。例如，在英格兰，由于社会变得更加和平，再加上修建城堡带来的高昂成本，城堡的建筑样式发生了变化，注重自我意识的豪华住宅逐渐代替了强调军事功能的城堡主楼。在皇家军队面前，城堡似乎是多余的。1569年伊丽莎白一世对北方叛乱[13]的镇压，就说明了这一点。1588年，为了应对西班牙无敌舰队（Spanish Armada）的威胁，英格兰进行了仓促的准备——在城堡的城墙上安装大炮。但当时，英格兰的防御主要依靠海军舰队和陆军。

这一时期，英格兰的大多数防御工事变得破败不堪。许多城堡被废弃，有的从15世纪70年代开始就被废弃了。自1485年都铎王朝开始统治英格兰后，这种情况愈演愈烈。由于缺乏维护长达数十载，邓斯坦伯城堡和邓斯特城堡分别于1538年和1542年就已严重毁坏。1597年的一次调查发现，墨尔本城堡成了牲口收容所，用来关押擅自闯入的牛群；到1610—1619年，人们为了获取石材将其拆毁。1610年，约翰·斯比德（John Speed）在描述北安普敦城堡时写道：“上面的缝隙不断扩大，城墙摇摇欲坠。”1617年，詹姆斯一世参观沃克沃斯城堡（Warkworth Castle）

时，这座昔日宏伟的城堡呈现出另一番景象：大多数房间变成了羊圈。布兰博城堡（Bramber Castle），以前是霍华德家族在苏塞克斯的据点，当时也已成为一片废墟。

16 世纪，英国建造的主要堡垒都是为了边境防御，而不是为了发动或镇压叛乱。1538 年，神圣罗马帝国皇帝查理五世和法国弗朗西斯一世结盟，作为回应，同时也出于对外敌入侵的担忧，亨利八世参照“撒克逊海岸”的罗马堡垒，于 16 世纪 40 年代在英格兰南部海岸修建了一系列沿海防御工事，其中就有坎伯城堡、迪尔城堡和沃尔默城堡。为了反击军舰的炮轰和入侵部队的攻击，这些城堡被安装了大炮。这些防御工事更多地用于保护南部海岸的锚地，例如达特茅斯城堡。这一时期新建的最大的一个防御阵地是特威德河畔的贝里克，这个重要堡垒既能保护英格兰北部不受入侵，又能作为进攻苏格兰——特别是其首都爱丁堡——的基地。此外，特威德河河口的锚地也处于其保护之下。与中世纪城堡式防御工事相比，这一时期的新式防御工事已大为不同。

在 16 世纪和 17 世纪初的威尔士，许多城堡被废弃，或者像博马里斯城堡和康威城堡一样，年久失修。不过，有些城堡却得到了提升，这里的提升，并不是指防御力的提升，而是用舒适而华丽的内部“空间”——特别是布置艺术长廊来提升居住品质。这方面的典型有拉格兰城堡、波伊斯城堡和卡鲁城堡。城堡变为废墟的情况，并非英国所独有，其他地方也是如此。在荷兰共和国，新建的防御阵地集中在边境地区，特别是在布雷达，而那些遭毁坏的城堡被画家记录下来，例如雅各布·范德·克劳斯（Jacob van der Croos）绘制的《遭毁坏的布莱德城堡风景和哈勒姆的远景》（*Landscape with Ruined Castle of Brederode and Distant View of Haarlem*）。这座城堡建于 1250—1275 年间，一个世纪后重建，1573 年被西班牙军队放火烧毁。

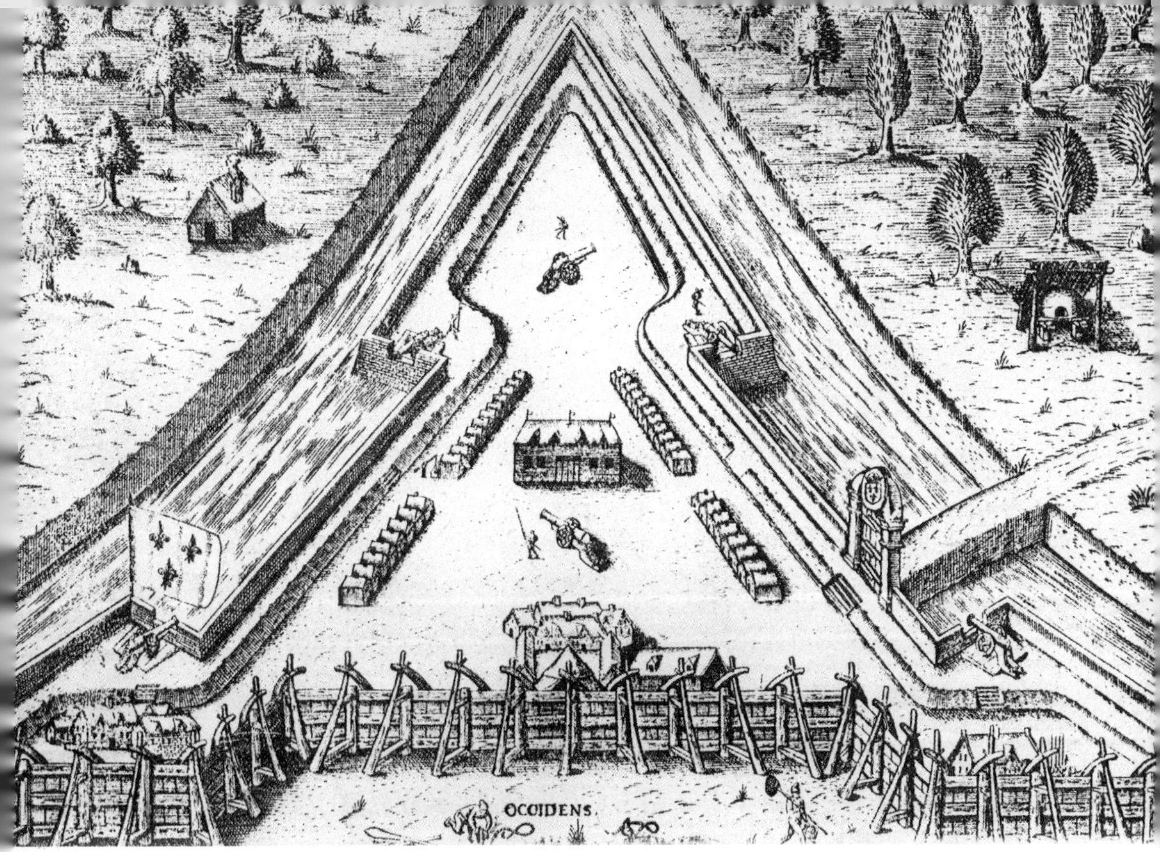

佛罗里达州卡洛琳堡（Fort Caroline）

1564 年，法国新教徒在圣约翰斯河河畔建立了这座堡垒。次年，在一次黎明时分的突袭中，西班牙军队将其占领，并屠杀了守军。卡洛琳堡有河流、木制围栏和大炮的保护，但也会遭遇饥荒和美洲土著人的攻击。西班牙人摧毁了卡洛琳堡，并在原地建造了自己的堡垒。1568 年，法国军队又将其占领并烧毁。当地木材供应充足。目前，在原址上可以看到一个接近全尺寸的复制品，由美国国家公园管理局建造。

16 世纪及以后的新防御工事，越来越多地用于为驻军提供住宿，但它们并非按照中世纪的传统作为私人和家族的住所；相反，是作为国家的工具，就像罗马时期一样。

这一时期，像德意志农民起义、荷兰起义和法国宗教战争这样的内战，使旧的防御工事（包括城堡和城市的城墙）持续受到重视。它们可以阻挡或迟滞进攻方，从而对作战甚至战略产生重大影响，这种情况在上述三场战争中均有所体现。例如，1572—1573 年，法国新教徒控制了拉罗谢尔镇的防御工事，成功抵御了保皇党的围攻。但 1628 年，它在经历了 14 个月的围攻后陷落。

文化因素

文化因素对防御工事的修建很重要。这一点在东南亚尤为明显，那里的大多数城市，例如亚齐、文莱、柔佛和马六甲，在中世纪时期都没有城墙。然而，16 世纪时，为了应对欧洲殖民者带来的压力，在爪哇等城市开始兴起修筑城墙之风。不过，为城市而战的观念在文化上并未深入人心。相反，当地的战争文化通常是这样的：面对强大的进攻方，防守方会放弃城市，进攻方劫掠一番后就弃城而去。如同在非洲部分地区一样，通常情况下，作战行动的目标是俘虏人口而非占领土地。欧洲人喜欢通过防御工事来扩张和巩固地盘，体现了一种不同的文化。因此，防御工事的作用在一定程度上取决于文化因素，这一点更适用于冲突。这不仅体现在这些防御工事的审慎价值上，也体现在它们的象征意义上。

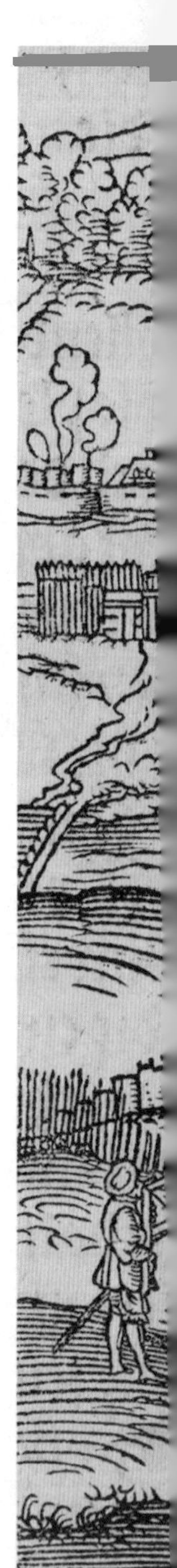

攻城武器

虽然在思想上，欧洲的战争评论家深受古典文学的影响，但也不得不应对新技术。西方的战争在某种程度上可以用古典术语来理解：希腊人、马其顿人和罗马人没有火药武器，但他们的部队确实混合了步兵和骑兵、冷兵器和射弹。长期以来，火器被视为类似于投射武器。然而，火炮所提供的作战能力最终超过了传统攻城器械所提供的作战能力。1548 年，维特鲁威《建筑十书》[14] 的首部德文译本在纽伦堡出版，艺术家彼得·弗洛特纳（Peter Flötner）和评论家沃尔特·赫尔曼·瑞夫（Walter Hermann Ryff）在书中对这一发展态势做出了回应。

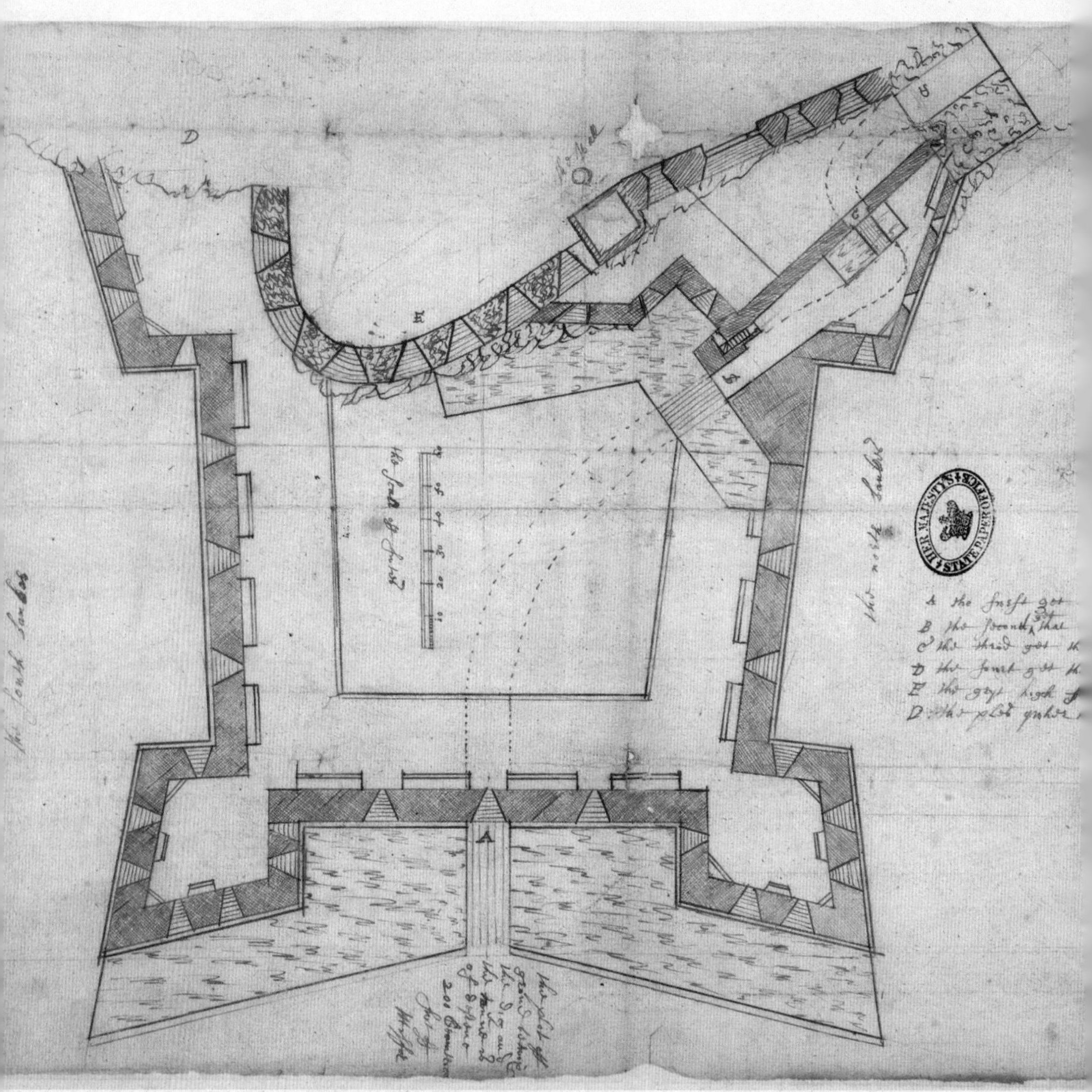

苏格兰爱丁堡城堡的防御工事，绘于 1573 年

比例尺：图上 1 英寸（2.54 厘米）大约相当于实际距离 25 英尺（7.62 米）。爱丁堡城堡建立在死火山岩顶上，根据考古发现，那里有青铜时代晚期的人类定居点，可能还有铁器时代的山丘堡垒。从 12 世纪开始，此地成为一处战略要地。1513 年，英格兰人在弗洛登彻底打败了苏格兰国王詹姆斯四世，导致苏格兰人开始酝酿一个新的计划——为爱丁堡建立新的火炮防御体系。16 世纪 40 年代，苏格兰与英格兰重新发生冲突，这一计划得到推进，当时建造了一座土制的星形棱堡。1560 年，城堡被英格兰军队围困，此战和其他战役一道，挫败了法国镇压苏格兰新教徒领主会众（Protestant Lords of Congregation）的企图。当时，信仰新教的苏格兰领主起兵反叛信仰天主教的苏格兰女王玛丽——她也是法国国王弗朗西斯二世的王后。英格兰舰队封锁了爱丁堡的港口利斯，发挥了关键作用。从 1571 到 1573 年，玛丽的支持者们占据该城堡，对抗摄政王伦诺克斯伯爵（Earl of Lennox）。1573 年，城堡中的守军轰炸了爱丁堡市区，导致英格兰人派兵攻打城堡。英军大炮对城墙造成严重破坏，守军缴械投降。后来，城堡的大部分建筑得以重建。

英格兰谢佩岛（Isle of Sheppey）防御工事平面图，大约绘制于 1574 年

这座防御工事呈八角形，周围有护城河，图中的吊桥往上抬起。此图可能是由一位名叫罗伯特·莱特（Robert Lythe）的工程师绘制，他在 1574 年向枢密院报告了谢佩岛的防御情况。国务大臣威廉·塞西尔[15]亲自批示，修建堡垒用于保卫“希普斯”（shipps），这是指需要保护与梅德威河、泰晤士河交汇处的斯韦尔河。1361 至 1377 年，为了保护锚地，一座名为谢佩城堡（又名昆伯勒城堡）的要塞修建于此处。16 世纪 30 年代，为了抵御法国和西班牙的入侵，它和其他防御工事一起组成庞大的沿海防御体系。塞西尔长期以来对绘图有着浓厚的兴趣，并致力于新图的绘制。

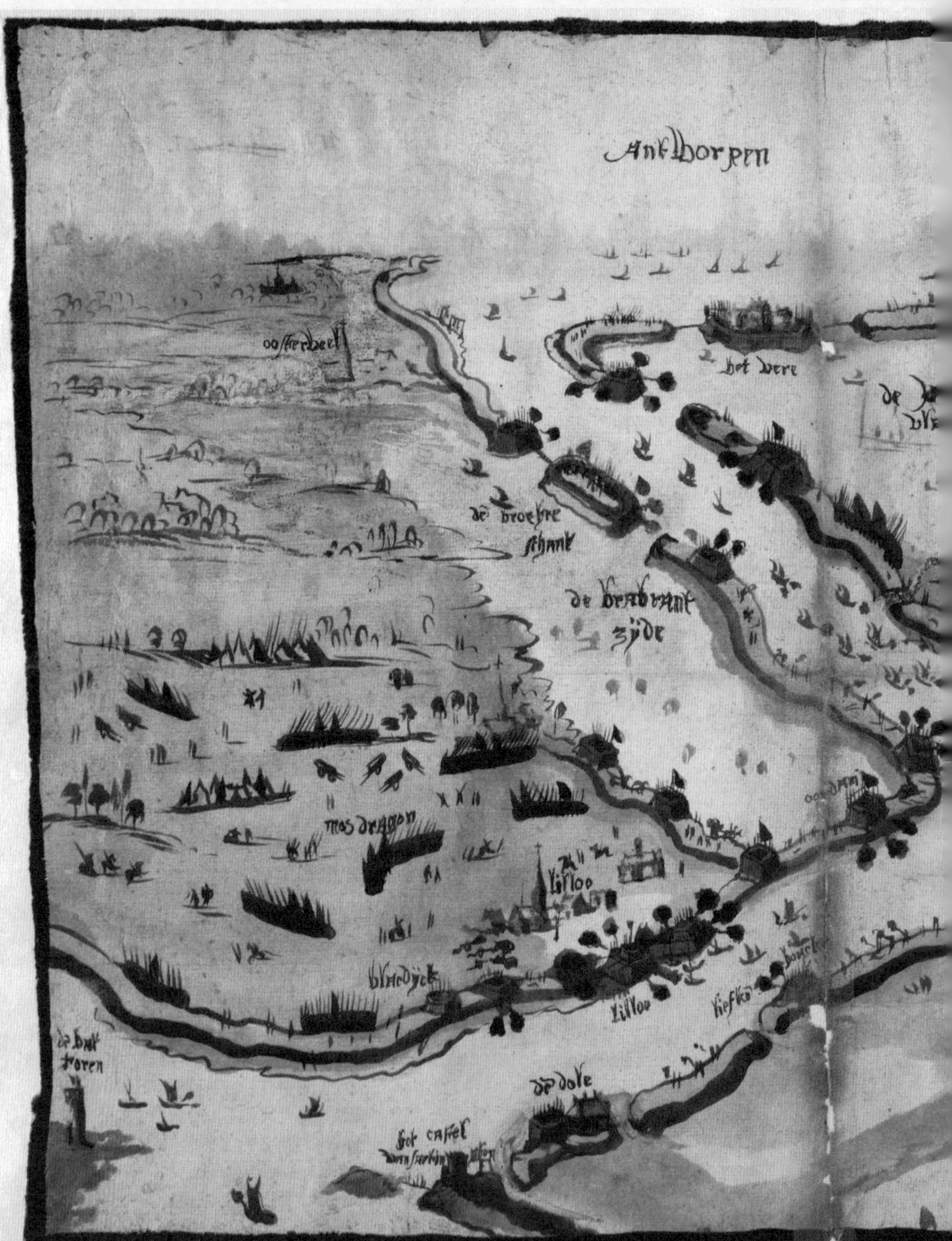

Antworpen
oosterbeek
het vere
de broekse
schans
de brabant
zyde
mos dragon
Lilloo
blaedyck
Lilloo
kiefko
de dole
het castel

1585 年，在安特卫普附近的斯凯尔特河上，帕尔马公爵亚历山德罗·法尔内塞（Alessandro Farnese, Duke of Parma）指挥佛兰德斯的西班牙军队进行围攻战

1585 年 3 月 21 日，米德尔堡的商人冒险家公司[16]秘书乔治·吉尔平（George Gilpin）给伊丽莎白一世的国务大臣弗朗西斯·沃尔辛汉姆爵士（Sir Francis Walsingham）写了一封信，信中附有此图。图中描绘了斯凯尔特河及其河岸，其中许多地方被淹没，还有一座设防的桥梁、多座防御工事和营地，最上方用德文写着 Antworpen（“安特卫普”）。围攻的第一阶段从 1584 年 7 月开始，当时在城市周围挖掘了堑壕，在斯凯尔特河河口周围建造了数座堡垒。帕尔马公爵随后在河上建造了一座浮桥，两端各有一座堡垒作为防御。作为回应，荷兰人淹没了附近的土地，并用包括火船在内的船只攻击西班牙人的阵地。最终，荷兰人战败，安特卫普于 1585 年 8 月 17 日陷落。

阿曼马斯喀特

马斯喀特的贾拉利堡（Al Jalali Fort）建于 1586—1588 年，用于保护葡萄牙统治下的马斯喀特港免受奥斯曼土耳其的攻击。奥斯曼人曾分别于 1552 年和 1582 年攻占马斯喀特。这座堡垒曾被命名为圣若昂堡（Forte de São João），建在一块突起的岩石之上，有一座可控制港口的炮台。1650 年，阿曼的苏丹本·赛义夫占领了马斯喀特。贾拉利堡在 18 世纪初的内战和波斯人的干预中发挥了作用。1749 年，阿尔赛义德王朝的第一任统治者艾哈迈德·本·赛义德·布赛迪（Ahmad bin Said al-Busaidi）攻占贾拉利堡，随后对其进行翻新，增加了大型中央建筑和圆塔。统治家族之间的纷争，使这座堡垒在 1781—1782 年发挥了重要作用。后来，它成为阿曼的主要监狱。

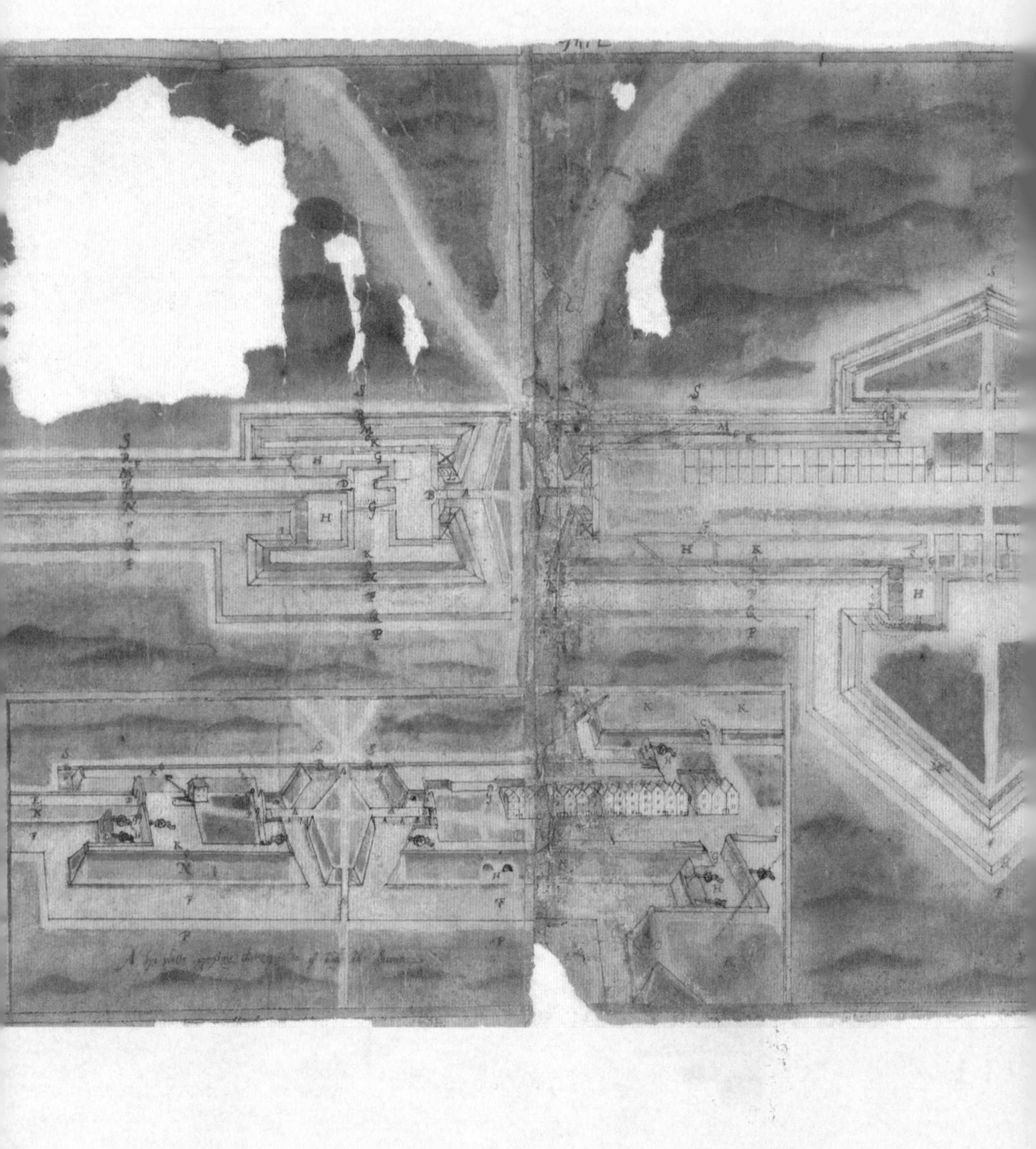

保卫英格兰与苏格兰边界的“英斯康斯”[17]的平面图和鸟瞰图，绘于 1587 年

比例尺：图上 1 英寸（2.54 厘米）大约相当于实际距离 120 英尺（36.6 米）。在一篇关于加强边境防御的匿名论文中，可见此图。同年，遭囚禁的苏格兰玛丽女王在英格兰被处决。此后，英格兰再也没有遭遇过苏格兰的入侵，直至 1640 年的第二次主教战争[18]以及 1644 年的战争，在这两场战争中，苏格兰成功入侵。但在 1848 年、1715 年和 1745 年的战争中，苏格兰的入侵都失败了。

OPIDVM S Augustini ligneis
amœnissimos habuit hortos,
anobis vero cum inde solueremus
cineres redactum Præsidium hic erat
alioq item eodem numero ad duodecim
versus leucas in loco S Helenæ dicto
sidia quemadmodum
erant nisi ad prohibendos
regionem quæ prorsus inculta iacet, occuparent

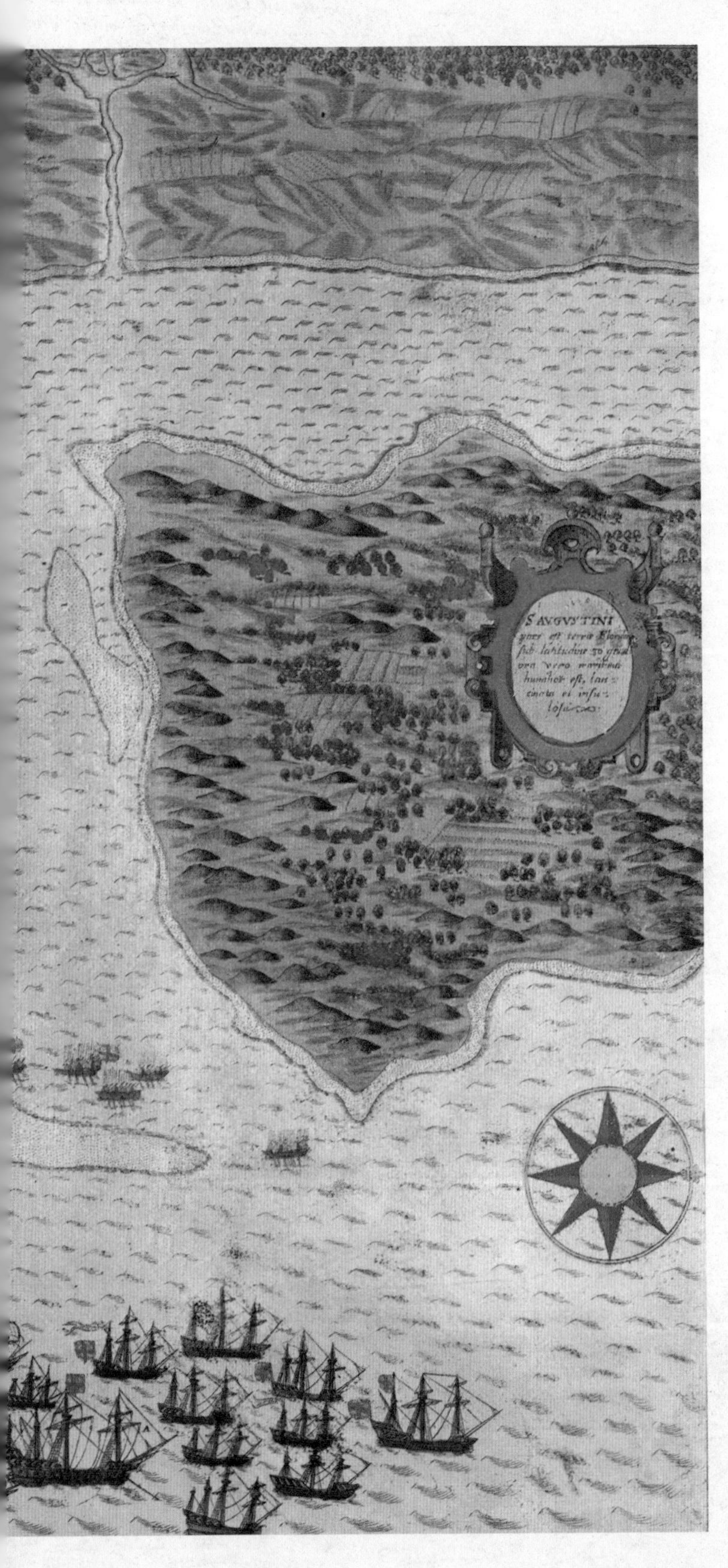

佛罗里达圣奥古斯丁示意图，绘于 1589 年

1586 年，弗朗西斯·德雷克爵士 [19] 攻击并占领了西班牙在佛罗里达的主要据点。这幅手绘版画由巴普蒂斯塔·博阿齐奥（Baptista Boazio）于 1589 年创作，记录了这一胜利。英军的人数高达 1000 人，而守卫多座堡垒的西班牙士兵仅有 100 人左右，人数上处于劣势。英国人首先袭击了沙丘上的一个小木堡，西班牙人从那里迅速逃离。随后，英国人推进到一座西班牙木寨堡，守军早已望风而逃。最后，英国人占领了西班牙人的主要定居点，并将他们驱逐。德雷克摧毁了这些堡垒，然后返回英国。

from Meggs mount all allonge to Hunsdons mon
places w^thout any counterscarfe wher the
and diverse other grounds of disaduauntag
yf I were to answer it my selfe, the
by perspectuie

Ravelyn

Bedford mounte

Milne mounte

Cowgate

Drye

Hunsdons mounte

midle mounte

Ravelyn

newgate

from Meggs mount to Hunsdons mount is a very old wall scaleable in an numb of places

Conyers mount being but an old playn platforme

Meggs mounte

mason deiu

shore gate

wast place

Tweede

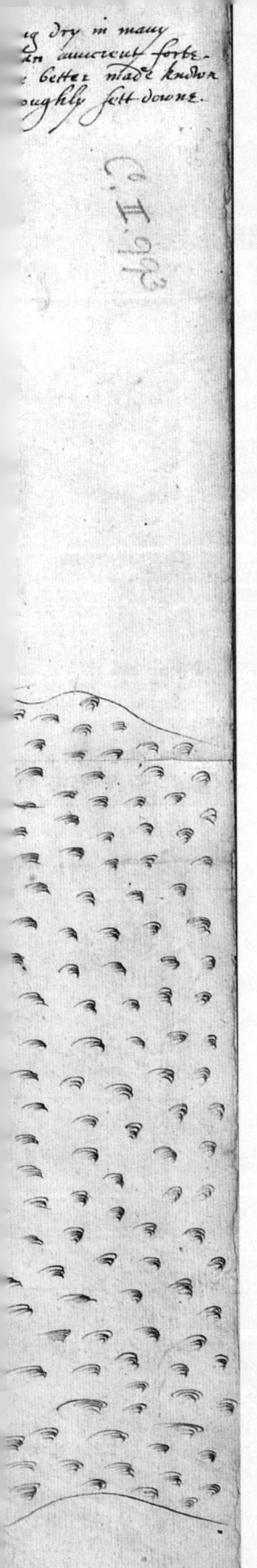

1594 年对荷兰格罗宁根的征服，重现在一枚银币上（上图）

1592 至 1594 年，荷兰领导人拿骚的莫里斯[20]在荷兰东北部的围攻战中，对战西班牙军队取得重大胜利。格罗宁根在经过两个月的围攻后于 1594 年陷落，荷兰人在围攻中发射了 1 万枚炮弹。

特威德河畔的贝里克的防御工事，绘于 1598 年（左图）

这幅防御工事的鸟瞰图，展示了已命名的据点、特威德河上的桥梁和城门。梅格山和汉斯顿山之间的防御工事所存在的缺陷，图上也有注明。16 世纪 50 年代，法国与苏格兰合作抗英，为了应对此次危机，同时也为了应对 1558 年法国对加莱的占领，16 世纪 60 年代，贝里克的防御工事按照意大利的新式风格进行了重建。这次重建，不但用石头修建了棱堡和城墙，还筑起大量土垒。虽然重建耗资巨大，但在伊丽莎白一世（1558—1603 年在位）时期，这些城墙并没有派上用场，主要是因为自 1567 年苏格兰女王玛丽被推翻后，仍会发生令人担忧的事件，不过英格兰与苏格兰的关系总体上有所缓和。因此，1585 至 1604 年，英格兰与西班牙交战期间，与苏格兰之间并没有发生危机，而此前与法国交战时，则没有这一关键优势。今日的贝里克防御工事，可供游客在城墙上漫步。

注释

[1] 为了便于读者理解，本书在翻译时，将原文后续出现的 alla moderna 统一译为“意大利式”。

[2] Bastion 在本书中译为棱堡或角堡。棱堡，指一种星形或多边形堡垒（具体形状可见本书中的插图），是在火药时代来临后，为了应付大炮而逐渐发展出来的新式堡垒，最初出现于 15 世纪中叶的意大利，后流行于整个欧洲，直到 19 世纪。角堡，特指棱堡外围众多凸出的三角形或其他形状的建筑。

[3] 臼炮（mortar）是一种炮身短（口径与炮管长度之比通常在 1:12 到 1:13 以下）、射角大、初速低、高弧线弹道的滑膛火炮；其射程近，弹丸威力大，主要用于破坏坚固工事。因其炮身短粗，外形类似中国的石臼，因此在汉语中被称为“臼炮”。臼炮后来发展为迫击炮，臼炮和迫击炮在英语中皆为 mortar。

[4] 喀山汗国（Khanate of Kazan），1438 年由鞑靼贵族在伏尔加河中游建立的封建国家，定都喀山城。原为蒙古帝国四大汗国之一钦察汗国的属地。

[5] 加莱海峡省（Pas de Calais），是法国北部的一省份。

[6] 莫顿（Modon），意大利城市。

[7] 安纳托利亚（Anatolia），又名小亚细亚或西亚美尼亚，是亚洲西南部的一个半岛，隶属于土耳其，大体上相当于土耳其的亚洲部分。凡湖（Van）是土耳其最大湖泊，位于安纳托利亚高原东部，靠近伊朗边境。

[8] 梅瓦尔（Mewar）是印度拉贾斯坦邦中南部的一个地区。

[9] 查理五世（Charles V，1500—1558 年），16 世纪欧洲最强大的君王，是神圣罗马帝国哈布斯堡王朝皇帝（1520—1556 年在位）、尼德兰君主（1506—1555 年在位）、德意志国王（1519—1556 年在位）、西班牙哈布斯堡王朝首位国王（1516—1556 年在位），同时也是奥地利哈布斯堡王朝一员。

[10] 弗朗西斯一世（Francis I，1494—1547 年），法兰西瓦卢瓦王朝第九位国王（1515—1547 年在位），是法国历史上最著名且最受爱戴的国王之一。

[11] 拿破仑战争（Napoleonic Wars），指 1803 至 1815 年爆发的各场战争，是 1789 年法国大革命所引发战争的延续。它促使欧洲军队和火炮发生重大变革，特别是军事制度。随

着拿破仑在滑铁卢战败，各交战国签订巴黎条约而结束。

[12] 堞口（machicolation），指女儿墙（即堞）上的洞口；堞，指城上如齿状的矮墙。

[13] 北方叛乱（Northern Revolt），指 1569 至 1570 年，英格兰的天主教贵族为了恢复天主教而发动的叛乱。

[14] 马尔库斯·维特鲁威·波利奥（Marcus Vitruvius Pollio），古罗马的御用建筑师和工程师。他编写的《建筑十书》（*De Architectura*）是欧洲中世纪以前遗留下来的唯一建筑学专著。这本书后来成为文艺复兴时期、巴洛克时期和新古典主义时期建筑界的经典，并且至今仍对建筑学界产生着深远的影响。

[15] 威廉·塞西尔（William Cecil），英格兰政治人物。伊丽莎白一世在位期间的主要顾问，也是文艺复兴时期治世经国的人才。

[16] 商人冒险家公司（Merchant Adventurers）是 15 世纪初在伦敦成立的一家贸易公司，主要业务是向尼德兰等地出口布料。

[17] 英斯康斯（Inskonce），意为小型堡垒。

[18] 主教战争（Bishop's War），是 1639 至 1640 年英格兰国王查理一世与苏格兰人之间爆发的战争。查理一世企图将圣公会仪式强加于苏格兰教会，引起苏格兰人反对，遂引起战争。苏格兰攻入英格兰，迫使查理一世签订了《里彭条约》，并赔偿苏格兰人的损失。

[19] 弗朗西斯·德雷克爵士（Sir Francis Drake，约 1545—1596 年），英国历史上著名的探险家与海盗。

[20] 拿骚的莫里斯（Maurice of Nassau，1567—1625 年），是尼德兰联省共和国执政、军事改革家、著名将领。他发展了军事战略、战术和军事工程学，使荷兰军队成为当时欧洲最现代化的军队。

第四章
17世纪的防御工事

到了17世纪，防御工事继续延续上一世纪的发展趋势。这部分归功于军事工程师，在他们的帮助下，西方防御工事的设计模式实现了标准化，并得以推广。例如，法国军事工程师纪尧姆·莱瓦瑟尔·德·博普兰（Guillaume Levasseur de Beauplan），在17世纪30和40年代曾为波兰服务。数学是设计西方防御工事所需的关键知识，主要是因为在考虑堡垒的布局和大炮的位置时，需要计算出覆盖角度。因此，英国数学家乔纳斯·摩尔（Jonas Moore, 1617—1679年）成为一名测量员，然后为英国人控制的丹吉尔（1662年，葡萄牙公主布拉干萨的凯瑟琳[1]与查理二世结婚，丹吉尔作为嫁妆之一）防御工事的修建充当顾问，后来又升任军械局的总测量师。1673年，摩尔出版了《现代防御工事或军事建筑的要素》（*Modern Fortification, or Elements of Military Architecture*），并于1683年翻译了托马索·莫雷蒂（Tomaso Moretti）的《城堡》（*Trattato dell' artiglieri*）。

防御工事的设计目的不仅是为了威慑其他国家，也是为了遏制国内的不满情绪。因此，法国的路易十四于1660年在马赛建造了圣尼古拉城堡（St Nicolas Citadel），而西班牙的卡洛斯二世[2]，于1678年镇压在西西里墨西拿发生的叛乱后，派重兵驻守一座新城堡。与之相反的是，那些与政府作对的贵族和城镇的设防据点，遭到削弱和摧毁。17世纪，城市的防御模式普遍发生了变化，之前是由城市民兵来守卫城墙，现转变为中央政府派兵驻守在俯瞰城市的城堡，就像大选帝侯腓特烈·威廉[3]（1640—1688年在位）统治下的普鲁士一样。这种转变也是建筑样式转变的一个方面，即从早期中世纪城墙转变到巴洛克时代防御工事，例如，在慕尼黑就能看到这一转变。

在大多数欧洲大国卷入的三十年战争[4]（1618—1648 年）以及 17 世纪 40 和 50 年代的英国内战中，虽然最终通过野外战役解决了问题，但防御工事和围攻在战争中发挥了重要作用。其重要性因参战国和作战区域而异。围攻术在低地国家[5]的重要性，高于其在德国或对于瑞典人的重要性。因此，荷兰人集中力量围攻西班牙人占据的阵地，例如，1629 年围攻赫托根博施，1632 年围攻马斯特里赫特和文洛，1637 年围攻布雷达，以及 1645 年围攻赫尔斯特，所有这些围攻都取得了胜利。所以，这一时期能够发展出一种风格独特的荷兰式防御工事，也就不足为奇了。这在很大程度上归功于西蒙·斯蒂文（Simon Stevin）和亚当·弗雷塔格（Adam Freitag）。数学家斯蒂文在莱顿大学[6]创办了一所工程学校，并于 1594 年出版了一本关于防御工事建设的书。

野战防御工事

除了堡垒，野战防御工事也非常重要。在瑞典国王古斯塔夫二世·阿道夫[7]指挥的战争中，野战防御工事从一开始就处于核心地位。瑞典军队一旦停止行军，就会挖掘野战防御工事，这对他们的生存至关重要。反过来，瑞典人的对手也会这样做。1632 年，瓦伦斯坦（Wallenstein）率领的奥地利军队在阿尔特维斯特建造了一处坚固的阵地，由于瑞典人的骑兵无

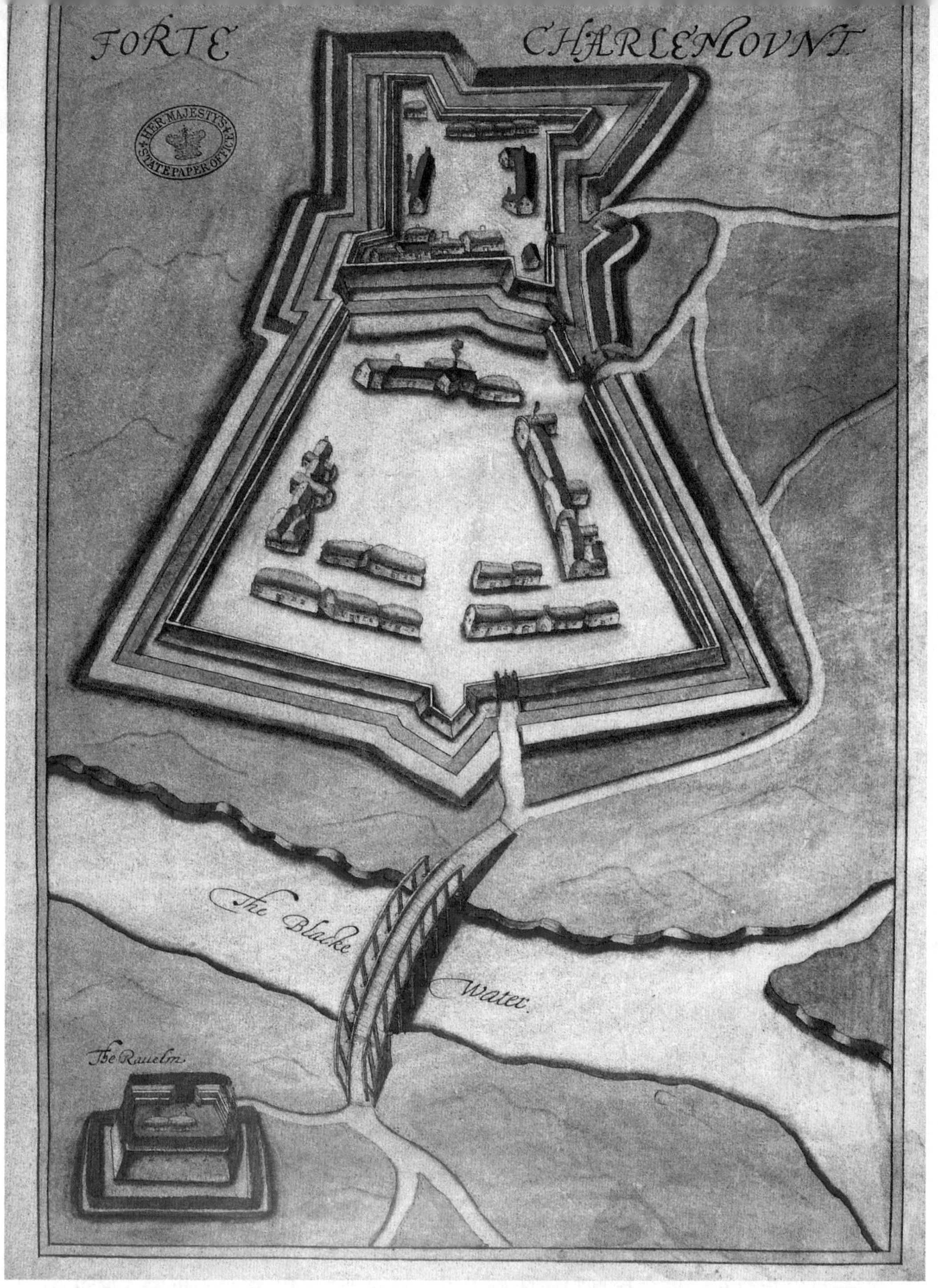

爱尼斯拉根堡（Fort Enislaghan）和爱尔兰的伊尼斯鲁格林镇，出自约翰·诺顿（John Norden）1608 年的著作《爱尔兰风光》（*A Description of Ireland*）

位于阿尔斯特多座堡垒的平面图，是由制图师理查德·巴特利特（Richard Bartlett）绘制的。1602 年 8 月，伊丽莎白一世的军队攻占了盖尔人[8]的爱尼斯拉根堡，当时正值在阿尔斯特进行的九年战争（1594—1603 年）。这座堡垒位于林木茂密的地区，是盖尔人对抗皇家军队的重要基地。英国旅行家费恩斯·莫莱森（Fynes Moryson）描述说，为爱尼斯拉根堡提供防卫的有“两条深沟，它们都被坚固的栅栏、用土木构筑的非常高而厚的城墙所围绕，且外侧还有一层壁垒”。

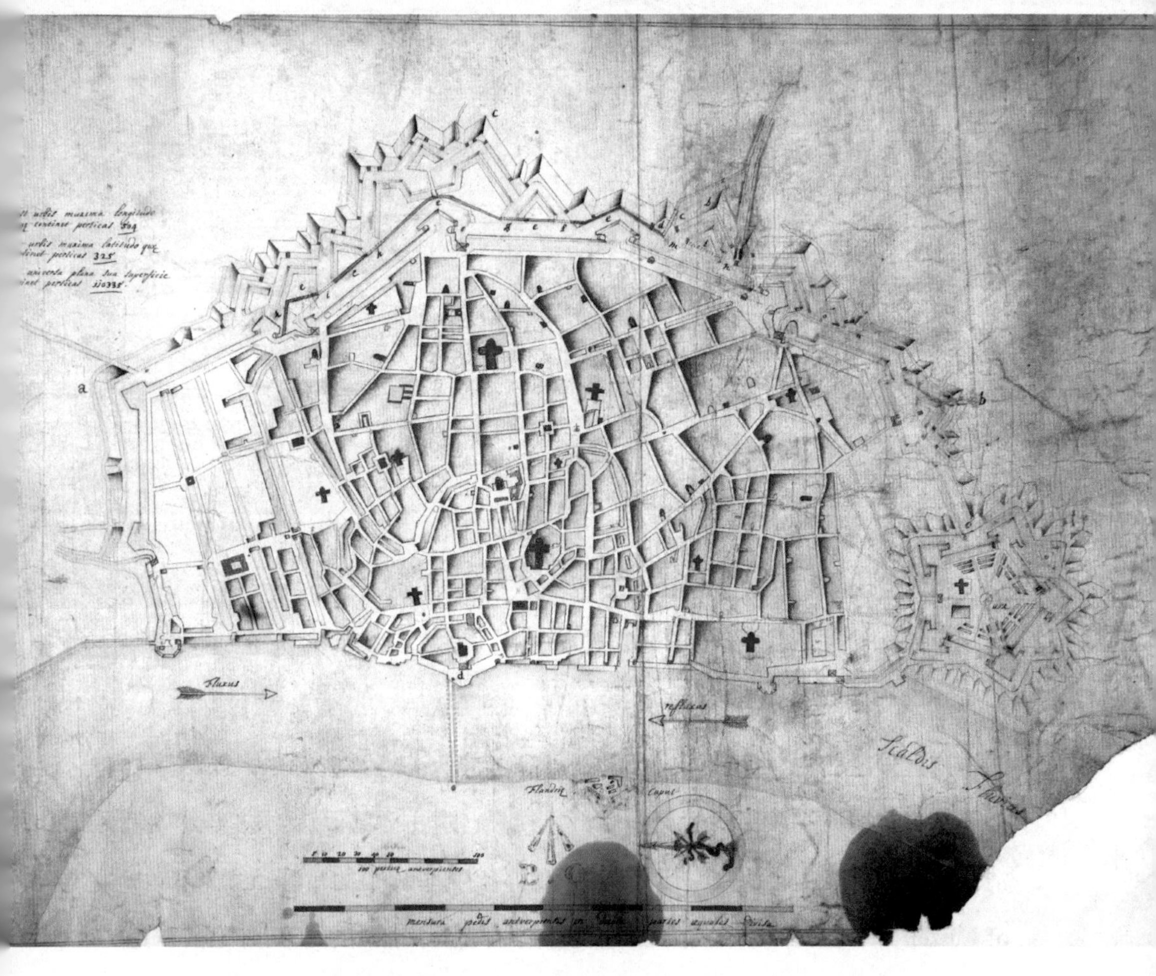

比利时安特卫普城市和城堡平面图

17 世纪时，对建于 16 世纪的防御工事进行了维护。在此期间，安特卫普一直处于西班牙的统治之下。荷兰人的进攻集中在安特卫普以东防御较弱的据点，尤其是布雷达，它在 1637 年被荷兰人占领。1638 年，荷兰人对安特卫普发起进攻，在一处开阔地带进行的野战中，荷兰人战败。

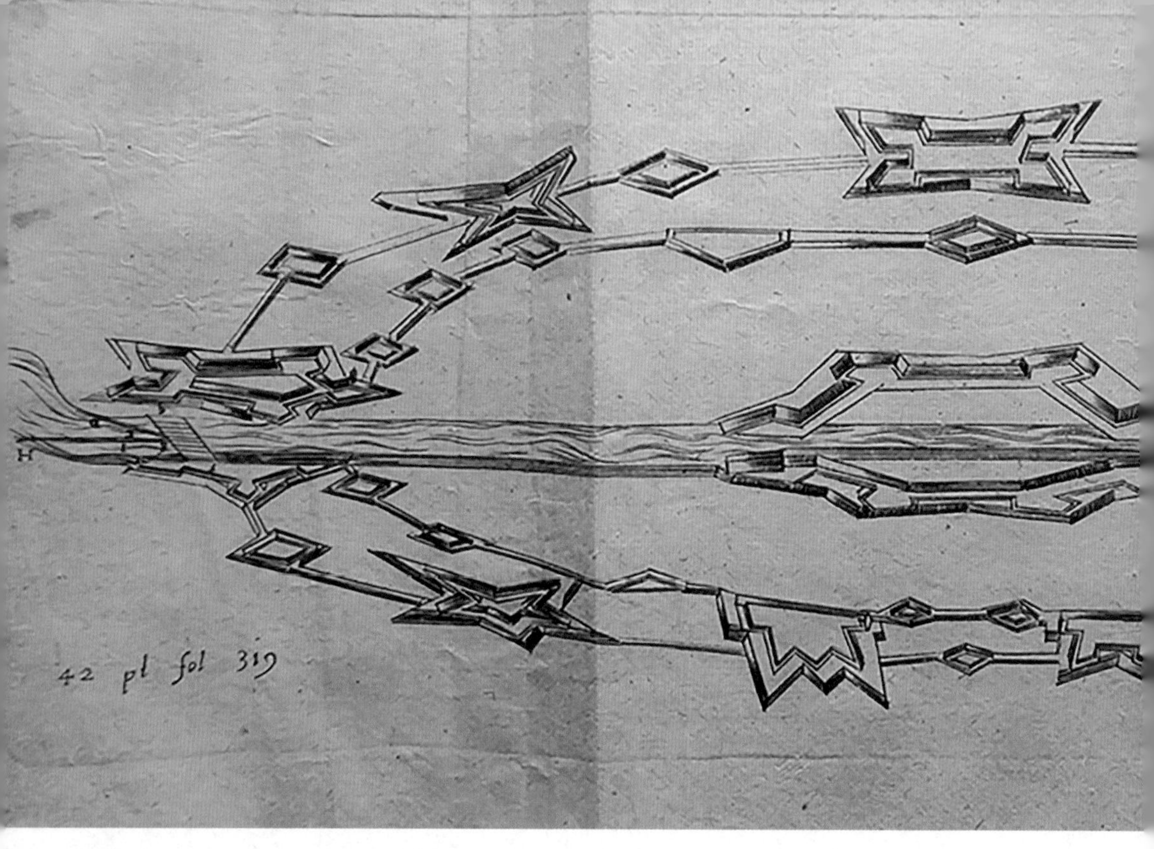

法在这里发挥作用，从而遭遇了挫败。随着部队士气日益耗尽，以及后勤优势丧失，瑞典军队因逃兵而遭受严重损失，这主要是因为对方实行坚壁清野策略，造成补给困难。野战工事在那年晚些时候的吕岑战役（Battle of Lützen）中也发挥了作用：虽然瓦伦斯坦战败，但由于在其阵地前深挖了一条壕沟，仍然守住了防线。

在许多战役中，这种壕沟限制或遏制了敌军的前进，所以发挥了重要作用。因此，在1616年的印度派坦河战役中，莫卧儿军队在其阵地前挖掘了一条壕沟，有效地阻挡了艾哈迈德纳格尔的马利克·安巴尔[9]率部队发起的骑兵攻击。

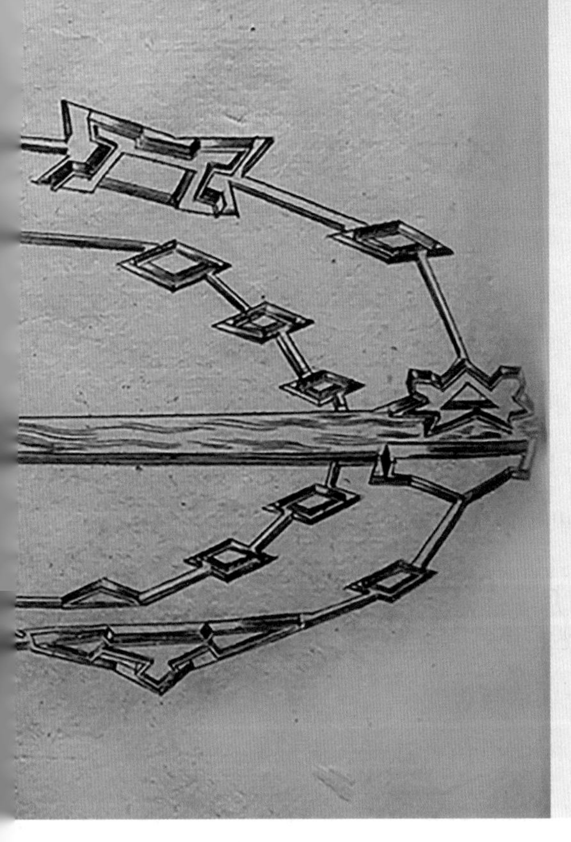

安托万·德·维尔（Antoine de Ville）绘制的堡垒平面图

塞巴斯蒂安·勒普雷斯特尔·德·沃邦[10]在防御工事上的建筑理念和成就，借鉴了早期专家的经验和著作——例如，安托万·德·维尔（1596—1656年），他于1627年成为路易十三（1610—1643年在位）的军事工程师。1629年在里昂出版，并分别于1636年、1640年、1666年、1672年再版的《安托万·德·维尔的骑士堡垒》（*Les fortifications du chevalier Antoine de Ville,contenans la maniere de fortifier toute sorte de places tant regulierement,qu'irregulierement*）一书，书中的理论由沃邦付诸实践，这充分说明，法国的防御工事在17世纪前后半叶的发展是一脉相承的。安托万·德·维尔在17世纪20年代曾参与围攻胡格诺派[11]控制的蒙托邦和拉罗谢尔，接着又先后在萨沃伊[12]查理·艾曼纽一世（Charles Emmanuel I）的军队及威尼斯服役。他的书中不但列举了古典世界[13]的案例，还讨论了他所在时代的案例。

英国内战

在17世纪40年代的英国内战中，野外战役至关重要，但事实证明，围城战也非常重要。例如，在1643年，攻打议会派控制的布里斯托尔对保皇派的推进非常重要，但相反的是，当年保皇派对格洛斯特、赫尔和普利茅斯的围攻都失败了，第一次围攻在援军到达后结束。议会派控制的北安普敦和保皇派控制的伍斯特等城镇，在幸存的中世纪城墙的基础上修建了新的防御工事。城堡的城墙也得到了类似改进，例如，北安普敦郡的罗金汉城堡（Rockingham Castle）。在伍斯特郡，杜德利和哈特伯里城堡是保皇派的主要据点。城堡为驻军提供了良好的基地，许多城堡被重新投入使用，成为住所。以北安普敦郡为起点，议会派与班伯里城堡的保皇派争夺该郡西南部的控制权；班伯里城堡被重新加固，并拥有一个守备队，以保护保皇党的大本营牛津。驻扎在豪华古宅——阿什比－德拉祖奇城堡和贝尔沃城堡的保皇派，却给莱斯特郡带来了很大的破坏。

那些没有经过实战检验的防御工事可能也很重要，就像伦敦在1642—1643年为了应对保皇党的进攻（实际上并未到来）而仓促改进的防御工事一样。当时，伦敦修建了一条11英里（17.7千米）长的土堤和壕沟，还有一系列的堡垒和炮台。然而，事实证明，如果在野外战场上战败，即使守住城堡，也是徒劳的。因此，1645至1647年，威尔士境内保皇派控制的城堡，在处于压倒性优势的议会军面前纷纷陷落：博马里斯、卡那封、切普斯托和蒙茅斯在1645年陷落，阿伯里斯特威斯、康威和拉格兰在1646年陷落，哈勒赫和霍尔特在1647年陷落。

在英国内战期间和之后，胜利的议会派对城堡采取“轻视”的态度。例如，在凯尼尔沃思城堡，城堡主楼的北侧被拆除，部分外围幕墙被破坏。科夫堡、邓斯特堡和温彻斯特堡也在众多被轻视的城堡之列。反观保皇派这边，1660年斯图亚特王朝[14]复辟后，曾支持议会派的主要城镇，如格洛斯特和北安普敦的城墙和防御设施也被轻视。

国家间的斗争

然而，一般来说，国家之间的斗争往往是使用防御工事的关键因素。莫卧儿王朝在印度的扩张就体现了这一点。1685—1687年，在取得围攻战的胜利后，莫卧儿王朝吞并了比贾普尔和戈尔康达这两个德干苏丹国[15]。这些都是大规模的作战行动，在这些行动中，莫卧儿大军攻克了拥有坚固城墙的阵地，俘虏了大量的守军，但大军的补给是一项艰巨的任务。1687年，莫卧儿帝国皇帝奥朗泽布[16]率军围攻拥有4英里（6.4千米）长外墙的戈尔康达。士兵们在城墙下挖掘了两条用于实施爆破的地道，但它们过早地引爆了。戈尔康达最终因叛徒的出卖而沦陷，莫卧儿军队从一处洞开的城门进入。

坎大哈是波斯人进入阿富汗南部和印度河流域的门户，是在与莫卧儿人的冲突中发挥关键作用的要塞。莫卧儿人分别于1649年、1652年和1653年试图夺回该地，但均以失败告终。坎大哈远离莫卧儿王朝在印度北部的权力中心，莫卧儿人很难有效在此地作战，一旦开战，必须在严冬来临之前获胜。莫卧儿攻城炮的质量比波斯炮差，精度也不如波斯炮，后者给攻城方造成了重大伤亡。1653年，三门特别铸造的莫卧儿重炮在坎大哈的城墙上造成了几处缺口，但由于冬季的到来和后勤问题，无法利用这些缺口取得突破。

能否得到救援部队或舰队的驰援，也是影响围城战战局的一个关键因素。如1657年，西班牙救援意大利北部被法国围困的亚历山德里亚；1659年，清军成功抵挡住忠于明朝的兵马对南京的围困[17]；1683年，奥地利人在土耳其对维也纳的围困中幸存下来。当时，土耳其人已经攻破了维也纳的城墙，但守军仍然坚守着阵地，直到波兰国王约翰三世·索比斯基[18]领导的日耳曼—波兰联军赶来救援。相反，如果援军战败，也可能产生决定性影响。例如在英国，1644年议会军在马斯顿荒原战役中战胜保皇派的援军后，保皇派控制的约克城沦陷；在印度，莫卧儿人也是在击败援军后占领了马拉塔的各处要塞。

法国人在西属尼德兰[19]开展的围城战，最终结果还是取决于野外战役，特别是孔代[20]于1643年在洛克罗伊战胜佛兰德斯的西班牙军队，

BREDA
MAGNO PRINCIPI
GVILIELMO MAVRITIO,
FREDERICI HENRICI
Arausionensium Principis Filio, etc.

以及法国人分别于1674年和1677年在塞内夫和卡塞尔山（Mont Cassel）接连战胜奥兰治的威廉三世[21]。后者源于威廉解救圣奥梅尔的失败，而1678年的圣德尼战役（Battle of St Denis）则是他试图解救蒙斯的结果。1676年法国对莱茵费尔登的围攻，是在附近的一场野外战役后开始的，当洛林公爵查理五世[22]率领奥地利军队出现时，围攻就结束了。

围城战依靠的是封锁、轰炸和强攻。例如，1688年，在莱茵河中游的德国主要要塞菲利普斯堡（Philippsburg），法国人的大炮压制住了对手的大炮，通过强攻占领了外围建筑。攻城部队的指挥官是路易十四的王储，此次围城战的胜利，极大地提升了他的威望。

荷兰布雷达

布雷达于1625年被西班牙佛兰德斯军队攻占，1637年又被荷兰人夺回。这些行动是个别战役中的重大事件，可能包含了作战因素（有时是战术问题）对战略的吞噬。另一方面，像布雷达这样的阵地可以显示胜利的明确目标。1637年，荷兰人最初得益于西班牙将作战重点放在法国方面。

建造目的

是否符合建造目的，是判断防御工事适用性的一个关键概念。例如，那些在西欧被认为是抵御大规模围攻所必需的防御工事，对于东欧而言，其必要性是毋庸置疑的，并且其作用远远不止用于防御叛军的进攻。然而，从 17 世纪后期开始，随着基督教势力对奥斯曼土耳其人的外部压力增大，后者建造了众多令人赞叹的防御工事，其中许多在经历了长期围困后才被攻陷。河流的渡口是关键地点，但一般是作为保护主要人口中心的一部分。这些要塞包括多瑙河畔的贝尔格莱德、布达和维丁，蒂萨河畔的特梅斯瓦尔，德涅斯特河的霍廷和本德，控制第聂伯河河口的奥恰科夫和金伯恩，以及顿河的亚速尔。虽然土耳其人的防御工事在技术水平上不及基督教欧洲建造的防御工事，但也最大程度地利用了所有可用的资源，实现了同样的目的：总的来说，进攻方付出了相当大的努力才攻陷这些据点。

继 1683 年在维也纳的防御战中对土耳其人取得根本性胜利后，奥地利人开始发现很难再续写新的辉煌。第二年，奥地利军队的指挥官洛林公爵查理五世，率军包围了通往匈牙利的门户——布达，但这座要塞十分坚固，拥有威力强大的火炮。疾病和补给困难更是让攻城过程雪上加霜，围攻了四个月之后，奥地利人最终放弃。然而，奥地利人于 1686 年卷土重来，在围攻过程中，一枚炮弹击中了主要的火药库，在城墙上炸开一个缺口，随后的持续攻击导致了这座城市的陷落。在后来的战争中，奥地利人于 1717 年占领了贝尔格莱德，但土耳其人在 1739 年发动反攻，又将其夺回。在上述战争中，野外战役的胜利最终决定了要塞的命运。18 世纪，土耳其人越来越多地聘用欧洲人来设计防御工事。

在路易十四（1643—1715 年在位）统治时期，为保护其边界，法国特别注重修建和改进堡垒，并以此来巩固路易的征服成果。在枢机主教[23]黎塞留[24]于 17 世纪 30 年代末编写的《政治遗嘱》（*Testament Politique*）中，就已倡导这一政策。在路易十四时期，沃邦发挥了重要作用，他既是攻城高手，也是防御大师。

在路易十三时期，法国阿尔卑斯山边境的皮涅罗洛等地曾建过大型防御工事，但与他的儿子路易十四支持修建的新防御工事相比，就显得微不足道了。这些新防御工事体现了路易十四为保卫脆弱的边境地区所做的系统性尝试。为了保卫法国脆弱的东北边境，法国建立了双线防御工事，而以比利时为基地的西班牙人对这段防线发起的进攻，在 1636 年被证明是最具威胁性的。1678 年，沃邦被任命为防御工事总监，他监督了 33 座新堡垒的建造，如阿拉斯、布拉耶、阿斯、里尔、蒙多芬、蒙路易和新布莱萨赫等地的堡垒，并对更多的堡垒进行了改造，如贝尔福特、贝桑松、兰道、蒙特梅迪、斯特拉斯堡和图尔奈。

实战证明这些堡垒具有持久的价值。1667 年，法国从西班牙手中夺取了里尔，随后沃邦着手对里尔进行加固：400 人在这座城堡上工作了三年，建立了一座可容纳 1200 名士兵的基地。里尔城堡的主入口——皇家广场，其位置与吊桥成一定的角度，这样的设计可以避免敌方火力的直接命中。虽然它曾于 1708 年落入英国人之手，但这座令人印象深刻的城堡，分别于 1744 年躲过了英国人的魔爪，1792 年躲过了奥地利人的魔爪。1940 年，正是里尔的防御工事延缓了德军向英吉利海峡的推进，虽然最终没有成功，但也为从敦刻尔克撤军提供了更多机会。

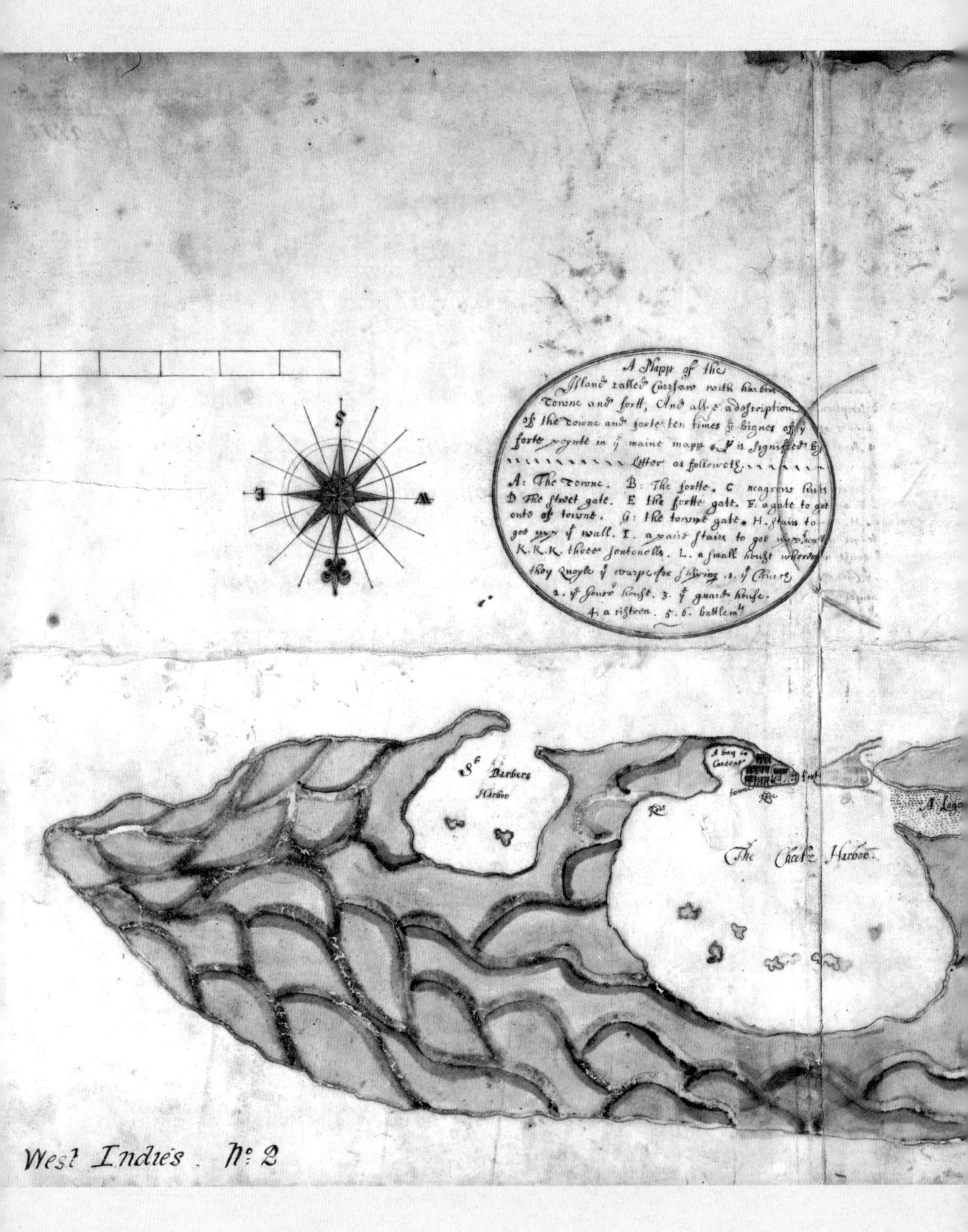
A Mapp of the
Island called Currsaw with harbor
Towne and fort, And also a description
of the towne and forte ten times ye bignes of ye
forte poynte in ye maine mapp which is signified by
Letter as followeth.
A: The towne. B: The forte. C neagrow huts
D The street gate. E the forte gate. F. a gate to goe
outo of towne. G: the towne gate. H. staies to
goe upp ye wall. I. a paire staires to goe upp ye wall
K.K.K. three sentonells. L. a small house wherein
they quoyle ye warpe for shiping. 1. ye Church
2. ye Gouers house. 3. ye guard house.
4. a sistern. 5. 6. battlemts
St Barbers Harbor
A bay to Careene
towne
fort
The Cheefe Harbor
West Indies. No. 2

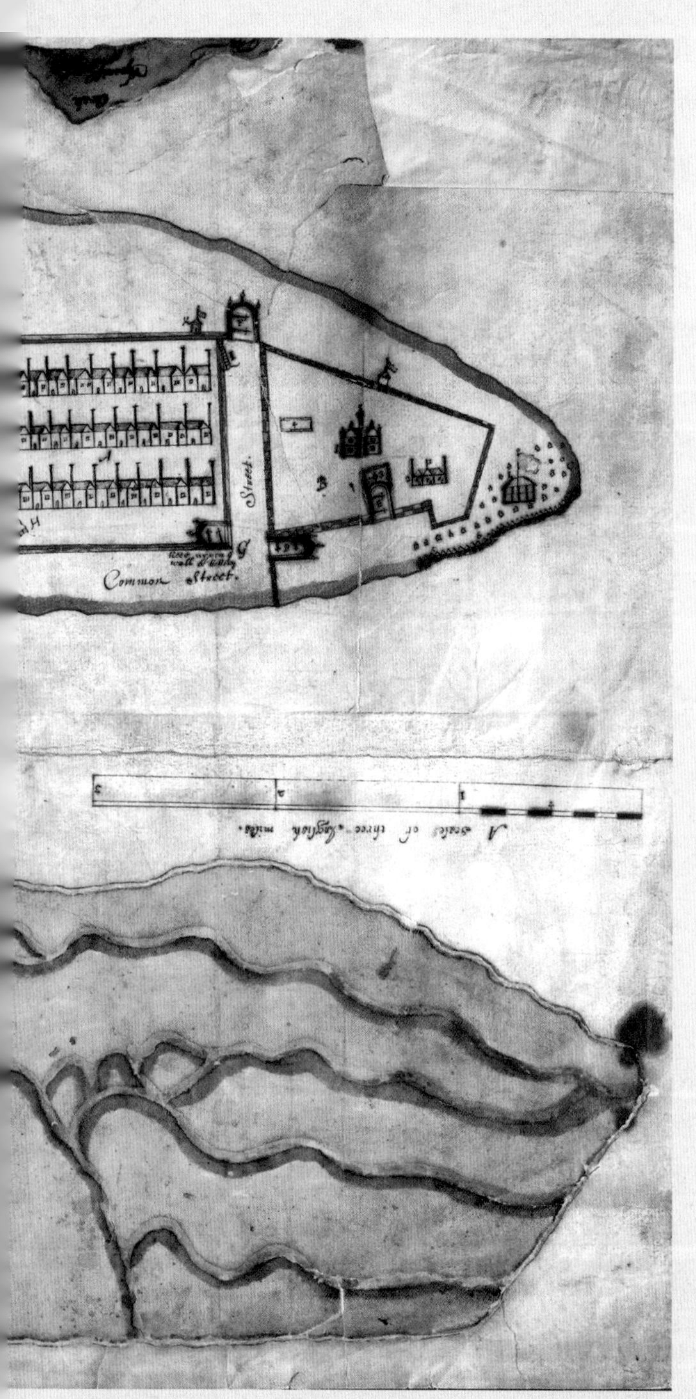

库拉索岛的阿姆斯特丹堡

阿姆斯特丹堡由荷兰西印度公司建造，位于圣安娜湾（一个天然港口）入口处东边的一块狭长陆地上。1621—1648年，荷兰人与西班牙人进行了一场激烈而漫长的战争。1634年，约翰尼斯·范·瓦尔贝克（Johannes van Walbeeck）率军从人数处于劣势的西班牙军队手中夺取了该岛，然后开始修建堡垒。非洲奴隶和当地的阿拉瓦克人参与了其中一部分工程。虽然饮用水和食物的缺乏给施工带来了一些问题，但这座有4个棱堡和3米厚城墙的堡垒仍然于1635年完工。荷兰西印度公司将阿姆斯特丹堡作为行政总部，一座名为威廉斯塔德的城镇在它外面发展起来。1713年，一支法国私掠武装队伍恐吓这里的总督，要求他支付金钱，否则就洗劫城镇。从18世纪中期开始，库拉索岛成为荷兰向西班牙统治的委内瑞拉进行奴隶贸易的主要转口港。1800年和1807年，英国人攻陷了这座堡垒。1929年，它落入委内瑞拉叛军之手。

实质上，沃邦对棱堡和纵射火力的巧妙运用，代表了对已经广为人知技术（尤其是纵深分层防御技术）的传承，这些技术可以追溯到火药发明之前的时代。沃邦把防御的主要任务交给炮兵。真正让人耳目一新的是，法国政府为如此庞大的项目提供资金支持的能力。为了控制莱茵河的一个重要渡口，提供一条进入德国南部的通道，同时也为了弥补法国在 1697 年和约 [25] 中失去的布莱萨赫，法国政府修建了新布莱萨赫。该工程从 1698 年开始，至 1705 年结束，耗资近 300 万里弗尔 [26]。沃邦还参与了法国海军基地防御工事的修建工作。路易十四时期，法国大力发展海军，基地防御工事的修建成为海军建设的一部分，也是为了应对海军基地面临的攻击威胁。事实上，在路易统治期间，布列斯特和土伦都曾遭到攻击，但这些攻击都失败了。沃邦享有的声誉使他的作品一直出版到 18 世纪，甚至流传到法国以外。1748 年，他的《防御工事新法》（*New Method of Fortifcation*）第五版在伦敦出版；1771 年，他的作品集在阿姆斯特丹和莱比锡出版。

进一步扩张

要塞的设计目的不仅是为了保卫边境，也是为了保护前沿作战基地，特别是储存重要军需物资的基地，从而为进一步的扩张提供支持。1689 年，路易十四表示，他想保留对卡萨莱的所有权。这是一座位于阿尔卑斯山意大利一侧的要塞，1681 年被法国占领。因为当法国对西班牙控制的伦巴第地区发起作战行动时，卡萨莱要塞可以充当前沿基地。要塞的位置具有战略意义。例如，人们将诺瓦拉、亚历山德里亚、托尔托纳和瓦伦扎这几座要塞视为一条防御链，可以保护伦巴第免受西方的萨沃伊－皮埃蒙特[27]以及法国发起的攻击。

在欧洲之外，防御工事对欧洲的扩张仍然至关重要，例如在美洲和西非，在更大范围内也是如此。因此，1635年，在位于菲律宾南部棉兰老岛海岸的三宝颜，西班牙人建起了一座城市，并在耶稣会传教士、工程师梅尔乔·德·维拉（Melchor de Vera）的指导下修建了一座坚固的堡垒。1646年，三宝颜的堡垒受到荷兰人的攻击，后来又受到海盗的攻击。1718—1719年，这座堡垒进行了重建，不久前它在摩洛海盗的攻击中得以幸存。

在维持对殖民地的控制方面，要塞也具有至关重要的作用。果阿是葡萄牙在印度的主要基地，成功地抵御了比贾普尔苏丹国在1510年、1654年和1659年发动的攻击，以及马拉塔人在1683年发动的攻击。而荷兰人在爪哇岛的主要基地巴达维亚[28]，在1628—1629年经受住了马塔兰的苏丹阿贡（Sultan Agung of Mataram）的两次围攻。

在西伯利亚，俄国通过修建一系列要塞来巩固其地位。1619年在叶尼塞河上的叶尼塞斯克，1632年在勒拿河上的雅库茨克，1649年在鄂霍次克海上的鄂霍次克，1661年在伊尔库茨克分别建立了要塞。1639年，俄国人首次到达太平洋沿岸，然后在乌里雅河口建立了一个哨所。俄国人修建的堡垒最大限度地发挥了火器在防御方面的潜力。对要塞的攻击，例如，1666—1667年通古斯人[29]对扎希维尔斯克的攻击，均被发挥防御作用的火炮挫败。不过，通古斯人还是在1654年强行攻占了鄂霍次克。俄国人在鄂霍次克迅速重建了要塞，新要塞随后在1665年和1677年抵挡住了当地的起义军；在最后一次起义中，该要塞成功地抵御了1000名装备原始弓箭（箭头为骨制）的起义军的围攻。

瓜德罗普岛上的皇家城堡

这座开辟为种植园的岛屿上有法国人的重要据点，是英国人的进攻目标。从 1635 年起，瓜德罗普岛就成为法国的殖民地。1691 年，英国人进攻该岛，由于坚固的防御工事，法国海军舰队的救援，以及英军当中疾病流行，这次进攻以失败告终。1703 年，英国人再次失败，原因是陆军与海军之间的协调不力。1759 年，该岛落入英国人之手。后来，根据 1763 年的《巴黎和约》[30]，瓜德罗普岛又归还给法国。1794 年，英军重新攻占该岛，后又失守，然后在 1810 年再次将其占领。1814 年，该岛再次回归法国，1815 年又被英国人夺取，1816 年最终又回归法国。

C

Lord of High Water Mark

Cistern

D

PLAN and SECTIONS of FORT ROYAL in GUADELOUPE.

REFERENCES.

A. Kings Bastion.
B. Prince of Wales D°
C. Dukes D°
D. Ligoniers Line.
E. Granby's Redan.
F. Barringtons D: Bastion
G. Clevelands Ravelin.
H. Crumps Battery.
I. Melvills D°
K. Dalgarno's Line.
L. Clevelands Line.
M. Douglass's D°
N. Apletons D°

1/2,160

Scale 60 Yards to an Inch.

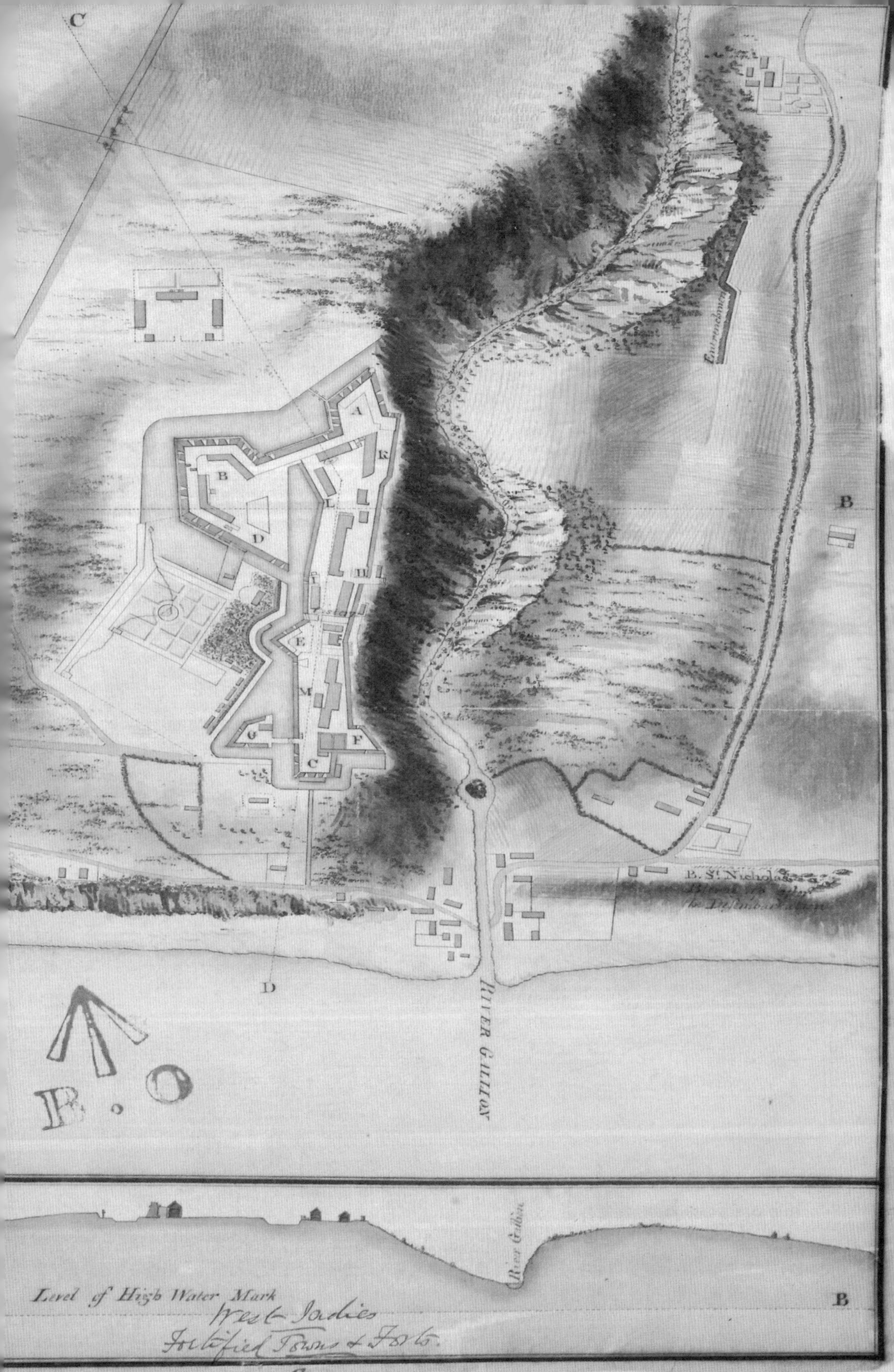
C
A
B
D
K
L
H
I
E
M
G
C
F
Entrenchment
B
B. St. Nicholas
D
RIVER GILLION
B. O
River Gillion
Level of High Water Mark
B
West Indies
Fortified Towns & Forts

印度尼西亚安汶的阿姆斯特丹堡

1609 年，荷兰东印度公司赶走了安汶的葡萄牙人，随后于 1637 年建造了这座城寨，目的是镇压当地人的起义。这座堡垒表明，欧洲殖民势力在修建防御工事时会因地制宜，使用当地的建筑材料，他们也需要用防御工事防范其他欧洲强国，保护殖民成果。

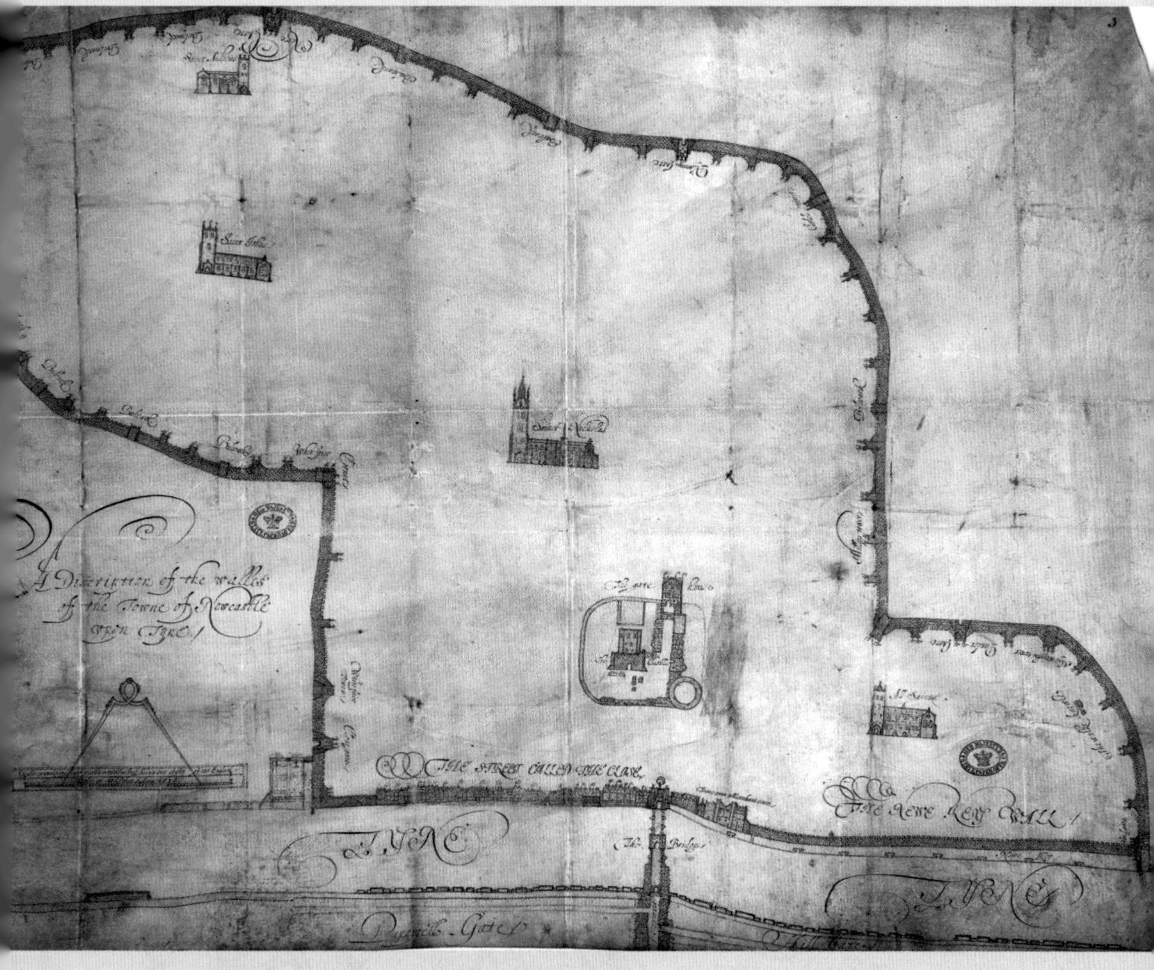

英格兰泰恩河畔纽卡斯尔[31]的城墙，绘于 1638 年

该图展示的是纽卡斯尔城和泰恩河的防御工事，包括泰恩茅斯城堡。周围俯瞰这座城市的各个山丘被标记出来，因为如果在这些山丘上架设大炮，整座城市将变得非常危险。泰恩茅斯城堡建于 1080 年，城墙的修建时间大约是在 1265 年。英国内战期间的 1643 年，城堡被重新加固。

CANDIA.
A. t Kasteel van de Haven. B. De Haven. C. Arsenael. D. Poort Sabionera. E. Poort St Joris. F. Poort van
I. Poort Tramatta. K. Poort van de Mole. L. Bolwerck Sabionera. M. Bolwerck Vitturi. N. Bolwerck van Jesus.
Bolwerck Panigra. R. Bolwerck S. Andrea. S. Berg Sabionera. T. Berg Vitturi. V. Berg Martinengo. 2. Fort St
Mocenigo. 7. Panigra 8. Ravelyn St Nicolo. 9. Ravelyn Betlehem. 10. Halvemaan Mocenigo. 11. Raveleyn Panigra.

防御力量较弱或不够坚固的据点容易失守，例如1622年，葡萄牙在奥尔穆兹的基地落入波斯人之手；1650年和1698年，葡萄牙在马斯喀特和蒙巴萨的基地分别落入阿曼人之手；以及葡萄牙在孟加拉湾周围的基地失守。同时，葡萄牙据点的命运通常不是取决于其固有实力的强弱，而是取决于解救或夺回的可能性，以及地方竞争与更广泛的大国对抗模式的相互影响。

此外，如果在17世纪30和40年代，葡萄牙人在荷兰人的攻击下失去了据点，他们也能够将其中的一些据点重新夺回。1662年，明朝的郑成功，攻陷了荷兰人在中国台湾的基地——热兰遮堡和基隆堡。

要塞遭受的攻击反过来也会促使人们对其进行改进。1668年，英国海盗罗伯特·塞尔斯（Robert Searles）进攻佛罗里达州的圣奥古斯丁，但没有成功。作为回应，1672至1687年，西班牙人在此地

克里特岛坎迪亚

1645年，土耳其人入侵威尼斯殖民地克里特岛，该岛位于从亚历山大到君士坦丁堡的重要粮食供应路线上。1645—1646年，土耳其人征服了该岛的大部分地区，但对首府坎迪亚（伊拉克利翁）的围攻从1647年开始，直到1669年才最终成功。补给问题是土耳其人面临的一大难题，因为威尼斯人试图封锁达达尼尔海峡。1669年，在威尼斯人与联军之间发生分裂后，守军投降。

修建了一座巨大的石头堡垒——圣马科斯堡（Castillo de San Marcos），并派军队长期驻守。17 世纪，英国对魁北克发动了两次进攻，一次成功（1627 年），一次失败（1690 年），每一次进攻都促使法国人改进其防御工事。

总体而言，这些防御工事和其他海外防御工事都采用了欧洲风格。有的防御工事在一定程度上采用了适应当地实际情况的建造方式，例如，圣奥古斯丁就使用了当地的建筑材料，但对其整体风格影响不大，更多的还是复制了欧洲的标准模式。之所以能这样做，主要是因为基本建筑材料——石头、泥土和木材在世界各地都是普遍存在的。防御工事与其他形式的军事能力一样，既可以强调适应性，也可以强调标准形式。欧洲军事体系的灵活性，是其实力强大的一个重要原因，也是其在世界范围内追求利益的必要手段。

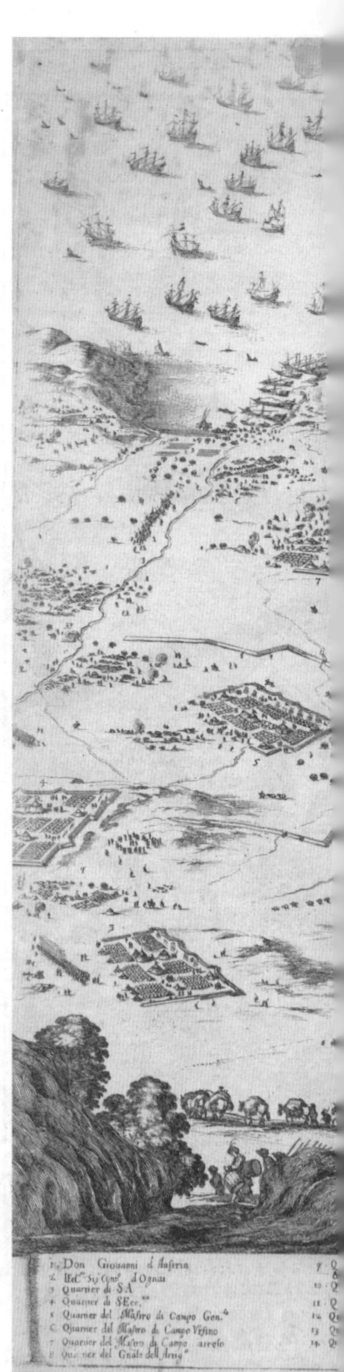

1650 年，意大利朗贡港（Porto Longone）

从 1603 年开始，西班牙在厄尔巴岛的朗贡港上方建造了一座大型五边形要塞——圣贾科莫堡（Forte San Giacomo）。这一重要据点可为从那不勒斯北上的西班牙军队提供支持。这座堡垒由托莱多的唐·加西亚（Don Garcia of Toledo）设计，于 1646 年落入法国人手中。1650 年，法国在内战中元气大伤，西班牙人趁机重新将其夺回。斯特凡诺·德拉贝拉（1610—1664 年）是一位著名的雕刻家，他创作的这幅版画记录了西班牙人夺回圣贾科莫堡的军事场景。

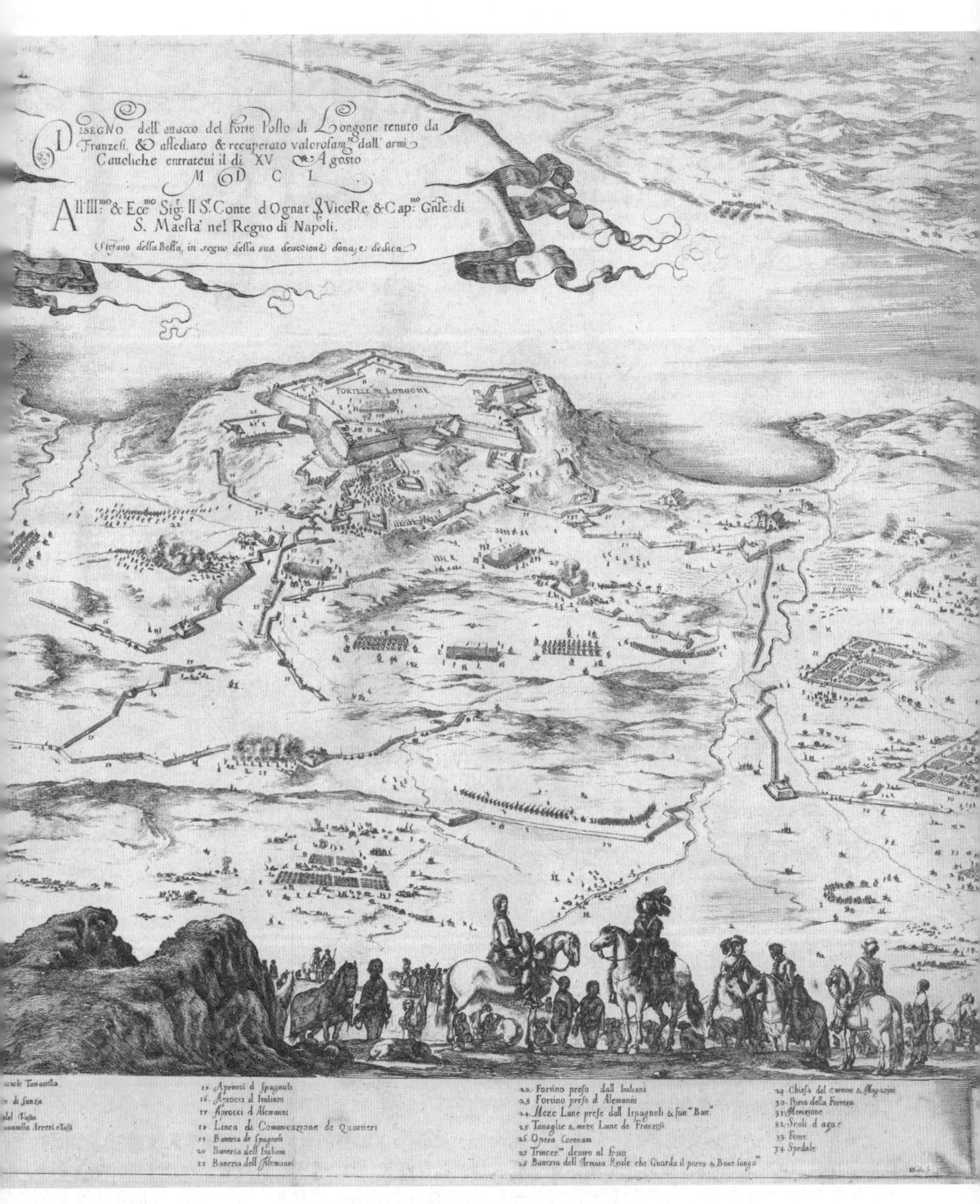
DISEGNO dell'attacco del Forte Posto di Longone tenuto da Franzesi, & assediato & recuperato valorosam.te dall'armi Cattoliche entratevi il di XV Agosto
M D C L
All'Ill.mo & Ecc.mo Sig.r Il S.r Conte d'Ognat & ViceRe, & Cap.no Gnle: di S. Maestà nel Regno di Napoli.
Stefano della Bella, in segno della sua devotione dona e dedica
FORTEZZA DI LONGONE
15. Aprocci d Spagnoli
16. Aprocci d Italiani
17. Aprocci d Alemanni
18. Linea di Commucazione de Quartieri
19. Batteria de Spagnoli
20. Batteria dell Italiani
21. Batteria dell Alemanni
22. Fortino preso dall Italiani
23. Fortino preso d Alemanni
24. Meze Lune prese dall Ispagnoli & fan.te Batt.e
25. Tanaglie & meze Lune de Franzesi
26. Opera Coronata
27. Trincer.te dentro al fosso
28. Batteria dell Armata Reale che Guarda il porto & Batte longo
29. Chiesa del carmine & Magazini
30. Porta della Forteza
31. Monitione
32. Scoli d acque
33. Fonte
34. Spedale

围攻斯洛伐克的诺伊霍伊塞尔（Neuhausel）

大维齐尔[32]法齐尔·艾哈迈德·帕夏（Fazil Ahmet Pasha）率领的奥斯曼土耳其军队攻占了这座位于当今斯洛伐克西南部的小镇，当时正值奥斯曼人介入特兰西瓦尼亚[33]的继承权争夺战。围攻于1663年8月开始，9月13日土耳其军队攻占了这座于1573—1581年修建的六角星形堡垒。1664年，奥斯曼土耳其军队在格拉茨附近的圣戈特哈德遭到阻击。根据《瓦斯瓦尔和约》（Peace of Vasvár），奥地利人承认了奥斯曼土耳其在特兰西瓦尼亚的据点。1685年，在洛林公爵查理五世的领导下，奥地利人重新占领了这座城镇。

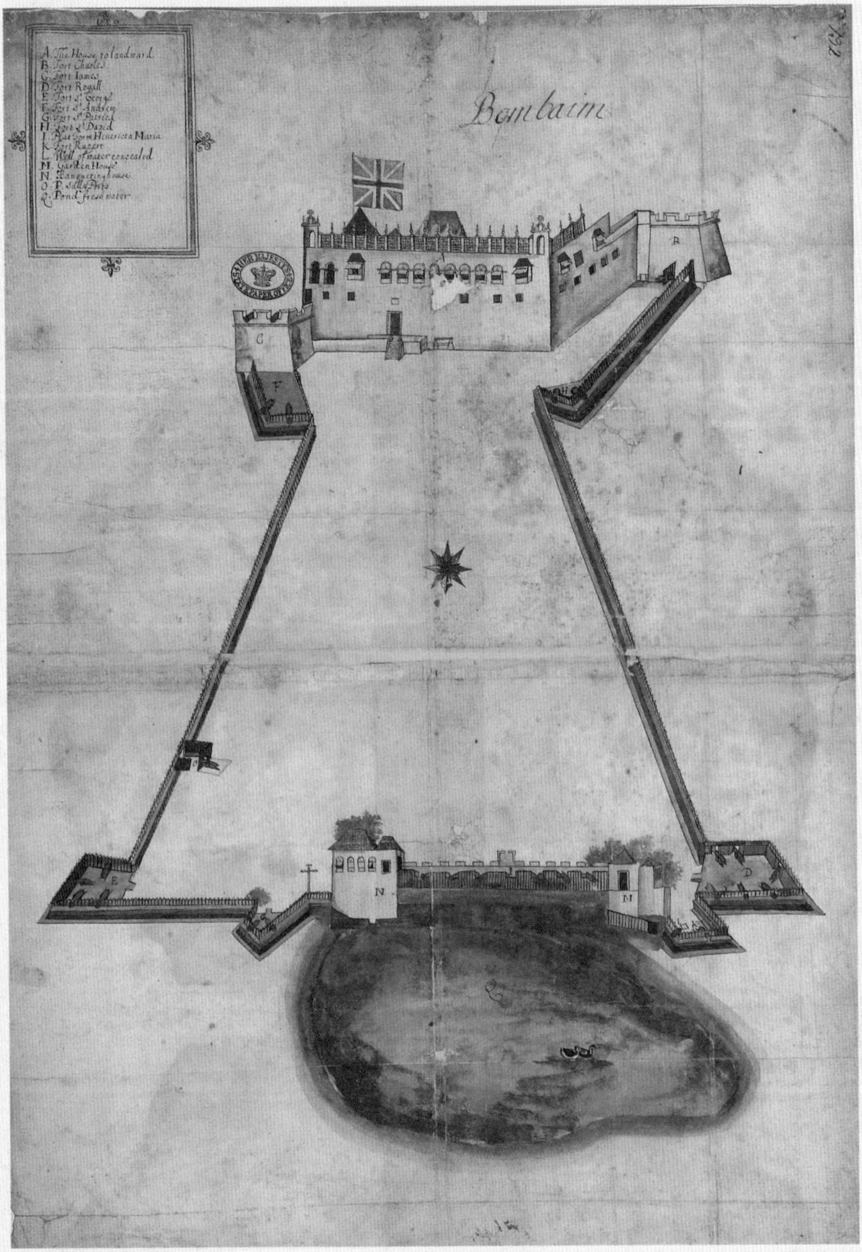

英国人计划在印度孟买修建的堡垒，绘于 1665 年

作为妻子凯瑟琳的一部分陪嫁，英格兰国王查理二世获得了孟买[34]的所有权。不久后，他又将其转让给英国东印度公司。东印度公司对他们的新领地进行了勘测，并准备进行改建升级。1662 年，亚伯拉罕·希普曼（Abraham Shipman）爵士被任命为孟买的首任英国总督，但葡萄牙人直到 1665 年才移交该岛。东印度公司接管了葡萄牙的防御工事，并在岛上重新构筑防御，如增添了锡永堡（1669 年）、沃里堡（ 1675 年）、塞维堡（1680 年）和马萨贡堡（1680 年）。

摩洛哥丹吉尔，绘于 1677 年

1662 年，布拉干萨的凯瑟琳嫁给查理二世，作为凯瑟琳的一部分嫁妆，丹吉尔与孟买的所有权一起从葡萄牙转移到英国。英国对丹吉尔的占有一直持续至 1684 年，为了抵御摩尔人的侵扰不得不修建防御工事。为了保护港口和城镇不受大炮的攻击，有必要建立一套全面的防御系统，但成本昂贵。这幅插图中的防波堤也是如此，它是为了保护港口而设计的。穆莱·伊斯梅尔[35]苏丹（1672—1727 年在位）也成功地将西班牙人从拉马莫拉（1681 年）、拉拉什（1689 年）和阿尔齐亚（1691 年）的基地赶了出来，但由于火炮力量薄弱，对休达的长期围攻（1694—1720 年）失败了。[36]

摩洛哥丹吉尔城墙升级改造设计图，绘于 1675 年

城墙、壕沟和外护墙的平面图、侧面图和剖面图。

nd the Rampart Broader, of the Citty Walls of Tanger, Eth Canon 20

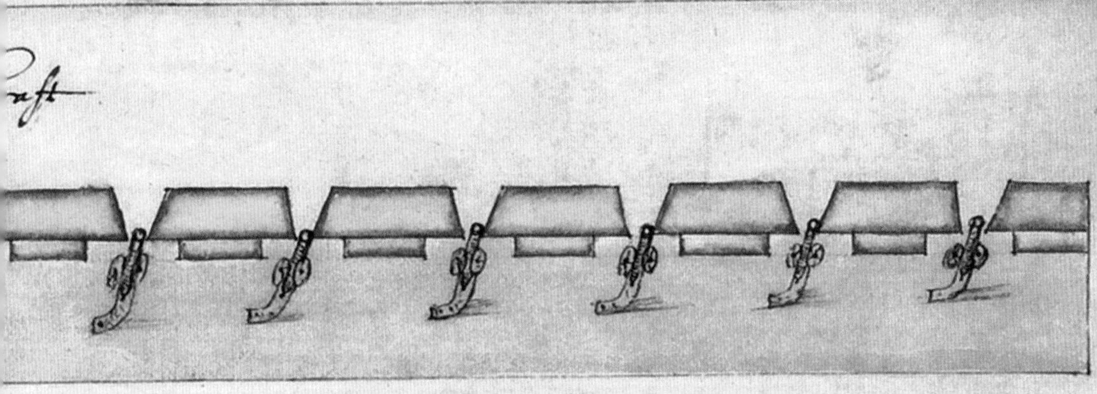

raft

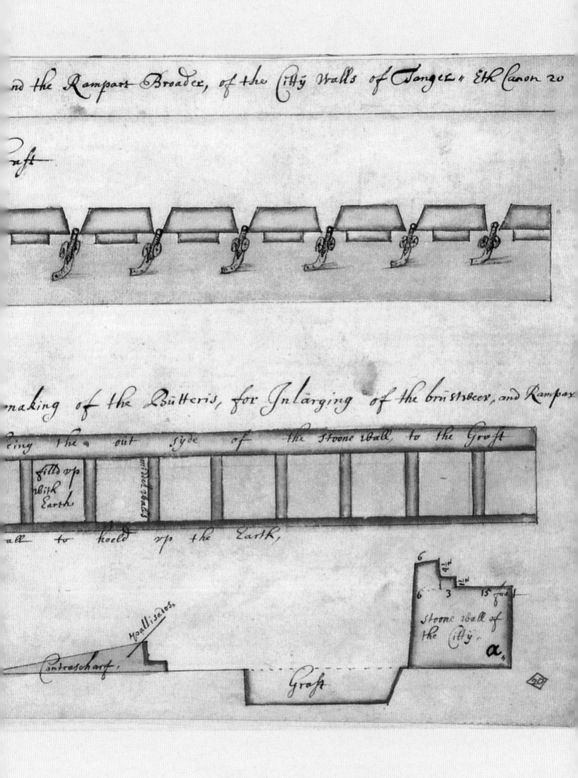

naking of the Butteris, for Inlarging of the bristweer, and Rampar

eing the out syde of the Stoone wall, to the Graft

fild vp with Earth

midel walls

all to hoeld vp the Earth,

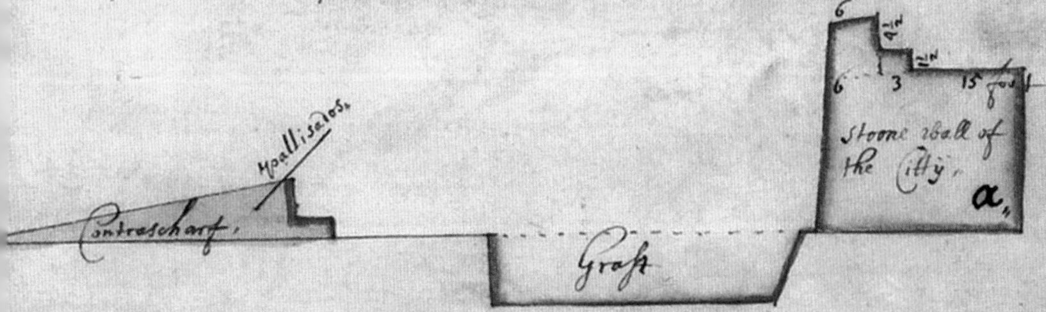

6

4½

2½

6 3 15 foot

Stoone wall of the Citty,

α,

Pallisados,

Contrascharf,

Graft

20

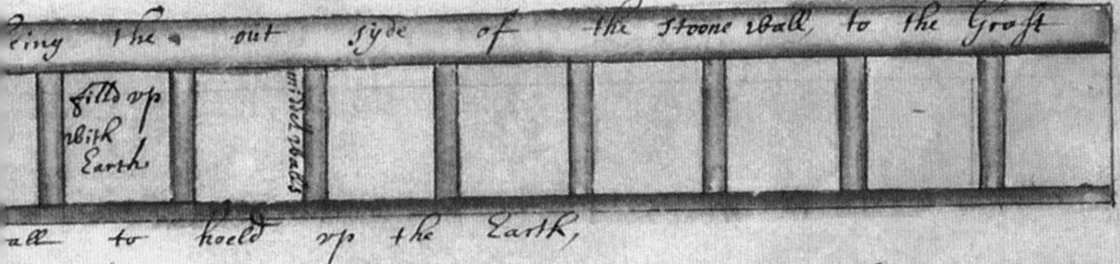

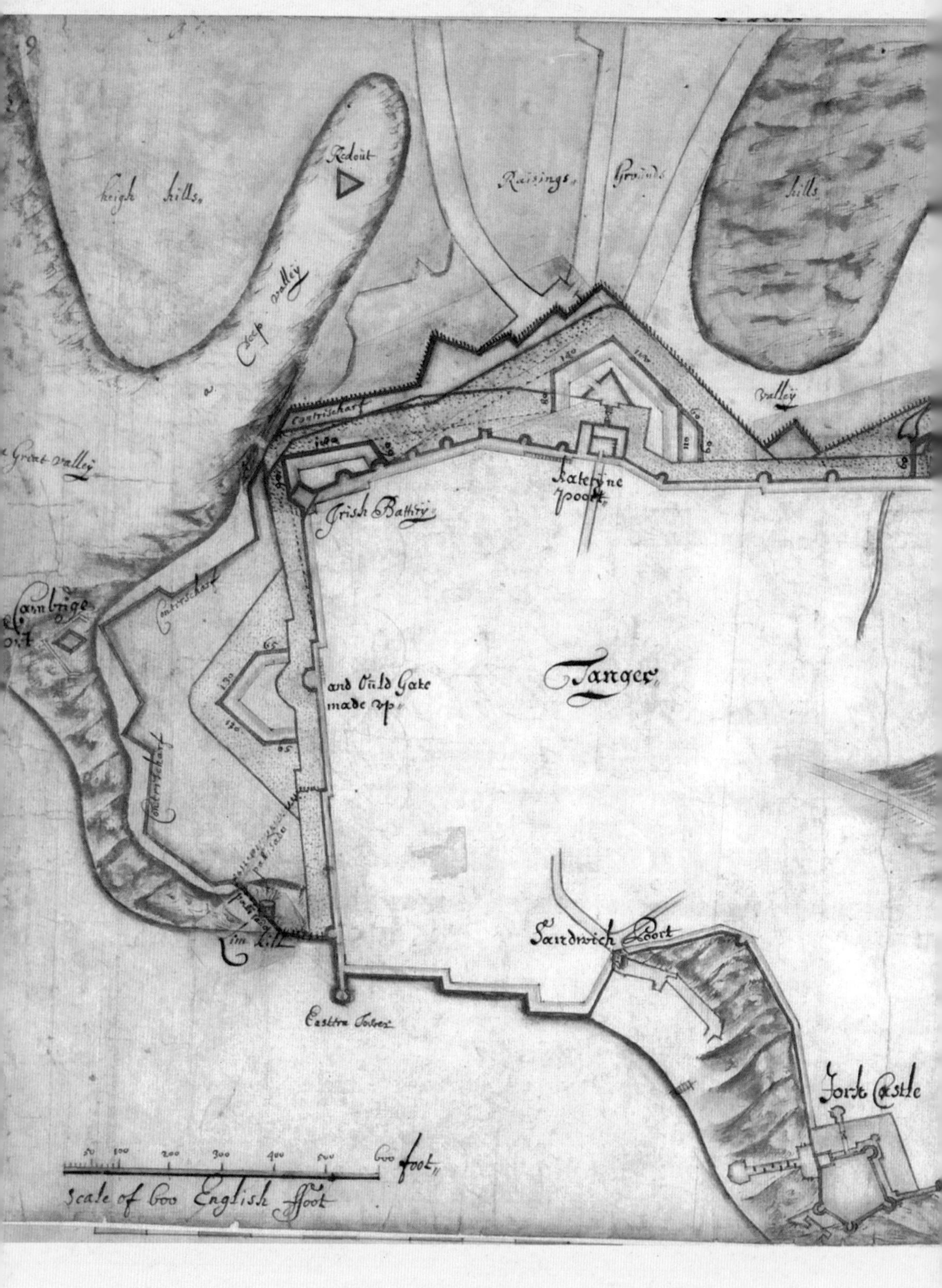

Redout
heigh hills,
deep valley
a
Raisings Grounds
hills
valley
Contrischarf
a Great valley
Irish Battry
Katerine poort
Cambrige fort
Contrischarf
and Ould Gate made up
Tanger
Contrischarf
Lim kill
Sandwich Poort
Eastern Tower
York Castle
50 100 200 300 400 500 600 foot
Scale of 600 English ffoot

摩洛哥丹吉尔的防御工事平面图

图中地名桑威奇和约克，分别指第一代桑威奇伯爵爱德华·蒙塔古海军上将（Admiral Sir Edward Montagu, 1st Earl of Sandwich）和约克公爵詹姆斯（后来的詹姆斯二世）。

1683 年，土耳其人围攻奥地利维也纳

土耳其人于 7 月 16 日包围了维也纳，开始修建围城工事，通过火炮轰炸和挖掘地道来削弱这座城市的防御。地道特别具有威胁性，其目的是为了制造突破口，为进攻做好准备。守军在防守中伤亡惨重，还因痢疾而损失惨重。反过来，土耳其人同样也损失惨重，原因是准备不足，而且他们围攻的城市易守难攻，拥有很深的护城河和高大的城墙。然而，到了 8 月份，维也纳外围没有护城河保护的防线逐渐失守。在被守军火力压制的情况下，土耳其人依靠地道来破坏防线，他们取得了一定的成功，在一些突破口与守军发生了激烈的战斗。9 月 12 日，救援部队的胜利挽救了这座城市。

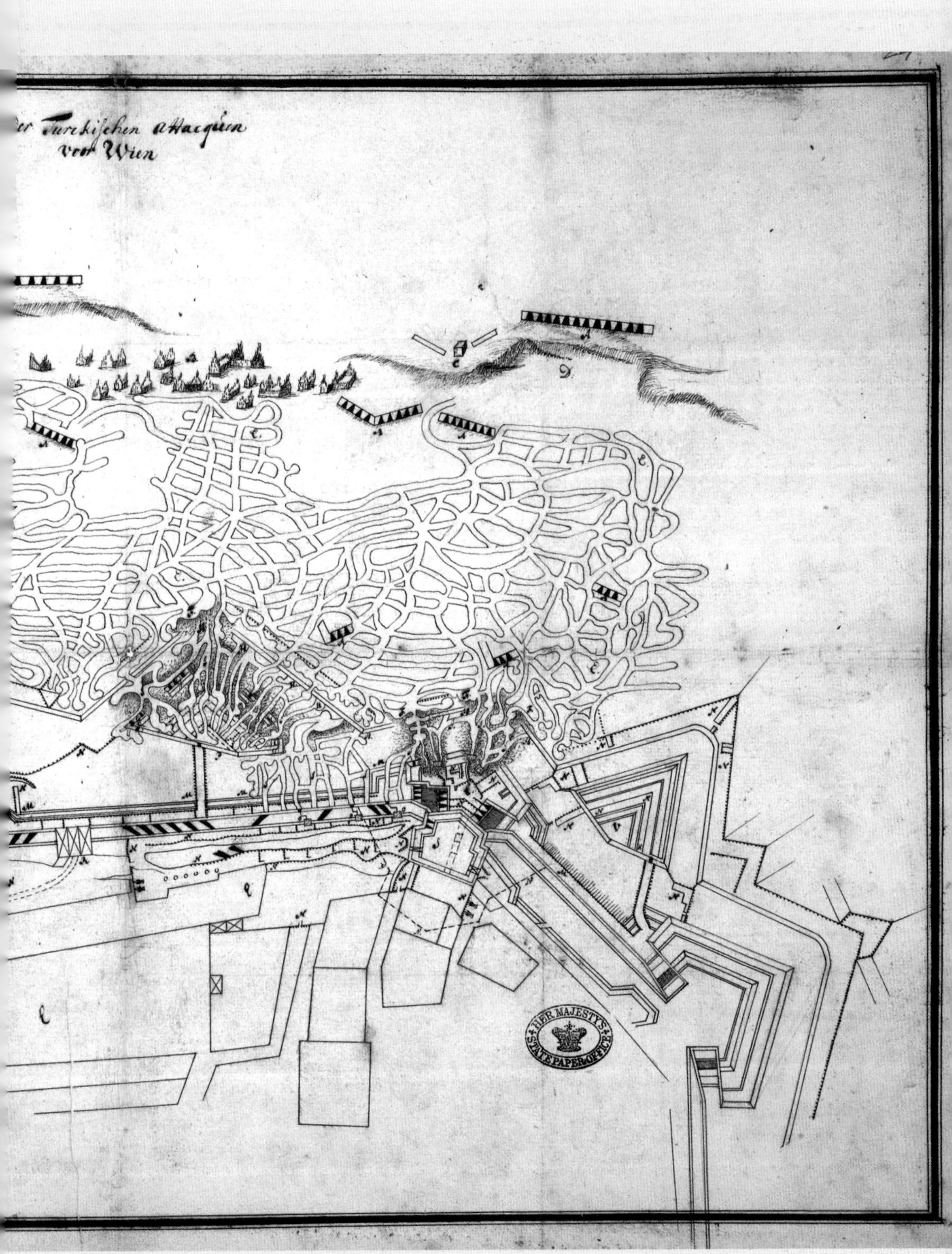

…er Turckischen attacquen
voor Wien

Belle Croix
Moselle R.
PLAN
DE
METZ

法国梅兹，约 1695 年绘制

梅兹城位于梅塞勒河和塞耶河的交汇处。1552 年，法国国王亨利二世将其攻占。对此，神圣罗马帝国皇帝查理五世集结兵力，试图改变这一局面。然而，他率领 4.8 万—5.1 万名士兵试图收复梅兹的努力失败了。在这一年年末发动大规模的围攻是愚蠢的。虽然查理的大炮——大约 50 门攻城炮——攻破了城墙，但法国人在城墙内构筑了新的防线。对于查理的失败，有多种可能的解释。严冬对查理的军队而言是致命的，尤其是他挖掘的地道被法国人用同样的方式破解，导致查理放弃了围攻。此外，亨利夺取了阿图瓦的赫斯丁，也是迫使查理放弃围城的原因之一。17 世纪末 18 世纪初，由于梅兹城成为对德作战的主要基地，法国大力加强了该城的防御工事。

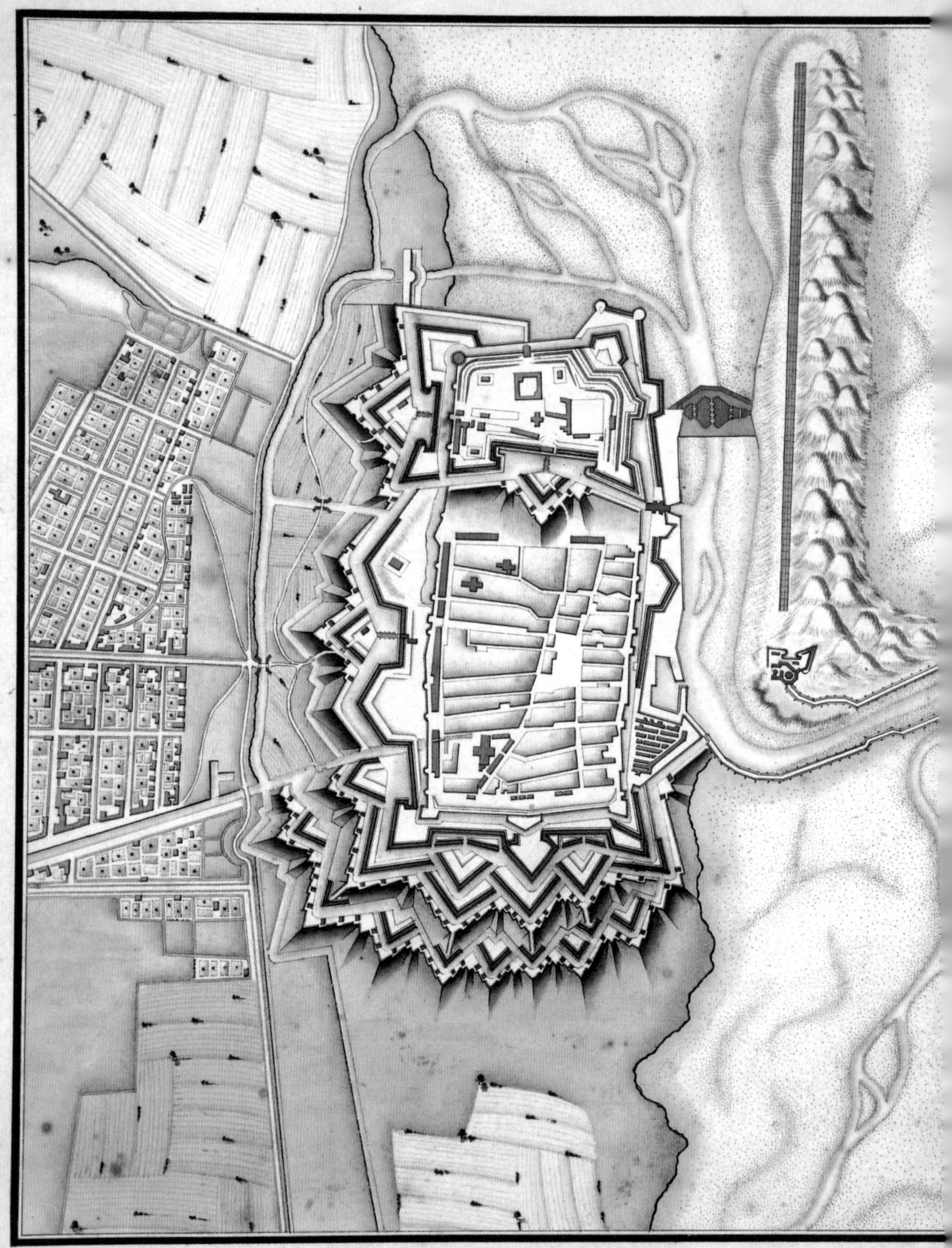

法国加莱，1695 年绘制

沃邦于 1675 年访问了加莱，并建议扩建防御工事以保护水闸。工程于 1677 年开始，到 17 世纪 90 年代基本完成。防御工事包括可容纳 5000 名士兵的营房。1690 年建造的棱堡是为了防御敌方海军的攻击。1694 年，英国

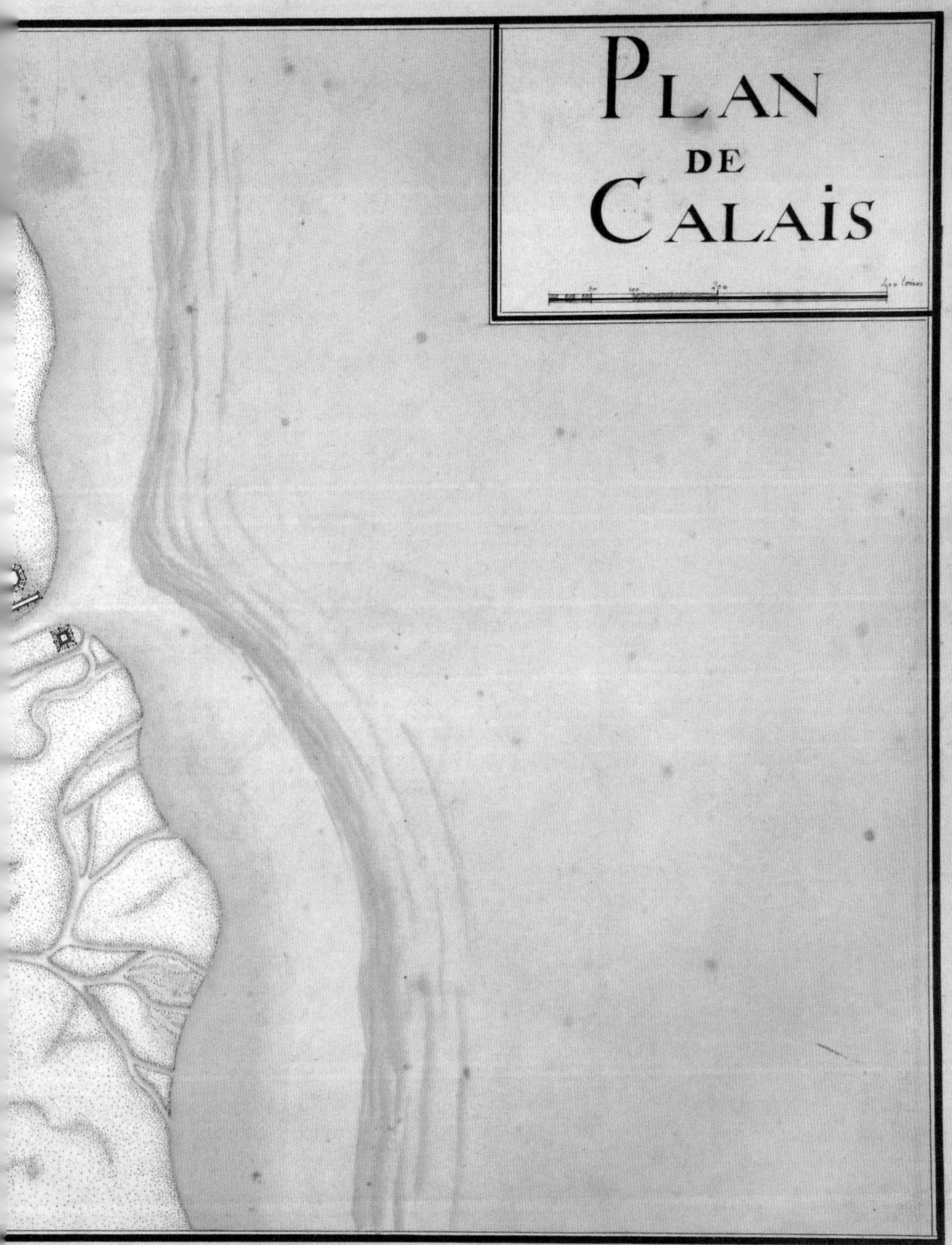

的炸弹船对这里造成了破坏，于是法国人以木桩为地基，建造了一座炮台。1696 年和 1701 年，法国人又建造了其他炮台。

法国勒阿弗尔（Le Havre），约 1695 年绘制

1694 年，英国舰队对勒阿弗尔的轰炸，显示了英国对英吉利海峡的控制能力。自 1692 年在巴夫勒尔战役（Battle of Barfleur）中战胜法国人后，英国人便取得了海峡的制海权。现有阵地的脆弱性促使沃邦提出了一项重大改进计划。然而，路易十四没有采纳他的计划。这可能是出于成本的考虑，也反映了路易将陆地边界和陆军放

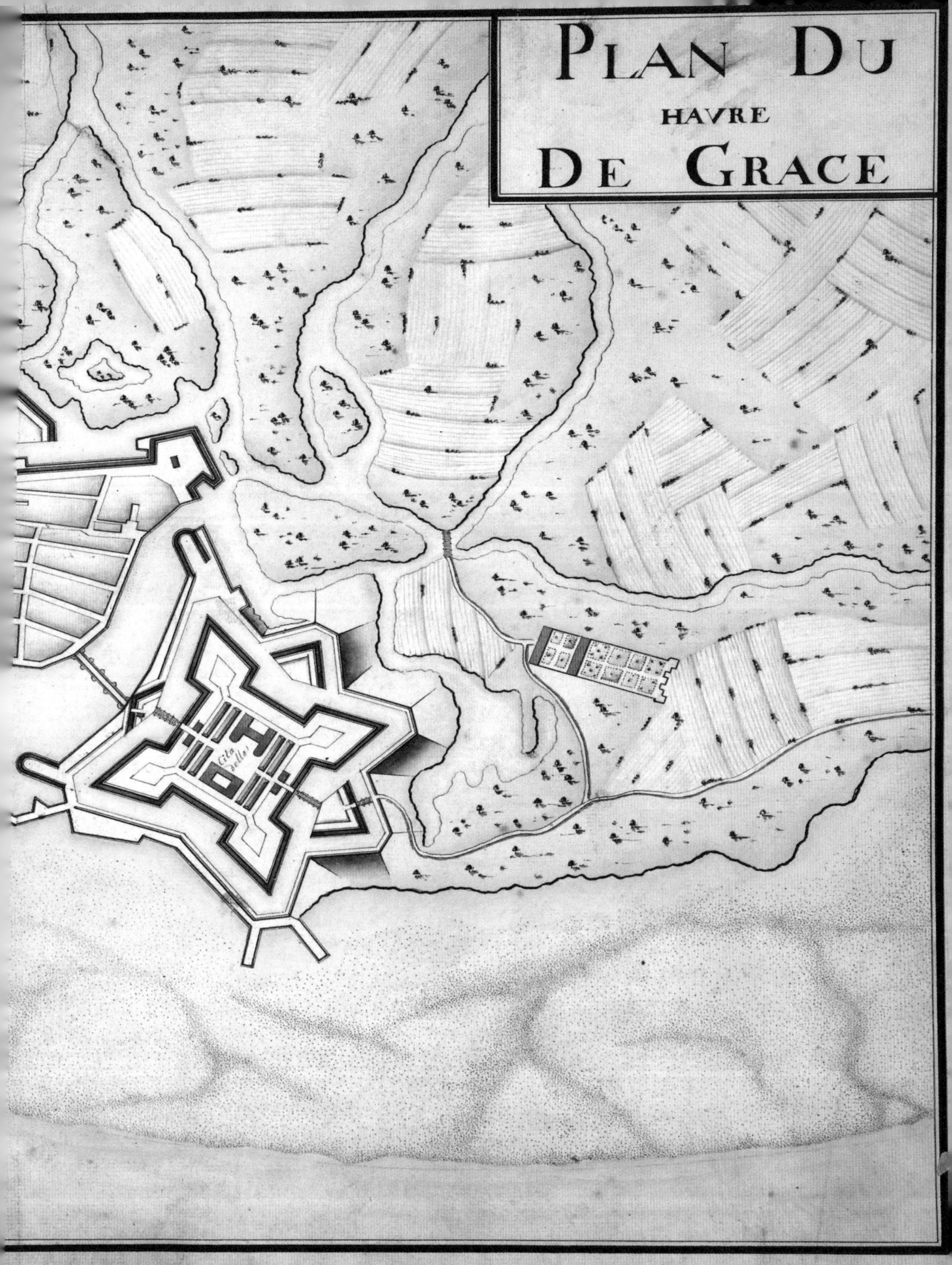

在首要地位。在随后的西班牙王位继承战争[37]中，英法两国从1702年一直打到1713年。事实证明，路易十四的抉择是正确的。当时对法国港口的唯一一次重大攻击，即1707年英国人对土伦的攻击，需要奥地利军队从陆路推进，同时也需要海军配合行动。

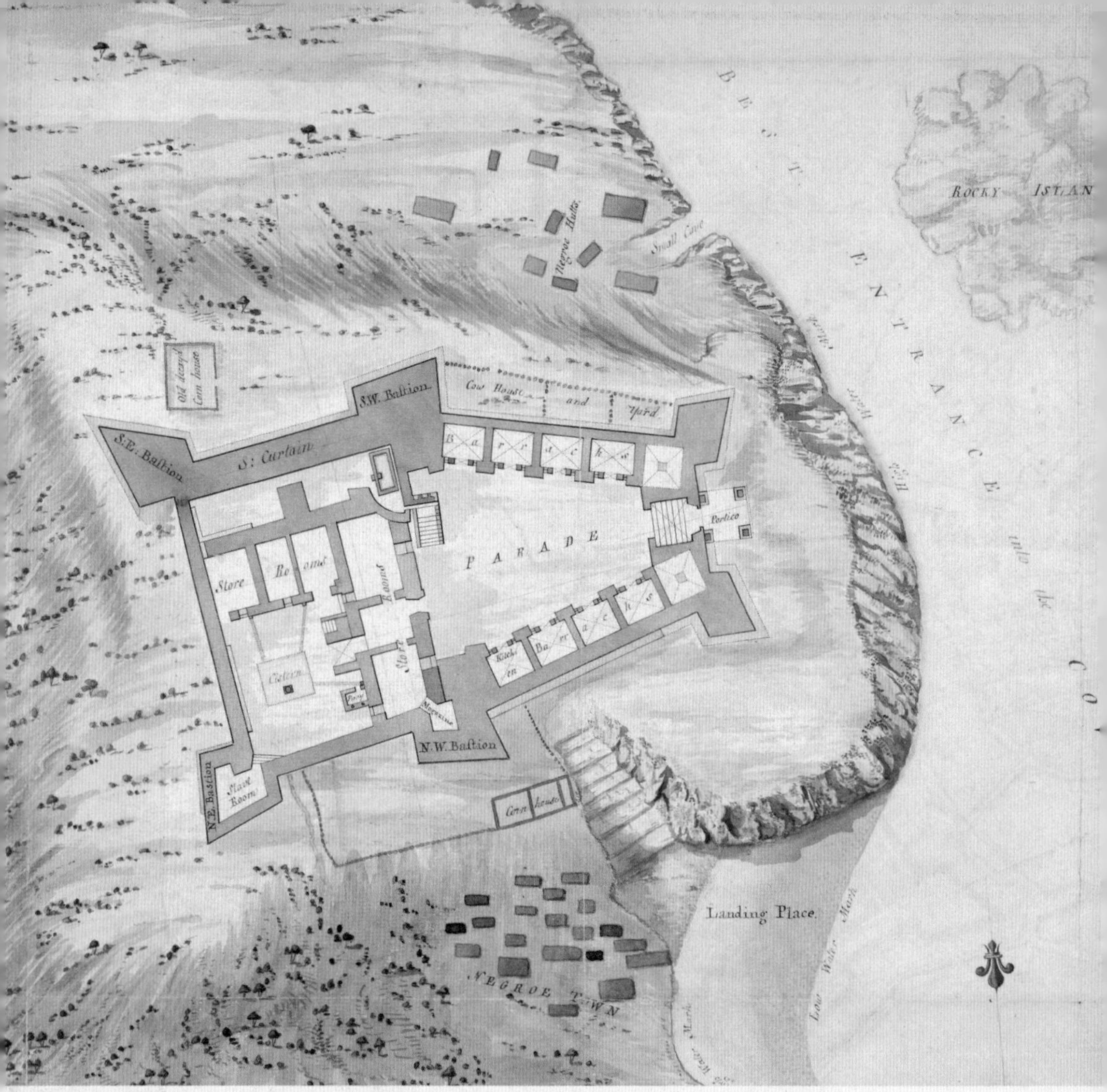

加纳迪克斯科夫堡（Fort Dixcove）

迪克斯科夫堡由英国皇家非洲公司（English Royal African Company）于1683—1698年建造，作为金银贸易的贸易站。1712年，勃兰登堡－普鲁士[38]的当地盟友约翰·卡努（John Kanu）两次围攻这座堡垒。勃兰登堡－普鲁士人在附近的格罗斯－弗里德里希斯堡（Gross Friedrichsburg）建造了一座堡垒，并于1717年将其卖给荷兰人。

根据英国政府于1672年颁发的特许状，皇家非洲公司垄断了英国在非洲和西印度群岛之间的奴隶贸易，但该公司在1698年失去了这一垄断权。沿海堡垒是受保护的贸易基地，但这些基地在当地潮湿的气候下很容易遭受腐蚀，而且很容易受到攻击。荷兰人在奥夫拉的据点和法国人在格列休的据点分别于1692年和1694年被摧毁，英国人在塞康迪的据点也于1694年被摧毁。这些小规模的驻军依靠非洲盟友的力量来干预当地冲突。

从1730到1747年，濒临破产的皇家非洲公司每年从英国政府那里获得补贴，以维持其堡垒和定居点，但在1750年，破产的公司被注销，奴隶贸易向所有愿意支付费用的英国臣民开放。

1755—1756年，为了回应下议院对英军据点毫无防御能力的担忧，英国政府派遣工程师总监贾斯利·沃森（Justly Watson，约1710—1757年）对迪克斯科夫堡以及西非的其他堡垒进行了勘察。下议院随后投票决定拨款，实施沃森的改进建议。1868年，根据《英荷黄金海岸条约》，该堡垒被转让给荷兰人；1872年，又根据《1871年黄金海岸条约》归还。英国人随后击败了当地的非洲势力阿桑特人。

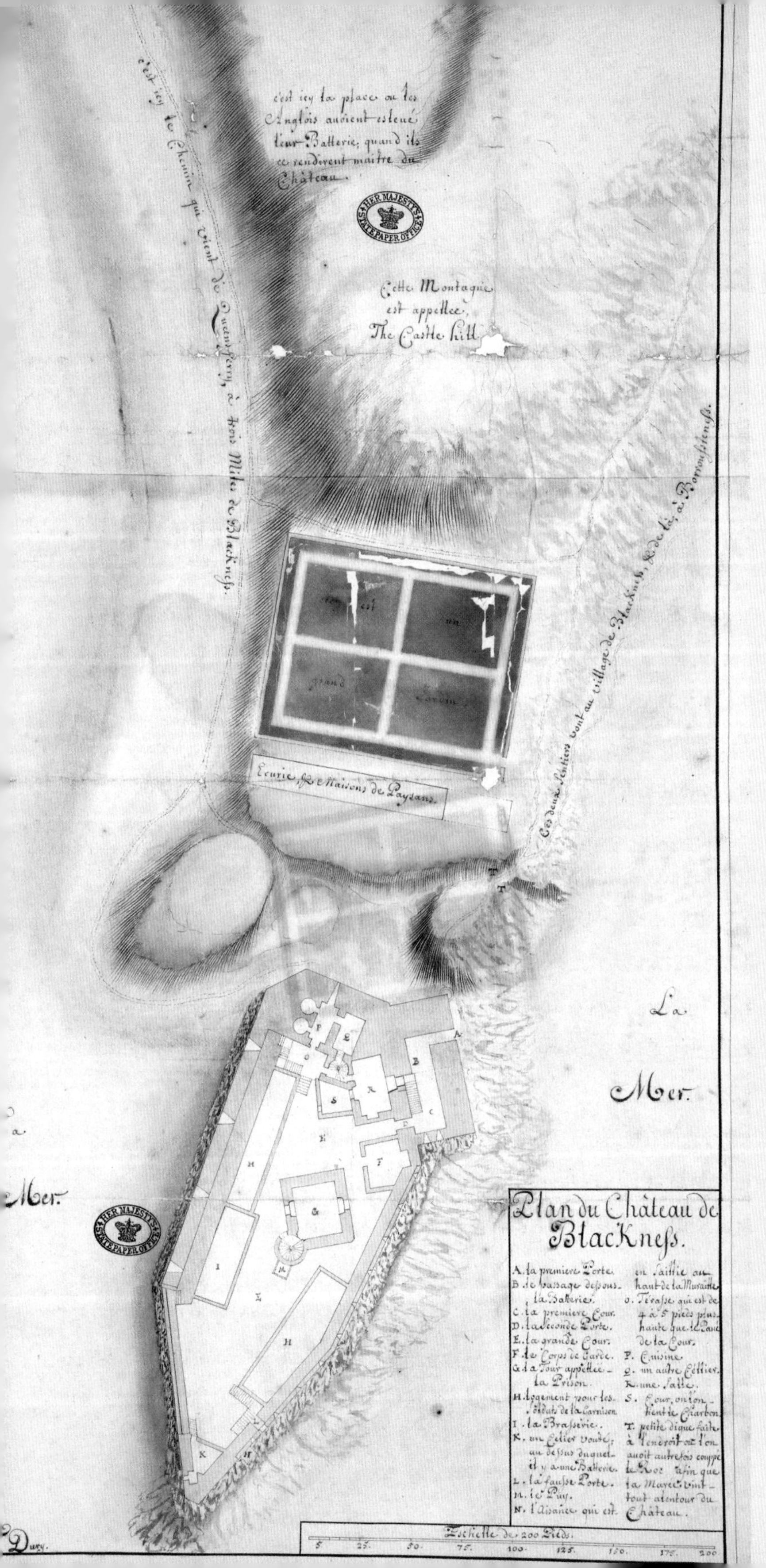

苏格兰布莱克内斯城堡，绘于 1696 年

布莱克内斯城堡充分证明了防御工事具有长久寿命，它是乔治·克莱顿爵士（Sir George Crichton）于 15 世纪 40 年代在福斯湾南岸建造的，可能建立在一座早期堡垒的遗址上。克莱顿是一位大地主，布莱克内斯城堡是他的一处重要据点。他的儿子詹姆斯将他囚禁在这座城堡里，原因是克莱顿试图阻止詹姆斯最终继承他的财产和头衔，好在国王把他救了出来。16 世纪中叶，该城堡得到加固；1650 年被奥利弗·克伦威尔的军队占领，随后又得到了加固；1693 年城堡得到了改造，以提高其部署重炮的能力。

注释

[1] 布拉干萨的凯瑟琳（Catherine of Braganza），葡萄牙布拉干萨王朝的公主，1662 至 1685 年英格兰、苏格兰与爱尔兰王后，丈夫为查理二世。

[2] 卡洛斯二世（Carlos II），西班牙哈布斯堡王朝的最后一位国王（1665—1700 年在位），绰号“中魔者”，因死后无嗣，导致了西班牙王位继承战争的爆发。

[3] 大选帝侯腓特烈·威廉（Frederick William, the Great Elector），在位时重视工商业，加强中央集权，发动一系列掠夺战争，不断扩张版图，是 17 世纪欧洲最卓越的专制君主之一。选帝侯（Elector）是德国历史上的一种特殊现象，被用于指代那些拥有选举“罗马人的皇帝”权利的诸侯。

[4] 三十年战争（Thirty Years War），是由神圣罗马帝国内战演变而成的一次大规模欧洲国家混战，也是历史上第一次全欧洲大战。这场战争是欧洲各国争夺利益、树立霸权的矛盾以及宗教纠纷激化的产物。战争以哈布斯堡王朝战败并签订《威斯特伐利亚和约》而告结束。

[5] 低地国家是对欧洲西北沿海地区荷兰、比利时、卢森堡三国的统称。

[6] 莱顿大学（University of Leiden）成立于公元 1575 年，是荷兰王国历史最悠久的高等学府，也是最具声望的欧洲大学之一。

[7] 古斯塔夫二世·阿道夫（Gustav II Adolf），瑞典国王（1611—1632 年在位），军事家，军事改革家，杰出的军事统帅。为谋求瑞典在波罗的海霸权，先后同丹麦、俄罗斯和波兰进行战争，并取得胜利。

[8] 盖尔人即今天的苏格兰人、爱尔兰人。

[9] 艾哈迈德纳格尔（Ahmadnagar）是印度的一座城市。马利克·安巴尔（Malik Ambar），是来自埃塞俄比亚的黑人，却在当时的艾哈迈德纳格尔苏丹国被重用，率军成功对抗了莫卧儿帝国等强敌。

[10] 塞巴斯蒂安·勒普雷斯特尔·德·沃邦（Sébastien Le Prestre de Vauban），法国元帅、军事工程师。他不但发明了新的攻城战术，还创造了一种用自己名字来命名的防御系统。一生共修建 33 座新要塞，改建 300 多座旧要塞，指挥过对 53 座要塞的围攻战，并建立

起近代第一支工程兵部队。有《论要塞的攻击和防御》《筑城论文集》《围城论》等著作传世，对欧洲筑城学的发展曾产生重大影响。

[11]　胡格诺派（Huguenot），16—17 世纪法国新教徒形成的一个派别。该派反对国王专政，曾于 1562—1598 年间与法国天主教派发生胡格诺战争。

[12]　萨沃伊（Savoy）是欧洲东南的一个区域，位于法国东南部、瑞士和意大利西北部。在 1416 至 1860 年间，萨沃伊属于萨沃伊公国。

[13]　西方学术界通常将古代希腊、罗马称之为古典时代或古典世界（Classical World），并将古代希腊、罗马文化界定为古典文化。在这一时期，古希腊文明和古罗马文明十分繁荣，对欧洲、北非、中东等地产生了巨大的影响。

[14]　斯图亚特王朝，是 1371 至 1714 年统治苏格兰，1603 至 1714 年统治英格兰和爱尔兰的王朝。

[15]　德干苏丹国（Deccan sultanates），是指在中世纪晚期统治印度德干高原的五个王国，分别是比德尔、比贾普尔、艾哈迈德纳格尔、毕拉尔和戈尔康达。

[16]　奥朗泽布（Aurangzeb）是莫卧儿王朝的第六位皇帝（1658—1707 年在位），在其统治期间，莫卧儿帝国进入鼎盛时期。

[17]　清顺治十六年（1659 年）6 月，屯兵东南沿海的抗清名将延平王郑成功率大军北伐南京。

[18]　约翰三世·索比斯基（John III Sobieski，1629—1696 年），是波兰立陶宛联邦最著名的国君之一，从 1674 年开始同时担任波兰国王及立陶宛大公，直到 1696 年离世。1683 年的维也纳之战，他战胜意图侵略欧洲的奥斯曼土耳其帝国，成为基督教世界的英雄。土耳其人称其为“波兰雄狮”。

[19]　西属尼德兰（Spanish Netherland），是约 1579—1713 年间西班牙帝国霸占的低地国家南部省份，大致相当于当今的比利时和卢森堡。

[20]　这里指大孔代（Great Condé，1621—1686 年），法国军事家和政治家，孔代家族最著名的代表人物，17 世纪欧洲最杰出的统帅之一。

[21]　奥兰治的威廉三世（William III of Orange，1650—1702 年），荷兰执政、英国国王。担任英国国王期间接受《权利法案》，让英国成为君主立宪制国家。

[22]　洛林公爵查理五世（Duke Charles V of Lorraine，1643—1690 年），神圣罗马帝国

元帅，从奥斯曼土耳其帝国手中收复匈牙利是其主要军事成就之一。

[23] 枢机主教（Cardinal），也称红衣主教，是天主教教宗的助手和顾问，由教宗亲自任命，是天主教会中仅次于教宗的职位。

[24] 黎塞留（Richelieu，1585—1642 年），法国政治家、外交家，法王路易十三的宰相。他是第一代黎塞留公爵，在法国政务决策中具有主导性的影响力，对内恢复和强化专制王权，对外谋求法国在欧洲的霸主地位，为路易十四时代的兴盛打下了基础。

[25] 这里指 1697 年法国同反法大同盟中的英国、荷兰、神圣罗马帝国和西班牙签订的《里斯维克和约》。

[26] 里弗尔（法语 Livre），法国的古代货币单位名称之一。又译作“法镑”或“利弗尔”。里弗尔最初作为货币的重量单位，相当于 1 磅白银。

[27] 萨沃伊–皮埃蒙特（Savoy-Piedmont），指存在于 1416 到 1847 年的萨沃伊公国，大致位于当今的法国西南部和意大利东北部。

[28] 巴达维亚（Batavia），即当今的印度尼西亚首都雅加达。

[29] 通古斯人（Tungus），指生活在亚洲东北部的渔猎民族，包括中国境内的满族、赫哲族、鄂伦春族、鄂温克族等。

[30] 1763 年的《巴黎和约》（Peace of Paris），在英国战胜法国和西班牙的七年战争之后，由英国、法国和西班牙等国签署，标志着英国在欧洲以外统治时代的开始。

[31] 泰恩河畔纽卡斯尔（Newcastle-upon-Tyne），简称纽卡斯尔，是英格兰泰恩河北岸的一座城市，距离北海 8.5 英里（13.7 千米）。

[32] 维齐尔（Vizier）是旧时某些伊斯兰国家的高级官员。

[33] 特兰西瓦尼亚（Transylvania），位于欧洲东南部，东喀尔巴阡山以西，多瑙河支流蒂萨河流域，即罗马尼亚中西部地区。

[34] 孟买（旧名 Bombay，现称 Mumbai），位于印度马哈拉施特拉邦西海岸外的撒尔塞特岛。

[35] 穆莱·伊斯梅尔（Moulay Ismael），摩洛哥阿拉维王朝第二位苏丹。他在位期间，摩洛哥政治稳定、经济繁荣，收复了大部分为欧洲人占领的沿海据点，并在欧洲殖民者和奥斯曼帝国的夹攻下保持了独立，奠定了阿拉维王朝长期统治摩洛哥的基础。

[36] 拉马莫拉（La Mamora）、拉拉什（Larache）、阿尔齐亚（Arzila）和休达（Ceuta）

都是位于北非的城市。

[37]　西班牙王位继承战争（War of the Spanish Succession，1701—1714年），是因为西班牙哈布斯堡王朝绝嗣，法国的波旁王室与奥地利的哈布斯堡王室为争夺西班牙王位，而引发的一场欧洲大部分国家参与的大战。

[38]　勃兰登堡–普鲁士（Brandenburg-Prussia），是17至19世纪初德意志的一个重要邦国，后发展成普鲁士王国。

第五章 18世纪的防御工事

我们必须加强防御。根据这一项共识，英国人对防御工事进行了周密的规划，并立即开始施工。为了修建这些防御工事，数千人被雇用，他们夜以继日地工作，山丘上的土石被挖走，爆破产生的尘土像烟火一样弥漫在空中。施工速度很快，山丘很快就变成了坚固的防御工事……

将会有一万人驻守这些防御工事，使其固若金汤。这支军队在战场上足以应付任何有实力攻打这里的强国；即使没有防御工事的掩护，这支军队的战斗力也不容小觑。

乔治·帕特森（George Paterson）在1770年访问孟买时，对当地防御工事的施工速度印象深刻，于是便做出上述评论。1662年，英国人从葡萄牙手中获得这座城市，作为布拉干萨的凯瑟琳嫁给查理二世时的部分嫁妆。帕特森认为，虽然英国人在1686年凭借方形堡垒抵御了莫卧儿人的攻击，但这种堡垒“绝对无法承受现代的攻击手段”。然而，帕特森注意到更现代的防御工事正在修建，包括那些在山上俯瞰城市的工事。

总的来说，欧洲人扩大其控制范围是通过修建防御工事来实现的。西班牙帝国修建的众多要塞就体现了这一点：例如，1698年在佛罗里达西部彭萨科拉建立的要塞，1770年修建、后来成为新加利福尼亚州首府的蒙特雷要塞，在智利比奥比奥河沿岸修建、包括纳西米恩托要塞在内的多座要塞。本地治里[1]是法国人在印度的主要基地，拥有完备的防御。1724—1735年，在面向陆地、易受攻击的一侧修建了带角堡的城墙，1745年又在不易受攻击的沿海一侧修建了城墙。

北美洲的防御工事

在北美，堡垒以持续存在的方式加强了法国在毛皮贸易中的地位。修建这些堡垒的目的是将人们所希望的路线延伸至太平洋。1732年，法国人在森林湖修建了圣查尔斯堡。两年后，又在温尼伯湖（Lake Winnipeg）南端建立了莫雷帕堡。通过修建多芬堡（1741年），法国人将其势力范围延伸至温尼伯斯湖（Lake Winnipegosis）西岸，科恩堡（1753年）则建立在萨斯喀彻温河的分岔口附近，那里是当地贸易路线的一个重要节点。堡垒的名称反映了它们的重要性。莫雷帕是海洋大臣，是治理法国殖民地的关键人物。

反观英国人这边，他们深入内陆地区修建堡垒。事实上，由于英法竞相在北美建立堡垒，双方于1754年在俄亥俄河谷发生冲突，引发了两个大国之间的战争。乔治·华盛顿[2]因寡不敌众，又处于暴露的位置，于当年被迫向法军投降。英法两国在五大湖以南建设要塞是造成紧张局势的另一个重要原因，双方对于奥斯维戈等据点有很大争议。

北美地区的防御工事并非全部由欧洲人修建。例如，在17世纪，北美东部地区就有许多用栅栏防护的村庄。随着火器的引入，美洲原住民发现，欧式棱堡似乎可以抵御交叉火力，为村庄提供保护。在新英格兰地区至少有一座砖石堡垒。尽管如此，当欧洲人接近他们时，特别是当欧洲人拥有大炮时，美洲原住民通常会放弃他们的堡垒。他们已经认识到，堡垒可能成为死亡陷阱。1730 年，伊利诺伊大草原上的福克斯堡（Fort of the Fox，也称梅斯夸基堡）拥有坚固的木栅栏和迷宫般的战壕，保护福克斯堡免受法国人的炮火袭击，但福克斯堡缺乏大炮。更确切地说，堡垒既可以成为死亡陷阱，也可以成为极为有用的均衡器，这取决于整体形势。

欧洲殖民地的堡垒都安装了大炮，但有两种截然不同的设计风格：一种是欧洲人为抵御美洲土著人的进攻而设计的堡垒，这种堡垒采用简单的栅栏设计；另一种是为抵御欧洲式围攻而建造的较为复杂的堡垒，比如英国人效仿沃邦的防御工事模式而修建的查尔斯顿和哈利法克斯，或者西班牙人抵御英国人进攻的佛罗里达的圣奥古斯丁。

位于北美洲莫比尔的堡垒

1702 年，法国人设计建造了带角堡和炮台的路易堡（Fort Louis）。但在 1710 年，用于构筑堡垒的木头因潮湿而腐烂，无法支撑上面的大炮。守军缺乏新鲜肉食，就连刀剑、弹药盒、钉子、枪支和火药也供应不足，还缺乏医疗设施，导致士气低落，有很多人当了逃兵。1723 年，守军开始搬迁，先是建了一座临时堡垒，后来又建了一座新的砖砌石基堡垒，并改名为孔德堡（Fort Condé）。根据 1763 年的《巴黎和约》，该地区被割让给英国，为了纪念乔治三世的妻子，英国人将其改名为夏洛特堡（Fort Charlotte）。1780 年，在为期两周的围攻中，西班牙人用大炮攻破了城墙，从英国手中夺取了这座堡垒，并改名为卡洛塔堡（Fort Carlota）。1813 年，在两国没有交战的情况下，美国军队从西班牙手中夺取了这座堡垒，阻止了英国人利用莫比尔与美洲土著人进行贸易。当时西班牙正忙于与法国的半岛战争[3]，国力虚弱，无法做出回应。1815 年 2 月，英国人正准备进攻莫比尔，但这时他们与美国的战争，即 1812 年战争[4]，结束了。这座堡垒随后被夷为平地，但后来又建造了一个缩小尺寸的复制品。

NDE' DE LA MOBILLE, *marqué en Rouge dans L'Etat*
s. auec la partie de L'augementation proposée, marqué
en jeaune.

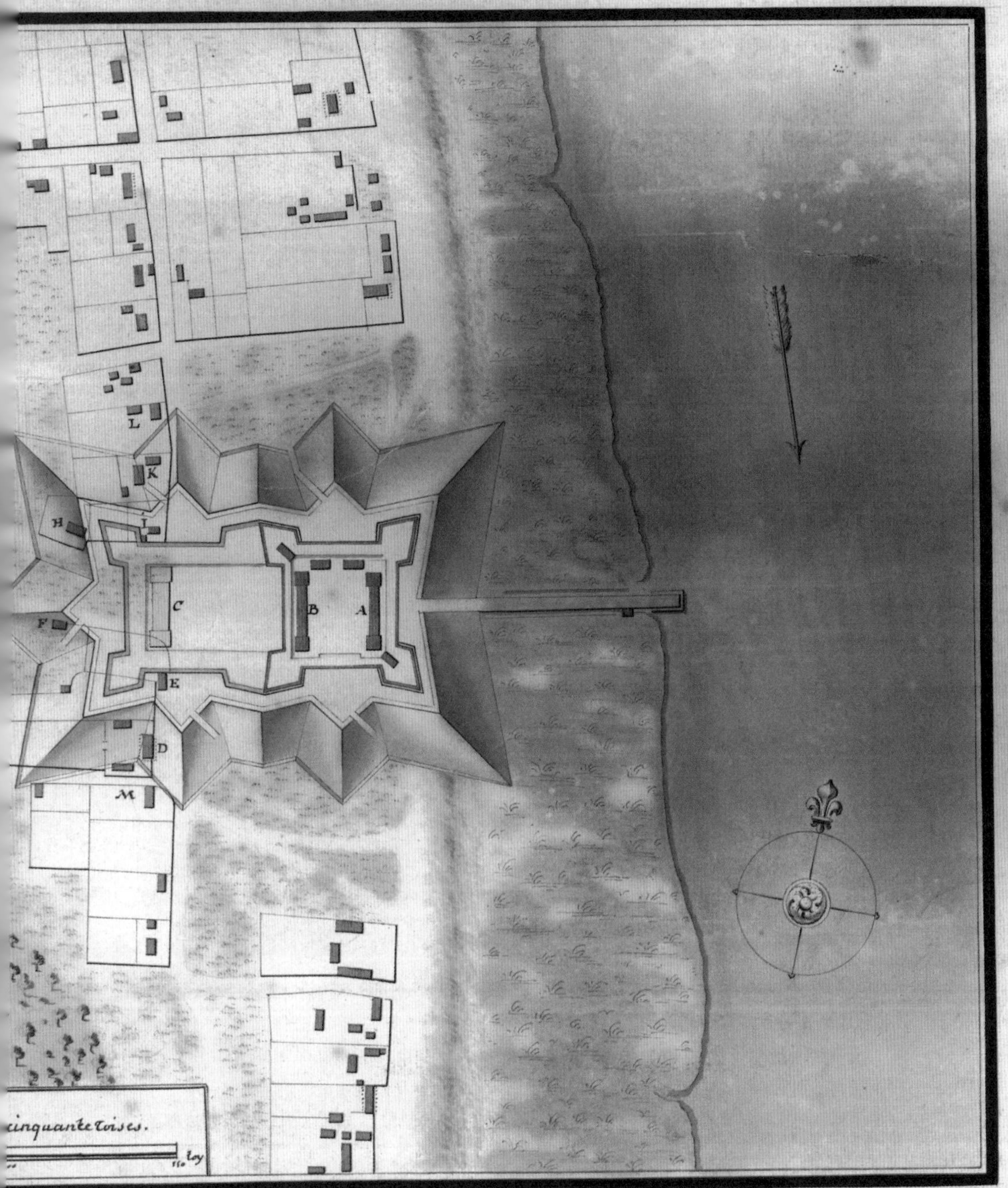

st proposé d'en Rebatir vn neuf. D. Batiment ruiné servant D'église, E Logement de Loisel.
molir. F Logement du Canonier. G. Logement du Sergent, H Maison a heraud, I. a Montlimart,
ire. K. Logement de herauld, L. Logement. de Sievre. M Logement de Sabourdin.

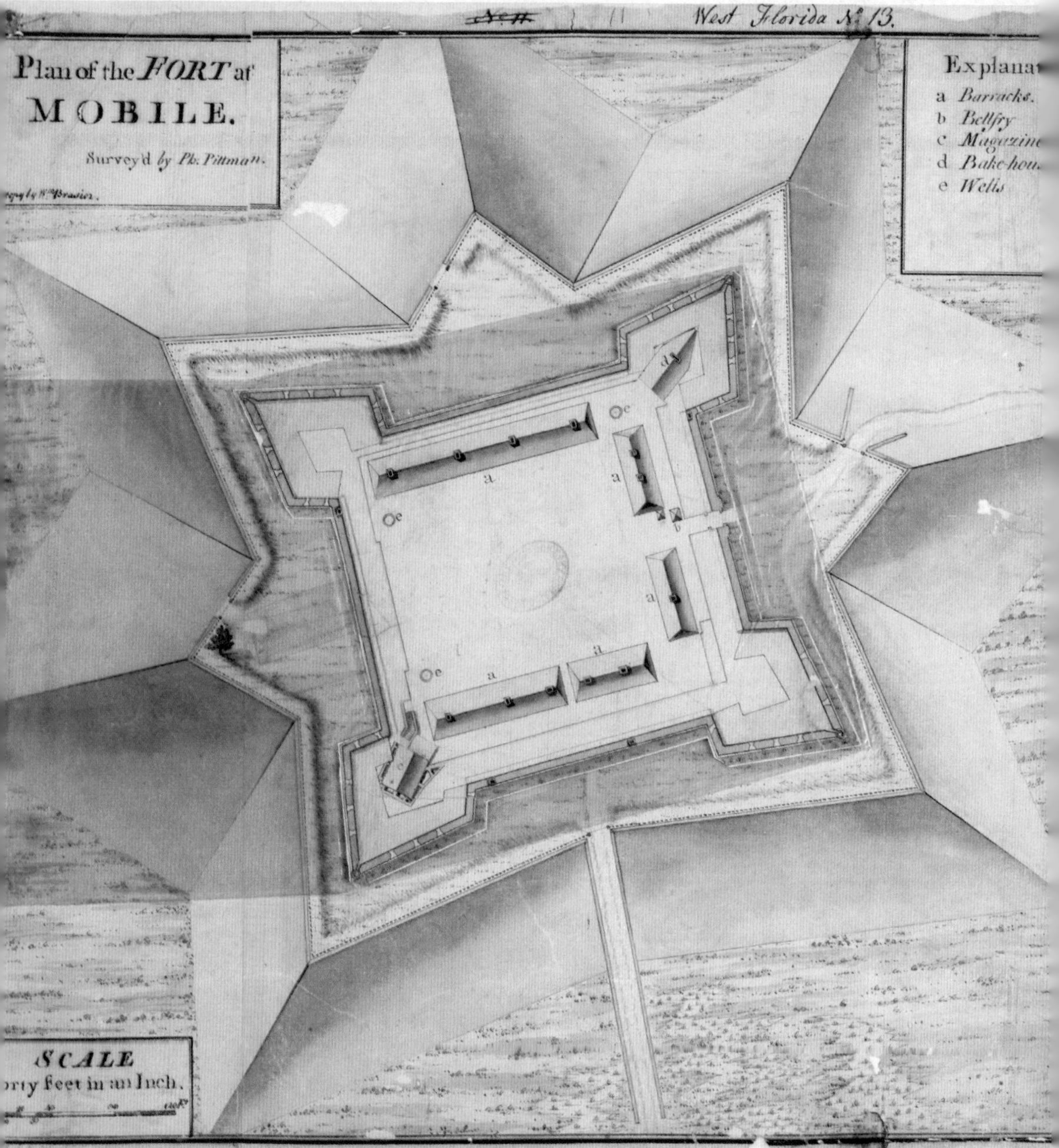

北美洲莫比尔，约 1770 年绘制

根据 1763 年的《巴黎和约》，英国人从西班牙手中得到了东佛罗里达和西佛罗里达，从法国手中得到了路易斯安那的一部分（作为归还之前占领古巴的回报）。英国人对他们的新领地进行了勘测。这座法国堡垒建于 1702 年，命名为路易堡，1723 年改名为孔德堡，英国人以乔治三世新婚妻子的名字改名为夏洛特堡，并对其进行了修缮。1780 年，西班牙人对其展开了两周的围攻，轰炸导致城墙被攻破。随后，守军投降。英国人试图从彭萨科拉派出援军，因渡河困难而受阻，未能及时赶到。1781 年，英军的反击失败。这张图显示了兵营和弹药库，以及由水井和面包房提供的重要补给品。

一般而言，欧洲人在殖民地的存在一定程度上依赖于挖掘行为的能力和意愿。1788 年，英国驻印度指挥官——第二代康沃利斯伯爵查尔斯（Charles, 2nd Earl Cornwallis）对购买挖掘工具很感兴趣，他订购了“4000 把上好的铁铲”，并希望“立即制造 2000 把铁铲”。

对于拥有海军优势且没被热带疾病削弱的欧洲攻击者而言，强大的欧洲殖民地防御工事所能发挥的作用有限。以下战例就证明了这一点：1745 年和 1758 年，英国人两次（第二次为永久占领）从法国人手中夺取了布雷顿角岛上的路易斯堡，1759 年又从法国人手中夺取了魁北克。在守军投降之前，一支法军曾试图北上救援，但被英军击败：防御工事本身并没有遭到破坏，并且在 1760 年，确实抵挡住了法军的围攻，之前也取得过类似的胜利。一般情况下，这样的防御工事能抵御实力不强的攻击者，这类攻击者缺乏长期围攻所需的技能、资源和组织能力。在 18 世纪，欧洲军队建立的大多数主要防御工事都在当地人的围攻或攻击中幸存下来。在北非，西班牙人控制的休达在 1694—1720 年和 1732 年抵挡住了摩洛哥人的围攻，梅利利亚也在 1774—1775 年抵挡住了围攻。另一方面，阿尔及利亚人于 1708 年从西班牙手中夺取了奥兰，但西班牙在 1732 年进行了一次大规模的远征，又夺回了奥兰。

欧洲列强在海外的主要中心并没有落入非欧洲民族之手。美洲土著人不可能像英国人进攻路易斯堡那样发动类似的攻击。西班牙人统治的马尼拉在 1762 年落入英国人之手，而不是落入菲律宾的起义军或来犯的亚洲强国之手。乔治·蒙森上校（Colonel George Monson）记录道：

10 月 2 日晚上，一处由 8 门大炮组成的炮兵阵地在距离城墙约 300 码（274 米）的地方完工。3 日早晨，我军向棱堡的西南区域开火，很快就压制住了敌人的炮火，并在棱堡的突出角上打开了一个突破口。4 日晚上，我军火炮开始轰击棱堡的东南区域和马尼拉西边的小棱堡，旨在将这些地方的防御工事摧毁。截至 5 日上午 10 点，我军已打开缺口，取得了很好的效果。将军下达了在第二天发起冲锋的命令，大约在次日早上 7 点左右，我军就以微弱的损失结束了战斗。

维持要塞运转的问题

由于缺乏重视和资源，以及投入的程度不足，许多据点的防御都很薄弱，守备松懈。1710 年，建于 1702 年的法国要塞路易堡（后来的莫比尔堡）因木材构件潮湿腐烂，无法支撑大炮的重量。守军缺乏新鲜肉食，就连刀剑、弹药盒、钉子、枪支和火药也供应不足，还缺乏医疗设施，导致士气低落，有很多人当了逃兵。同样的情况也发生在西非的大多数堡垒中，这些堡垒保护着欧洲人的贸易据点，尤其是奴隶贸易的据点。

后勤是维持要塞运转的另一个关键问题。1778 年，为放弃从英国人手中夺取遥远的底特律，弗吉尼亚州州长帕特里克 · 亨利（Patrick Henry）辩解道："当中间一大片乡野地带被敌对的印第安人占领时，这个据点将很难维持。"

1783 年，13 块殖民地独立后，美国人就从 1789 年建立的华盛顿堡（现辛辛那提）等防御工事中获益，但美国正规军数量有限，这意味着没有足够的兵力实行任何全面的驻军政策。此外，在北美和其他地方（例如在里海以东的俄国），只有当早期控制的地区得到"平定"之后，驻军政策才能作为扩张政策的一部分。否则，扩张只会带来更多的驻军需求。为了保护他们在墨西哥以北的据点不受美洲土著人的攻击，西班牙试图建立一条由防御基地组成的警戒线，但美洲土著人可以毫不费力地在它们之间穿行。

围城战

在欧洲，围城战非常重要，因为设防的据点可以巩固政治权力，存放军队补给物资，控制水陆交通路线。萨克斯元帅[5]是18世纪40年代法军的主要指挥官，专注于研究运动战，在其1732年的著作《我的梦想》（*Rêveries*，1757年出版）中，虽然他对沃邦防御工事的高昂成本持批评态度，但同时也写道：

> 堡垒的作用：它们保护了一片国土；它们迫使入侵之敌在进一步深入之前必须将其攻克；它们在任何情况下都能为己方部队提供一个安全的前沿基地；它们之中设有弹药库（补给站），在冬季充当存放大炮、弹药等物资的安全场所。

由于防御技术的进步，尤其是与沃邦相关的防御技术的进步，以及17世纪后期西欧军队规模的扩大，围城战变得更加艰巨。这种情况，即便没有预示到第一次世界大战时的战场情形，也在一定程度上预示了19世纪末的战场情形。

在西班牙王位继承战争期间（1701—1714年），法国国王路易十四想方设法获取边境或附近区域的要塞，如弗里德林根、阿尔特－布莱萨赫、弗莱堡、凯尔和菲利普斯堡，以及那些有助于战略推进的堡垒。例如，维林根控制着沿多瑙河通往其盟友巴伐利亚的路线，因此占领该地就能保护巴伐利亚免受奥地利攻击。要塞在和平谈判中发挥了重要作用：1712 年，路易十四坚持要求保留里尔、图尔奈、孔德和莫布热，将此作为和平协议的一部分。可以肯定地说，法国防御体系的强度和广度多次（例如，1708—1711 年和 1743 年）遏制了他国入侵法国的企图。事实上，科巴姆勋爵（Lord Cobham）曾提到法国“阿尔萨斯、洛林或尼德兰几乎无法逾越的屏障”。

其他大国也关注到要塞的存在与否所带来的战略影响。1709 年，萨沃伊－皮埃蒙特的维克托·阿马德乌斯二世（Victor Amadeus II）向英国特使施压：“敌人拆除了蒙梅利安，使整个萨沃伊失去屏障，一旦与法国决裂，就不可能保住萨沃伊或大山（阿尔卑斯山）另一侧的任何立足之地；除非在签订和平条约后，英国会考虑为他争取一个具有同等战略意义的要塞。”

野战部队与守军之间的相互配合关系仍然对围城战的胜负至关重要，在保卫岛屿要塞时，海军的作用与之类似。英国人之所以能够在 1708 年围攻并占领里尔，是因为第一代马尔伯勒公爵约翰·丘吉尔（John Churchill, 1st Earl of Marlborough）早先在奥德纳尔德战役（Battle of Oudenaarde）中重创了法军。里尔城防坚固（此地的防御工事至今仍然令人印象深刻），有大量的驻军防守，还可得到援军的支援。9 月 7 日，进攻方在过于宽阔的战线上发动了一次协调不力的进攻，造成进攻部队死伤近 3000 人。进攻方只有在炮火集中时才取得成功，形成了许多大的突破口，法军的牵制性攻击被击退。经过 120 天的围困，城堡的守军最终在 12 月 19 日投降，进攻方伤亡 14000 人。同样，蒙斯和根特[6]之所以在 1709 年被攻克，也是因为马尔伯勒公爵取得了马尔普拉凯战役（Battle of Malplaquet）的胜利，虽然赢得十分艰难，但仍然是一场胜利。

1744 年，英国外交官罗伯特·特雷弗（Robert Trevor）谈及荷兰人在

18 世纪，巴拉圭的栅栏堡

关于防御工事的修建，其发展趋势是侧重于高规格的工程，但过去和现在的大多数防御工事都比较简陋，偏向于满足实际用途。上图这座小堡垒的设计是为了保护西班牙定居点，抵御土著人可能发起的攻击。耶稣会传教士的领地是这一地区的另一个复杂因素。

奥属尼德兰（比利时）的关卡要塞时，写道：

> 他们信奉的教条是将要塞变得坚不可摧，对此我不敢苟同……我宁愿看到军队通过在野外战场击败敌人来确保这些地方的安全，也不愿看到军队在这些地方固守。我承认，我无法理解这样的观点：一个国家的强大是建立在防御工事的数量之上。我认为，防御工事的作用是为一个国家的军队提供基地，而不是分散其兵力，让军队疲于奔命。

要塞可能会在任何战役中遭受猛烈攻击。1761 年，英国人围攻法国人在布列塔尼沿海岛屿上的贝勒岛城堡，通过 30 门火炮和 30 门臼炮组成的炮兵阵地发射了 1.7 万发实心弹和 1.2 万发开花弹[7]，最后取得了胜利。20 年后的美国独立战争期间，英国驻直布罗陀的副官长詹姆斯 · 霍斯伯格（James Horsburgh）上尉，在一个并不特别重要的日子记录了西班牙人一次失败的围攻："他们在过去 24 小时内共发射了 203 发实心弹和 33 发开花弹。"要塞也会发射大量的炮弹予以还击。1760 年 7 月 13 至 30 日，普鲁士人围攻萨克森选帝侯国的首府德累斯顿，但没有成功，其 193 门大炮共发射了 26266 发炮弹。

在攻占堡垒的过程中，突击仍然很重要。对于步兵、骑兵和围攻而言，火力和冲击战术之间始终是对立关系。决策者做出的选择，反映了战场环境、经验、特定将领的观点和军事界中更广泛的假设，而这些选择并不是由技术决定的。面对防御性火力不断增强所带来的抑制作用，注重进攻在一定程度上代表了一种文化上的需要，但实际上，防御性火力并不能消除进攻部队的优势。需要注意的是，在战略、战术和行动等各个层面都涉及各种因素，如进攻的威望，而不是依靠蓄意攻城的想法和做法，可能会鼓励人们试图攻打要塞。然而，对速度的需求也是如此，这既是为了继续取得战果，也是为了处理后勤问题，但长期的围攻使后勤问题大大加剧。

上述因素形成了一个长期的混合体。1714 年，法国与西班牙组成的联军三次试图攻占巴塞罗那，但是都被击退，即便如此，寡不敌众的守军随后还是接受了投降条件。1741 年，巴伐利亚、法国和撒克逊军队成功攻入布拉格。法国的夏勒罗伊和荷兰的主要堡垒卑尔根奥普祖姆，也分别于 1746 年和 1747 年失守。1799 年，英国人占领了印度南部的塞林伽巴丹，该城是迈索尔王国提普苏丹的都城。

新的工程项目

各国对新的防御工程很感兴趣，尤其是在法国，而法国人当中比较有代表性的是蒙塔伦伯特侯爵马克－雷内（Marc-René，1714—1800年）。他是一个有宏伟计划的人，但不喜欢计算成本、精细设计或查看当地地形的实用性。他从1776到1797年提出了一系列大胆的计划。与当时许多理论家的模式一样，蒙塔伦伯特主要关注的是基本设计。在他看来，基本设计决定了一座防御工事是否能够抵御攻击。对他来说，理智是独立于自然的，并支配着自然：地形的偶然性和位置的特殊性可以从属于理论计划。这种方法理所当然地受到同时代法国人的批评。这场辩论既证明了各国对改进防御工事的兴趣，也证明了对提出明确合理解决方案的承诺。

要塞在战争中的作用

在东欧，由于防御工事少得多，也没有先进的要塞体系，因此，与西班牙王位继承战争（1701—1714年）的参战者相比，大北方战争[8]（1700—1721年）的参战者更容易取得重大进展。例如，勇敢无畏的瑞典国王查理十二世在1701年入侵波兰，1706年入侵萨克森，1708年入侵乌克兰。然而，在东欧，单独的要塞具有重要作用，尤其是作为确保控制一个地区的方式。因此，俄国彼得大帝的军队于1704年占领纳尔瓦，于1710年占领维堡、雷瓦尔和里加，从西方进攻瑞典的丹麦和普鲁士占领斯特丁（1713 年）、斯特拉尔松（1715 年）和维斯马尔（1716 年），都是导致瑞典帝国崩溃的关键之举。1718 年，在围攻挪威要塞弗雷德里克斯哈尔德时，查理十二世战死沙场。

同样，奥恰科夫和伊兹梅尔等要塞在历次俄土战争中发挥了重要作用。转入防守给土耳其帝国带来了严重的问题，既有结构上的问题，也有精神层面的问题。防御的准备工作明显不足。不过，奥恰科夫等

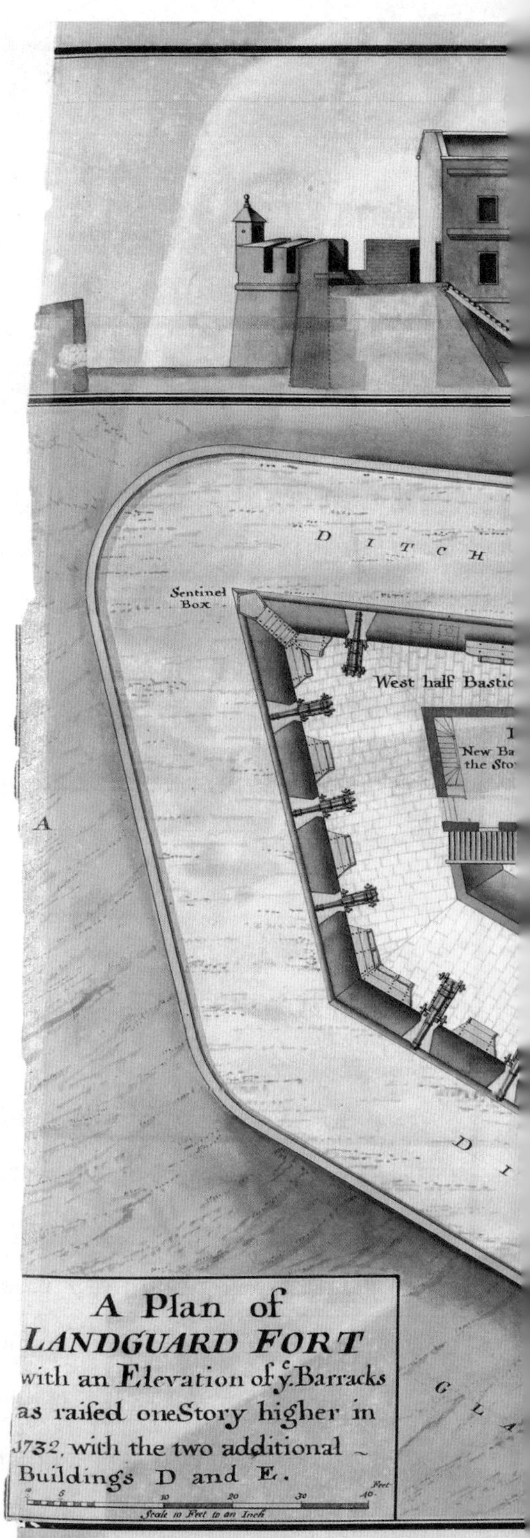

英格兰“陆地守望者”城堡（Landguard Fort）

这座城堡是为了保护奥威尔河口和哈威治港而设计的，始建于 16 世纪 40 年代，在詹姆斯一世（1603—1625 年在位）统治期间，英国人对其进行了改进。18 世纪时，再次进行了改进，在 1717 年新建了一座炮台。1745—1746 年，法国支持的亲雅各比派[9]计划入侵英国；出于危机感，1745 年，英国人在附近开始建造一座新的五边形堡垒。18 世纪 50 和 80 年代又增加了新的炮台。埃塞克斯被视为存在入侵的风险，因为在那里登陆的部队不需要穿过韦尔德河、唐斯河和泰晤士河。敌方可以从敦刻尔克发动这样的入侵。此外，英国舰队在海岸线上的力量薄弱。1743—1745 年，天主教耶稣会会士要求在马尔登登陆；1746 年 1 月，这里是法国人考虑的登陆地点之一。

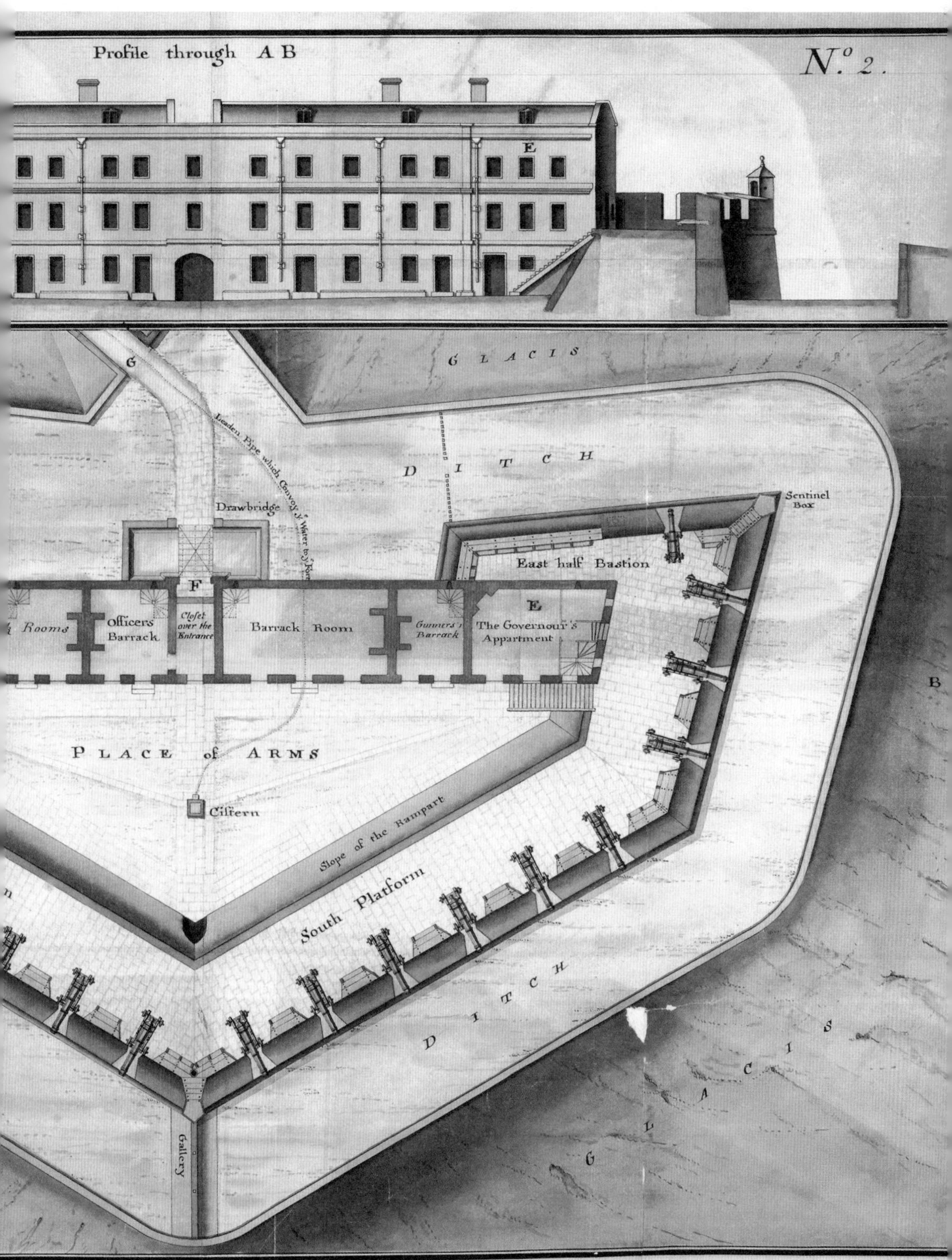
Profile through A B
N.° 2.
E
G
G L A C I S
Leaden Pipe which Convoys ye Water to ye Fort
D I T C H
Drawbridge
Sentinel Box
East half Bastion
F
E
Rooms
Officers Barrack
Closet over the Entrance
Barrack Room
Gunners Barrack
The Governour's Appartment
B
P L A C E of A R M S
Ciftern
Slope of the Rampart
South Platform
D I T C H
G L A C I S
Gallery

重要要塞还是得到了改进。土耳其人对防御的重视以及对防御工事的改进，对战略产生了影响。在黑海以北和多瑙河流域进行的战役中，要塞的强大力量，巩固领土扩张成果的决心，以及控制补给线的需要，导致围城战具有非常重要的地位。

土耳其人沿河流修筑的要塞，如多瑙河上的伊兹梅尔和西里斯特拉，成为俄国人向巴尔干半岛扩张的拦路虎，在阻击俄国人的战役中发挥了关键作用，影响了俄国人的机动性。土耳其苏丹塞利姆三世（1789—1807 年在位）是一个精力充沛的人，与其他许多君主一样，他热衷于建造新的要塞。然而，西方观察家倾向于从中寻找土耳其的衰落迹象，他们对土耳其的堡垒普遍持批评态度。乔治·弗雷德里克·科勒（George Frederick

印度本地治里，由贾克·贝林于 1741 年绘制

作为法属印度的首府，这座城市既要防备印度本地势力的进攻，又要防备英国人的进攻。1748 年，英国人围攻该城未果。由于准备工作和对外围阵地的占领，作战行动被推迟了，在轰炸无效和损失惨重的情况下，英国人放弃了围攻。尽管如此，英国人还是在 1761 年、1778 年、1793 年、1803 年多次攻占了本地治里，并根据 1763 年、1783 年、1802 年、1814 年、1815 年的和约将其归还。不过，英国人在归还前破坏了防御工事。1778 年，英军攻城时动用了 28 门重炮和 27 门臼炮。

Koehler），是一名在英国炮兵部队服役的德国人。他在 1791—1792 年观察了土耳其的防御设施，事后在报告中写道 ：“这里没有任何东西能真正算得上是防御工事。”海军上将威廉 · 西德尼 · 史密斯（William Sidney Smith）爵士也提出了类似的批评。而在 1793 年，英国特工乔治 · 蒙罗（George Monro）在关于达达尼尔海峡的报告中写道 ：“他们虽然在那里修建了堡垒，但由于建造不当或者不重视建造质量，这些堡垒几乎毫无用处。”

在巴尔干半岛，在奥地利与土耳其之间的连续战争中，要塞也具有重要的地位。1717 年，奥地利人占领贝尔格莱德之后，重修了这座城市的防御工事，在外围建造了一个由 8 座坚固棱堡组成的新防御圈。尽管如此，1739 年，由于野外战场上的失败和信心的崩溃，在这座要塞尚未被攻破的情况下，奥地利人缴械投降。在 1788—1790 年两国再次交战时，贝尔格莱德再次成为焦点。1789 年，奥地利人围困并强攻贝尔格莱德，但在随后的和平时期，贝尔格莱德又被归还给土耳其。

俄国向东部地区的进一步扩张，延续了 17 世纪的模式，即通过构筑

堡垒组成的防线来加强控制。例如，18 世纪 20 和 30 年代，巴什基尔人被压制在里海东北部。从伏尔加河到奥伦堡，俄国人修建了一条新的堡垒线来巩固其统治。东部的其他堡垒线巩固了俄国的前沿阵地，将卡尔梅克人 [10] 和准噶尔人抵挡在外。这些修筑在南部前沿的防御工事，封闭了游牧民族侵扰的道路，封锁了敌对势力的增援区域，并为俄国随后成功进军哈萨克斯坦和中亚做好了准备。在额尔齐斯河上修建的要塞包括鄂木斯克（1716 年）和乌斯特－卡米诺戈尔斯克（1719 年）。

在 1776 至 1788 年出版的《罗马帝国衰亡史》（*Decline and Fall of the Roman Empire*）一书中，爱德华·吉本（Edward Gibbon）介绍了对欧洲文明有重要帮助的防御工事：

数学、化学、机械学、建筑学，都已应用于战争；而敌对双方在互相对抗时，使用的都是最复杂的攻击和防御手段。历史学家可能会愤愤不平地指出，为攻城进行备战会导致人员的不断聚集。然而，我们感到欣慰的是，防御工事的存在，使得破坏一座城市要付出高昂代价并且困难重重，勤劳的人民应该受到那些先进防御工事的保护，这些防御工事能够在战争中幸存下来，并削弱敌人在军事上的优势。大炮和防御工事现在形成了一道坚不可摧的屏障，抵挡住了鞑靼骑兵。欧洲变得安全了，将来不会受到异族的任何侵扰。

重视野外战役的波斯人

波斯军队统帅更重视野外战役，而不是围城战，因为围攻往往很困

PLAN of CHARLES FORT, and the two adjoining
in the Iſland of BARBADO

Profil thro' a.b

Profil thro' c.d

Road to Oſtins

EXPLANATION and REFERENCES

Natures and Number of Guns mounted in the Fort.

32 Pounders.	4
24 D°	8
18. D°	4
12. D°	13
9. D°	6
In the South Faſcine Battery.	
24	4
18	1
9	1
In the North Faſcine Battery.	
24	5
18	3

Number of Men in Constant Pay.

Capt. Gunner for the Diviſion.	1
Under Gunners	2
Matroſses.	12

NB. In Time of Alarm there are two Field Officers and three Companies posted here, and a proportional Number at all the other Forts, & Batteries thro' the Iſland.

巴巴多斯的查理斯堡，绘于 1748 年

这座堡垒原名尼德姆堡（Fort Needham），于 17 世纪 50 年代在尼德姆角建造，用来保护卡莱尔湾。1625 年，巴巴多斯成为英国殖民地，1651—1652 年，一支战胜保皇党的议会军将其占领。17 世纪 50 年代，英国与荷兰和西班牙发生战争，旨在保护这块利润丰厚的蔗糖殖民地。到了后来，又要保护其不受法国的侵略。巴巴多斯的西南和西部沿海都建有堡垒，而在东部和北部沿海，波涛汹涌的海面、高耸的悬崖以及港口的缺乏，可以让入侵者知难而退。英国人通过一系列战争保住了巴巴多斯，并将其作为远征的基地，例如 1762 年，从法国手中夺取马提尼克岛。查理斯堡的遗迹现在位于希尔顿度假村的场地内。

难。波斯萨非王朝拥有强大的骑兵，但步兵是其短板。1711 年，前往阿富汗镇压叛乱的波斯军队围攻坎大哈，但没有成功，在撤退时还遭到重创。1721 年，一支阿富汗军队围攻波斯东部的基尔曼，但未能攻下这座城堡。与此形成对比的是，1722 年，阿富汗人向波斯中部推进，在古尔纳巴德对波斯军队以少胜多，随后又封锁了波斯首都伊斯法罕，并击败了前来救援的部队。但是，阿富汗军队人数不足，无法强攻，还缺乏可以突破城墙的火炮。7 个月的围城造成城内饥荒，最终导致守军投降。在此之前，410 年的罗马和 1266 年的凯尼尔沃斯，也均因饥荒而陷落。

1736 年，纳迪尔（Nadir）沙阿[11] 自立为波斯国王。在经过 9 个月的围攻后，纳迪尔的军队于 1738 年占领了坎大哈，这在很大程度上要归功于城内内应的帮助。然而，纳迪尔更喜欢野战而不是围攻，因为后者带来了重大的后勤挑战，而且他的围城大军主要由部落征兵组成，很难维持凝聚力和士气。此外，他的部队长期处于高度机动模式，缺乏足够的攻城火炮，导致在进攻设防据点时，危险、成本高昂的攻击或长时间的封锁成为唯一的选择。封锁意味着拖延，需要耐心，这并不符合他的个性。1743 年，在他的大炮运抵之前，纳迪尔率军抵达奥斯曼人控制的基尔库克，但未能将其攻占。而一旦大炮运抵前线，只轰炸了一天就导致守军投降。

印度人对要塞的使用

印度有许多要塞，18 世纪初，印度西部的马拉塔山堡在抵抗莫卧儿人的进攻中发挥了重要作用。马拉塔战役是一场讲究机动性和分散性的战役，这种作战方式强调破坏行动较慢对手的后勤基地。同时，除了后勤方面的考虑，马拉塔人的战略还体现了对地方政治和文化的考虑，他们尤其相信堡垒是权力的象征，是维护实际统治的必要条件。在进行有关防御工事的决策时，人们普遍秉持这一观点。

马拉塔人的这一观念为莫卧儿人提供了明确的目标，因为阵地战与机动战不同，后者反而有利于马拉塔人。在一定程度上，莫卧儿帝国皇帝奥朗泽布在攻城火炮的帮助下，成功地攻破了马拉塔人的要塞。然而，事实证明，利用对手的弱点和分裂更有用，尤其是贿赂要塞的指挥官。此外，马拉塔人的野战部队还不够强大，无法突破奥朗泽布用野战军打造的包围圈。

通过增加棱堡和降低易受大炮攻击之高石墙的高度，可以加强防御工事。但是，18 世纪的印度统治者在这方面几乎无所作为。要塞的标准位置仍然是山地或丘陵，此种地形提供了一定程度的保护，这在欧洲是不常见的。此外，尽管曾在欧洲服役的英国军官经常评论说，遍布印度的众多土堡是多么脆弱和不规则，但这些要塞的厚实城墙长期以来被证明是坚韧有弹性的。例如，1718 年的盖利亚和坎德里，1721 年的科拉巴，都先后击退了英国海军的攻击。[12]

与印度统治者相反，西方列强将新技术引入印度。约翰·科内尔（John Corneille）少校在 1754 年指出，当英国东印度公司获得位于卡纳提克的圣大卫堡（Fort St David）时，它是“一个不规则的正方形堡垒，按照摩尔人的方式设置防御，在各个角上都有圆形塔楼”，而东印度公司“对防御工事进行了现代化改造，在每个角上都有一座坚固的棱堡，大门前有一座角堡，水沟里有两个半月形……还有一处布满地雷的斜坡”。东印度公司在马德拉斯用“几座坚固的棱堡和一条又宽又深的水沟”作为防御工事，而在特里希诺波里，则通过增加多座棱堡来取代原先依靠高城垛[13]

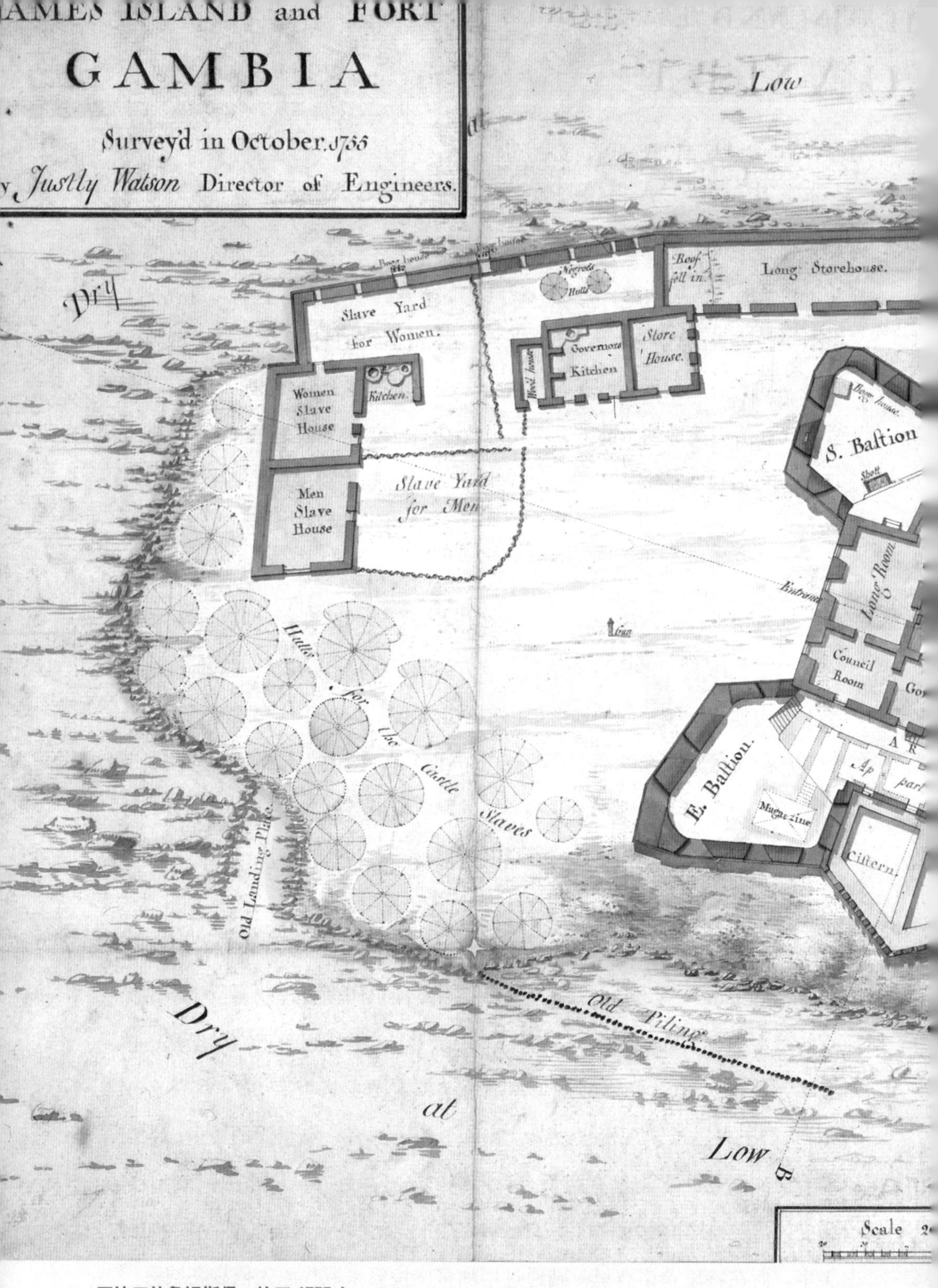

冈比亚的詹姆斯堡，绘于 1755 年

詹姆斯堡位于现在的昆塔金特岛（Kunta Kinteh Island），距离冈比亚河口 21 英里（33.8 千米）。1661 年，英国人从荷兰人手中夺取了这座堡垒，并以约克公爵詹姆斯（后来的詹姆斯二世）的名字重新命名了这座堡垒及其所在岛屿。从 17 世纪 90 年代开始，法国和英国为争夺该岛而开战，法军分别

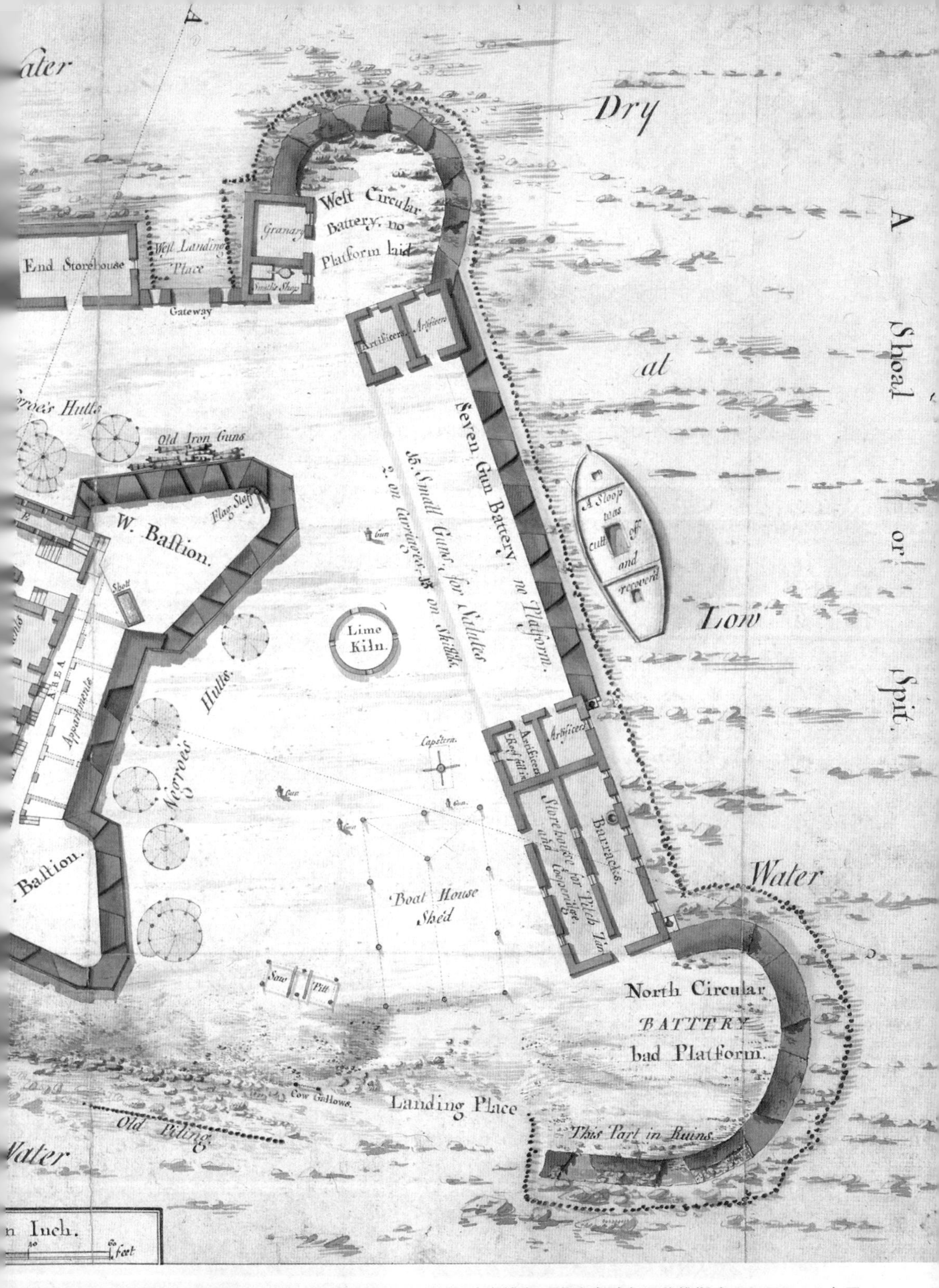

于 1695 年、1702 年、1704 年、1708 年和 1779 年攻占该岛。海盗豪威尔·戴维斯（Howell Davis）于 1719 年攻占该岛，但在当年晚些时候被杀。由于英国皇家非洲公司出现财务问题，该岛的控制权被移交给英国王室，王室则为此向该公司支付堡垒的维护费用。詹姆斯堡为英国的奴隶贸易据点提供保护，并与法国在塞内加尔的据点相抗衡。1758 年，法国在塞内加尔的堡垒被占领。

和圆塔进行防御的局面。

此外，从 18 世纪 40 年代开始，欧洲军队变得更加强大，他们部署的火炮对印度的要塞构成了挑战。无论防御工事的强度如何，大胆无畏的攻击或防御都可以成为关键因素，就像 1750 年罗伯特·克莱夫（Robert Clive）成功地守住了位于卡纳提克的阿科特要塞，击退了当地纳瓦布[14] 率领的更为强大的地方部队一样。阿科特的防御工事一直没有得到很好的维护，但克莱夫抵挡住了围攻，包括对两处突破口发起的攻击。英国人的进攻战术是先用火炮打开突破口，然

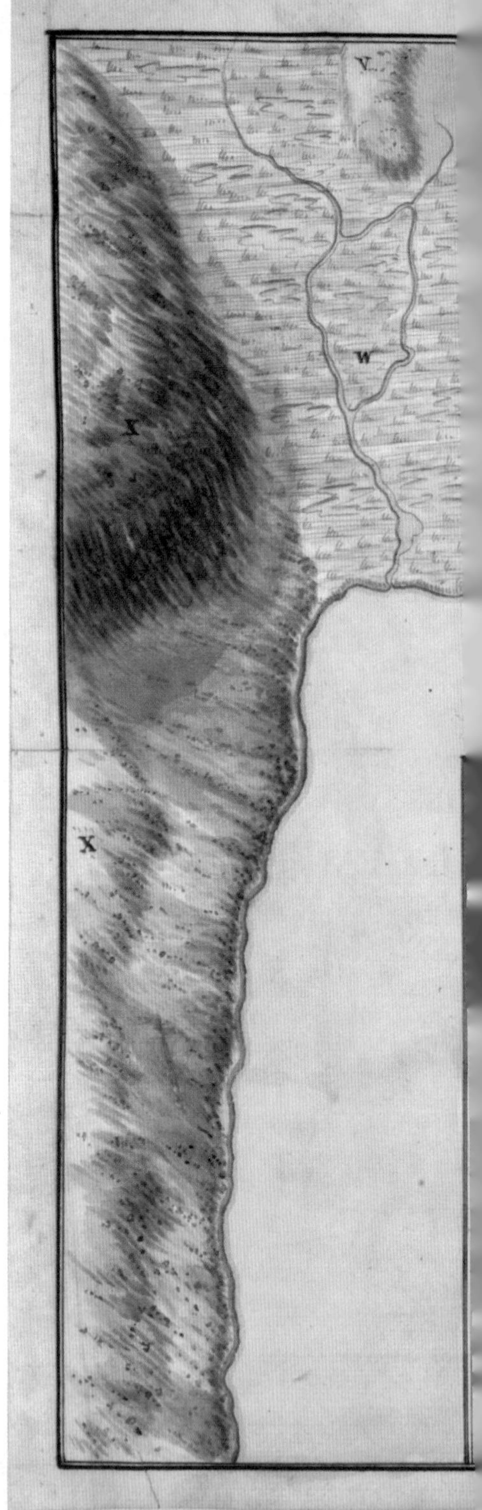

1757 年，北美洲威廉·亨利堡之围

威廉·亨利堡（Fort William Henry）位于纽约省[15] 乔治湖南端，由英国人于 1755 年修建，目的是在尚普兰湖—哈德逊河谷走廊上建立一个前进基地，从而与法属加拿大形成对峙之势。这座防御工事呈不规则的方形，各个转角处筑有角堡，除了面向湖边的一侧外，周围都是干涸的护城河。1757 年 8 月 3 日，路易 – 约瑟夫·德·蒙卡姆（Louis-Joseph de Montcalm）率领法军来袭，法军的规模大于英国守军。在完成对威廉·亨利堡的合围后，蒙卡姆通过陆路运来 30 门大炮，对这座堡垒进行了猛烈的轰炸。由于救援无望，守军于 8 月 6 日投降。在投降部队中，约有 200 人被蒙卡姆的美洲土著盟友屠杀，此举违反了投降条件。战役结束后，法国人摧毁了该堡垒。20 世纪 50 年代，人们复原了威廉·亨利堡。

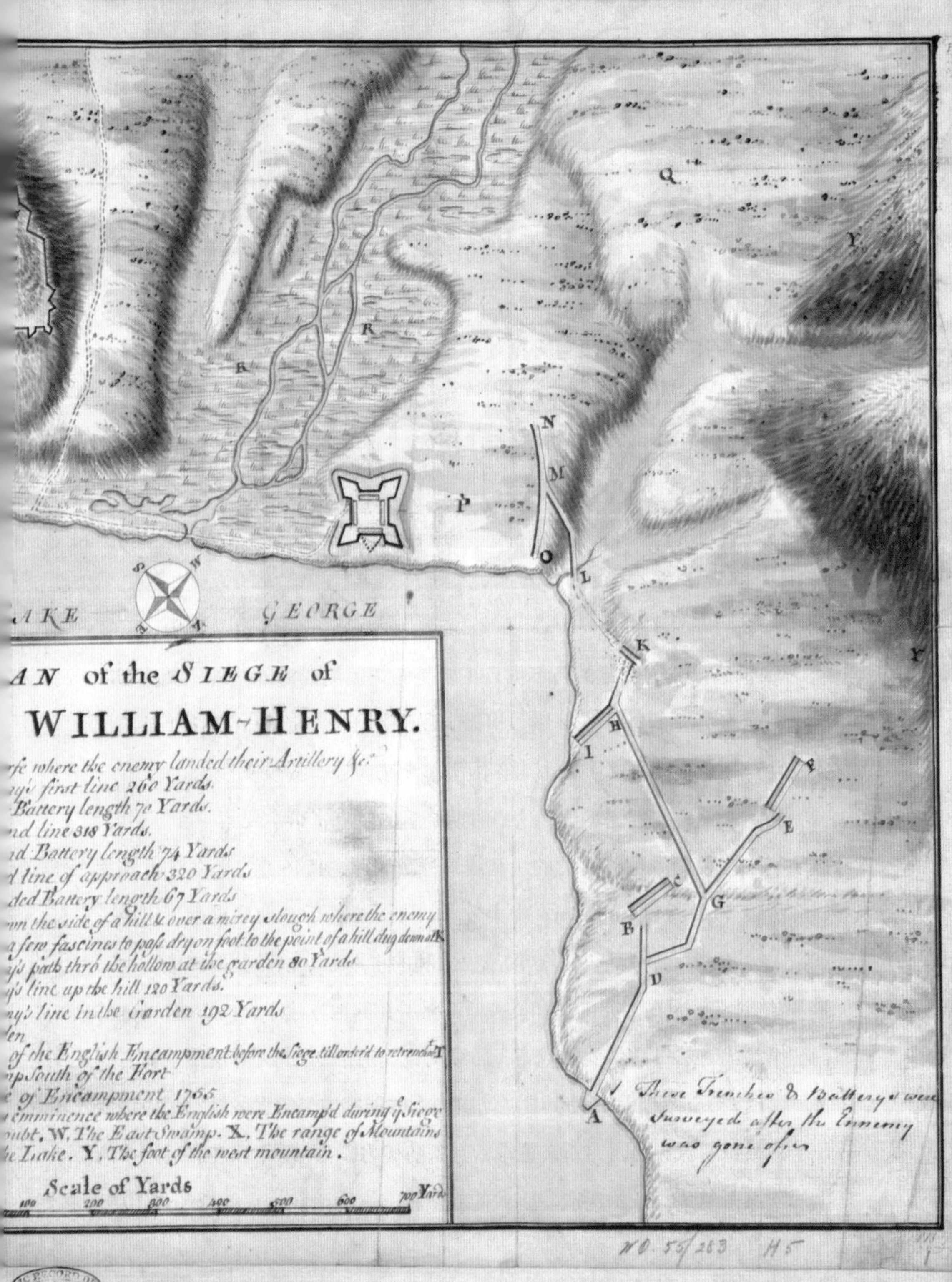
AKE GEORGE
AN of the SIEGE of
WILLIAM-HENRY.
rse where the enemy landed their Artillery &c.
ny's first line 260 Yards.
Battery length 70 Yards.
nd line 318 Yards.
nd Battery length 74 Yards
d line of approach 320 Yards
ded Battery length 67 Yards
wn the side of a hill & over a mirey slough where the enemy
a few fascines to pass dry on foot to the point of a hill dug down at K
y's path thro' the hollow at the garden 80 Yards
y's line up the hill 120 Yards.
ny's line in the Garden 192 Yards
den
of the English Encampment before the Siege, till order'd to retrench at T
np South of the Fort
e of Encampment 1755
e Emminence where the English were Encamp'd during ye Siege
oubt. W. The East Swamp. X. The range of Mountains
he Lake. Y. The foot of the west mountain.
Scale of Yards
100 200 300 400 500 600 700 Yards
A
B
C
D
E
F
G
H
I
K
L
M
N
O
P
Q
R
Y
These Trenches & Batterys were surveyed after the Enemy was gone off
WO 55/283 H5

后猛攻突破口。例如，1791 年，英国人攻占了迈索尔山要塞——努迪德罗格和塞文德罗格，这两座要塞至今仍被认为是坚不可摧的；1799 年，攻占了迈索尔首府塞林伽巴丹，这是一个位于考弗里河中一座岛上的坚固据点。然而，并非所有行动都是成功的，亨利·考斯比（Henry Cosby）中校在 1780 年报告延误架设云梯的后果时指出："这时，敌人的全部兵力都聚集在一起与我军对峙，大量火枪朝我军开火，蓝色火焰闪烁，一排排长矛从每一处垛口冒出来，以至于现在已经无法进入，因为只要士兵刚一上云梯，就被一枪击倒或被长矛刺倒。"

英国人修建的堡垒

18 世纪，英国修建的防御据点主要是海军船坞或海外基地，如直布罗陀和梅诺卡岛上的圣菲利普堡。梅诺卡岛分别于 1756 年和 1782 年被法国人成功占领，很大程度上是因为英国海军无法向守军提供支援。

相比之下，在英国本土，这一时期修筑的防御工事主要集中在苏格兰，以防御亲雅各比派可能发动的叛乱或入侵。因此，1746 年，雅各比派在库洛登战役（Battle of Culloden）中大败，结束了一场旨在彻底推翻汉诺威王朝[16]统治的叛乱。率军取得这场战役胜利的将军是坎伯兰公爵威廉，他写道："绝对有必要在因弗内斯和奥古斯都堡所在的地方建立新的堡垒。"他的门徒第二代阿尔贝马尔伯爵威廉，后续又论证道："应该对乔治堡、奥古斯都堡和威廉堡进行加固，使其具备防御力，并能容纳足够多的驻军；应该使位于洛蒙德湖源头的因弗斯奈德军营具备防御力。"1749 年，在靠近因弗内斯的阿德西尔角，开始建造一座大的新堡垒——乔治堡。它耗资超过 10 万英镑，是当时最先进的棱堡式防御工事，至今仍令人印象深刻。乔治堡没有经历过实战，这无关紧要，因为防御工事的威慑作用是至关重要的。

相比之下，在不列颠群岛的其他地方，既没有制定与防御工事有关的任何规划，也没有建立保护国内主要行政中心的城堡体系。事实上，当雅各比派在 1745 年入侵英格兰时，由于英格兰缺乏防御工事或防御工事防守薄弱，他们能够长驱直入，不必将时间和兵力耗费在连续的攻城拔寨上。对英军而言，薄弱的防御工事意味着他们缺乏能为部队提供庇护所和补给的基地网络。在雅各比派攻占了防御工事简陋的卡莱尔之后，查理·爱德华·斯图亚特[17]沿着他所选择的路线向伦敦进军，一路上无须再面对任何坚固的阵地。普雷斯顿、曼彻斯特和德比沦陷时，守军未作抵抗。

爱尔兰的情况也是如此。1756 年，爱尔兰总督亨利·康威（Henry Conway）少将从都柏林报告说：

> 在通常被称为卫戍区的地方中，大部分名不副实，如都柏林、科克、利默里克等地，这些地方并没有处于任何防卫状态，除了需要一些军队来保卫其中的店铺、商业等，并保持对教皇党人（天主教徒）的威慑之外，没有其他任何地方可被视为卫戍区。因此，唯一值得被视为抵御外敌的卫戍区，几乎只剩下查尔斯堡和正在修缮的邓肯嫩堡。

上述情况比较普遍。在边境地区，新的防御工事保卫着新的胜利果实和明显易受攻击的阵地，而在其他地方，如果堡垒是为了维持社会秩序以外目的而建造的，则其日常维护保养工作普遍做得不好。不过，如果考虑到维护保养工作所需要的费用和驻军人数，这种工作不到位的情况其实是可以理解的。

此外，许多国家的私人业主越来越多地选择依靠政府来保护他们。事实上，在 1745—1746 年雅各比派叛乱期间，政府的支持者、苏格兰地主格伦诺奇勋爵约翰·坎贝尔（John Campbell）在写给女儿的信中，说道：“我经常感到后悔，当初不该把窗户上的铁栏杆拆掉并装上窗帘，不该拆掉大铁门，不该新建现代风格的侧厅，这些做法削弱了房子的防御力。如果这座历史悠久的城堡保持原样，我本可高枕无忧，因为如果没有大炮，即便是一整支部队前来，也是无法攻下它的。”

然而，在 1762 年，英国国内比较和平稳定，而且三年前还重创了法国舰队。著名的社会评论家伊丽莎白·蒙塔古（Elizabeth Montagu）指出：“在这个时代，无论是大师还是普通人都可以高枕无忧地站在自家陶瓷栏杆后面，就像以前骑士站在城垛之后一样安全。”建立民兵部队来补充正规军，进一步促使当局为国内安全而放弃防御工事，就像 19 世纪后期治安部队的发展一样。事实上，城堡式建筑在很大程度上成为一种缺乏任何防御功能的建筑式样，例如 19 世纪德国的新天鹅堡和英国的克雷塞德，以及 20 世纪加利福尼亚的赫斯特城堡。

应考虑的因素和受限制的因素

适用性是一个关键概念，有助于指导和重新确定各种规格和任务。防御力量和进攻火力的方程式，对于确定防御工事的效力和攻城战的成功是很重要的，而这些方程式不应该导致领导力、部队凝聚力和战斗质量的打折。不应假设防御工事的完美状态，而是有必要对系统进行评价，不仅要参照这些方程式的规格，而且要在人力和成本的限制下进行评价，特别是要从军事战略和政治优先事项的角度来理解。这就使人们的注意力从理论和系统性回归到特殊性，特别是决策的政治性。后者可以关注以不同方式使用资源可能产生的利益。

最明显的是，除了建造成本之外，防御工事还需要大量的驻军和火炮，但这些驻军和火炮不能轻易用于其他目的。位于意大利苏萨附近的那些防御工事，用来防止法国人沿着多拉里帕里亚河谷入侵皮埃蒙特，在1764年估计需要近4000人的驻军。防御工事的驻军可以作为战斗预备队，但更常见的情况是，他们缺乏机动性和灵活性，而且由于缺乏训练和僵化的体制，甚至可能缺乏战斗力，至少在进攻行动中是如此。这些部队往往由二流部队和年龄较大的士兵组成。

在18世纪最后四分之一的时间里，堡垒继续发挥着重要作用。但在美国独立战争（1775—1783年）中，防御工事的作用并不明显，许多坚固的阵地迅速沦陷。英国人迅速占领了华盛顿堡（1776年）、萨凡纳[18]堡（1778年）以及查尔斯顿堡（1780年）。特别值得一提的是，查尔斯顿还是在有大量驻军的情况下沦陷的。后来关于美国独立战争的讨论，除了1781年法美联军成功围攻盘踞在约克镇的英军外，并没有把重点放在防御工事和围攻上。

然而，防御工事在战术、战役和战略层面都很重要。例如，1776年，英国军舰攻击沙利文堡。沙利文堡建在一块护卫查尔斯顿港的沙嘴之上。该堡四周有一道厚土墙，表面用棕榈圆木覆盖，英国人的炮弹未能造成严重破坏，而在堡垒内大炮的精准射击之下，英国军舰遭遇重创。虽然英国人后来再次试图发起进攻，并在经过短暂围困后于1780年占领查尔斯顿，但英国人的这次失败对于巩固美国南方革命的成果有着非常重要的意义。

相比之下，1775 至 1776 年的冬天，美国人通过围攻和突袭都没能拿下防守严密的魁北克，这是他们未能征服加拿大的决定性原因。1776 年 3 月，当美国人的大炮威胁到波士顿的锚地时，英国人就放弃了波士顿，这表明防御阵地对通信和补给极为依赖。然而，在英国人分别于 1776 年、1778 年和 1780 年攻占纽约、萨凡纳和查尔斯顿后，美国人未能重现其在波士顿取得的胜利。虽然法

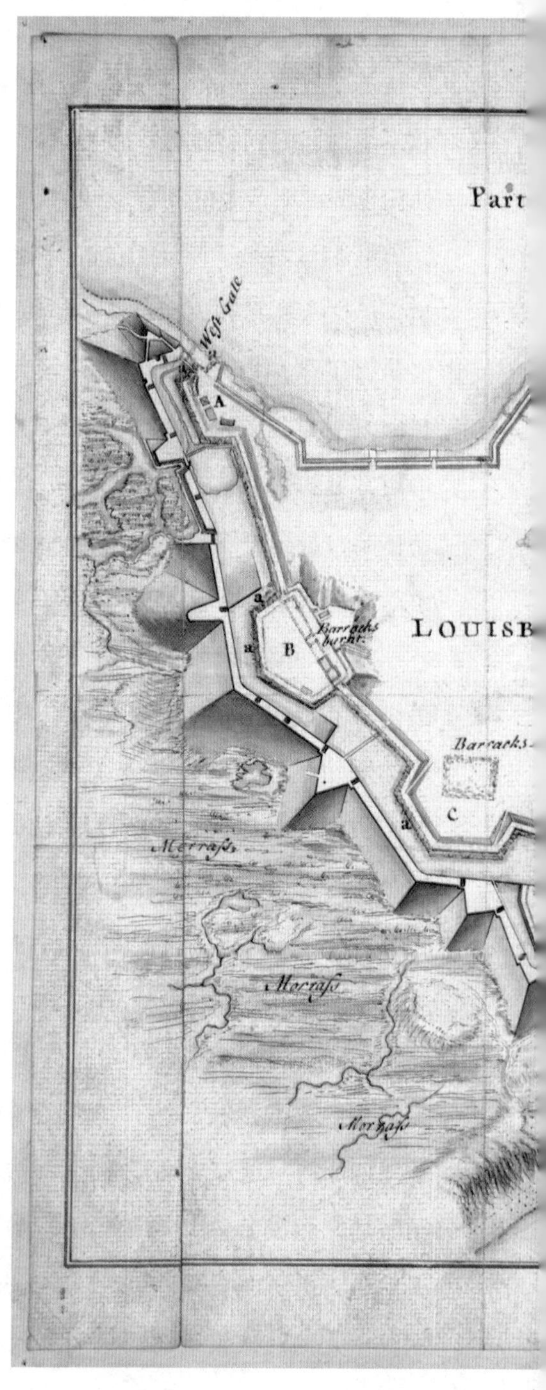

加拿大路易斯堡的防御工事，绘于 1758 年

路易斯堡是法国在北美沿海的主要防御阵地，其设计目的是守卫通往新法兰西（加拿大）的东部通道。然而，这座要塞朝向内陆的一侧很容易受到攻击，1745 年和 1758 年，英国人对此处的两次进攻均获得胜利。难以获得救援是路易斯堡面临的一大难题。1758 年，法国人希望疾病能击退英国人的攻击，但事实证明这种想法是错误的。英国人部署了一支庞大的舰队和 14000 名士兵。与防守方不同的是，英国陆军和海军在围困及轰炸过程中通力合作，特别是海军还派遣水手来协助拖运大炮和挖战壕，取得了显著战果。英军的大炮在城墙上炸开缺口，英军战舰则深入港口。法军损失了 5 艘战舰，3000 名士兵投降。法军投降后，英国人于 1759 年攻占魁北克，同时也摧毁了路易斯堡的防御工事。

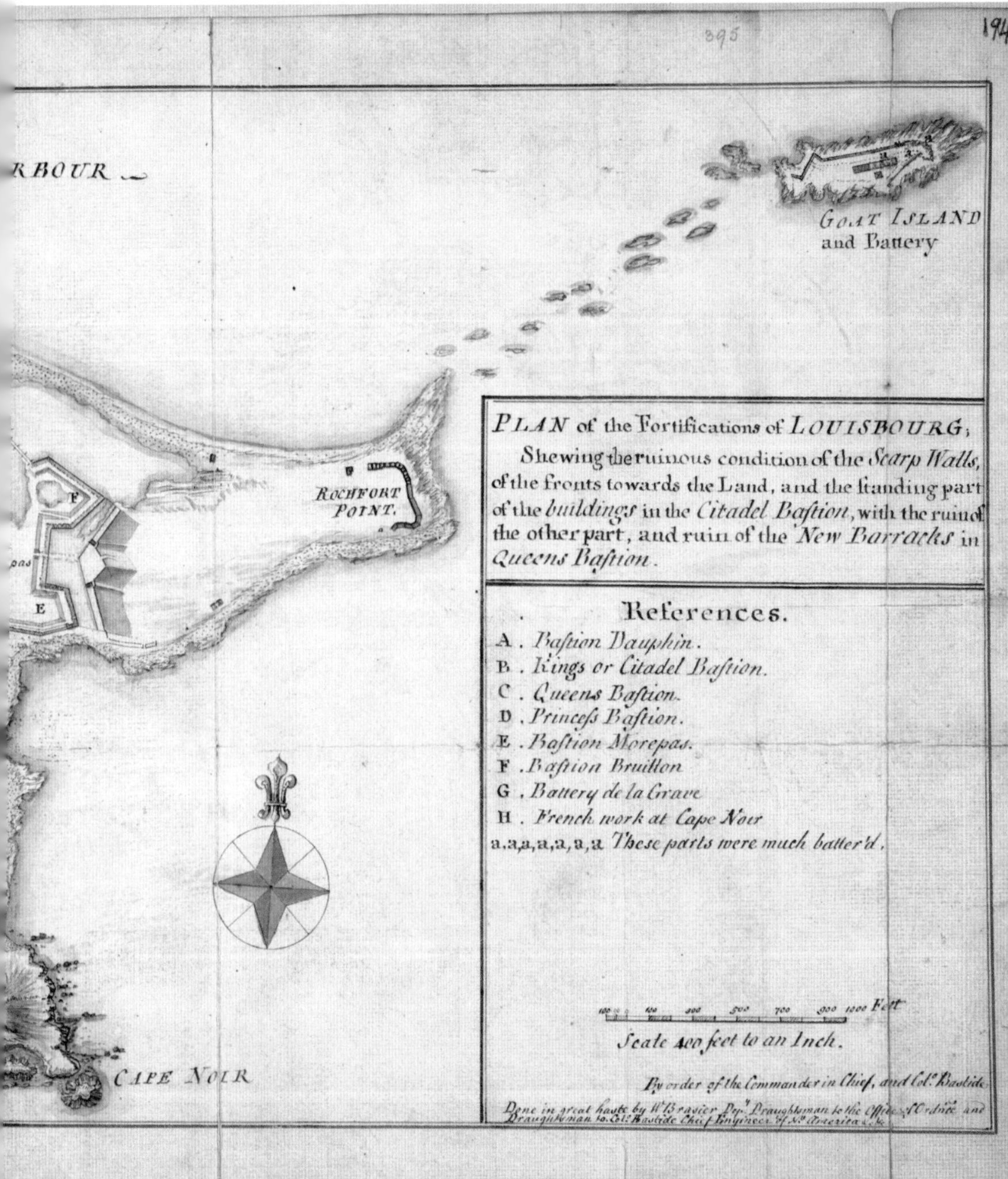
RBOUR
GOAT ISLAND
and Battery
ROCHFORT
POINT.
CAPE NOIR
PLAN of the Fortifications of LOUISBOURG;
Shewing the ruinous condition of the Scarp Walls, of the fronts towards the Land, and the standing part of the buildings in the Citadel Bastion, with the ruin of the other part, and ruin of the New Barracks in Queens Bastion.
References.
A. Bastion Dauphin.
B. Kings or Citadel Bastion.
C. Queens Bastion.
D. Princess Bastion.
E. Bastion Morepas.
F. Bastion Bruillon
G. Battery de la Grave
H. French work at Cape Noir
a,a,a,a,a,a,a These parts were much batter'd.
Scale 400 feet to an Inch.
By order of the Commander in Chief, and Col. Bastide

PART of the HARBOUR of MAHON
B. O
HARBOUR
ENTRANCE of the HARBOUR
ARRAVAL of St. PHILIPS
St. STEPHENS COVE
PLAN of the FORTIFICATIONS of St. PHILIPS CASTLE shewing the Entrance of MAHON HARBOUR and the PENINSULA of St. ANNS or CAPE MOLA, in the ISLAND of MINORCA, shewing also the BATTERYS erected by the FRENCH at the Siege in 1756 and when opened.
REFERENCES
A. The Castle
SCALE of FEET

美联军在 1778 年对萨凡纳进行了围攻，但这次围攻组织不力，未能成功。由于英国守住了上述阵地，交战双方最后走向谈判桌。

在 18 世纪 80 年代，要塞和围城战仍然很重要。在巴伐利亚王位继承战争（1778—1779 年）中，奥地利之所以能够成功地挫败普鲁士的进攻，部分原因是通过使用野战工事来加强天然的坚固阵地。战后，

西班牙梅诺卡岛，绘于 1772 年

梅诺卡岛于 1708 年被英国人占领。1756 年，黎塞留公爵率领法国军队入侵该岛。法军成功地包围了英军在岛上的主要据点——圣菲利普堡，它由意大利工程师乔瓦尼·巴蒂斯塔·卡尔维（Giovanni Battista Calvi）于 16 世纪 50 年代设计和建造。这座要塞控制着一个深水锚地的入口，该锚地比直布罗陀的锚地更加隐蔽，为英国人封锁土伦的法国地中海舰队提供了一个基地。根据 1763 年的和约，英国人重新获得这座堡垒，对其进行了加固。这幅图描绘了主堡和外围的堡垒，分别是马尔伯勒堡（Fort Marlborough，位于圣斯蒂芬湾另一边）和圣卡洛斯堡（Fort San Carlos）。一名英国守卫者曾写道："上级命令，同一门炮在一小时内只能开火一次，因为那里的炮有许多是坏的。"这张英国人在战后绘制的示意图展示了法国人使用过的炮台。1782 年，梅诺卡岛再次失守。

奥地利制定了与防御工事有关的战略，旨在阻断普鲁士入侵波希米亚的所有可能路线，特别是特雷西恩施塔特（后来的集中营）和约瑟夫施塔特，这两座要塞是为了助力并补充战前修建的科尼格莱茨。1787 年，普鲁士成功地干预了荷兰危机，最终靠的是迅速围攻阿姆斯特丹并取得胜利。在 1787—1792 年的战争中，俄国人对土耳其人的胜利也同样依赖于在围城战中取胜，特别是对奥恰科夫的围攻，而奥恰科夫在 1791 年成为国际危机的中心。

防御工事继续存在的重要性

军事历史学家通常认为，战争形式在 18 世纪发生了转变——从古代制度下的静态、有限的阵地战，转变为追求全面战争的革命者发动更为激烈的运动战。他们一般根据上述观点来定位攻城战，因此，常常武断地认为防御工事已不合时宜，对其重要性进行贬损。

这种做法有很大的缺陷。上述观点既没有体现许多攻城战中所涉及的精力、决心和经常发生的残暴行为，例如，英、法、俄三国分别对舍伦堡（1704 年）、卑尔根奥普祖姆（1747 年）和奥恰科夫（1788 年）的攻占，也没有体现攻城战的成败可能带来的决定性战略和政治后果。三国联军共有 22000 人参加了对舍伦堡发起的进攻，虽然最终取得胜利，但伤亡人数超过 5000 人，死者中还包括 10 名将军。法国和巴伐利亚守军也损失惨重，有人曾写道："我的外套上沾满了脑浆和鲜血。"上述关于战争形式转变的叙述和分析，对非西方社会也没有什么意义。因此，与其根据错误论述军事发展的一般理论来对防御工事进行定位，并将防御工事的作用最

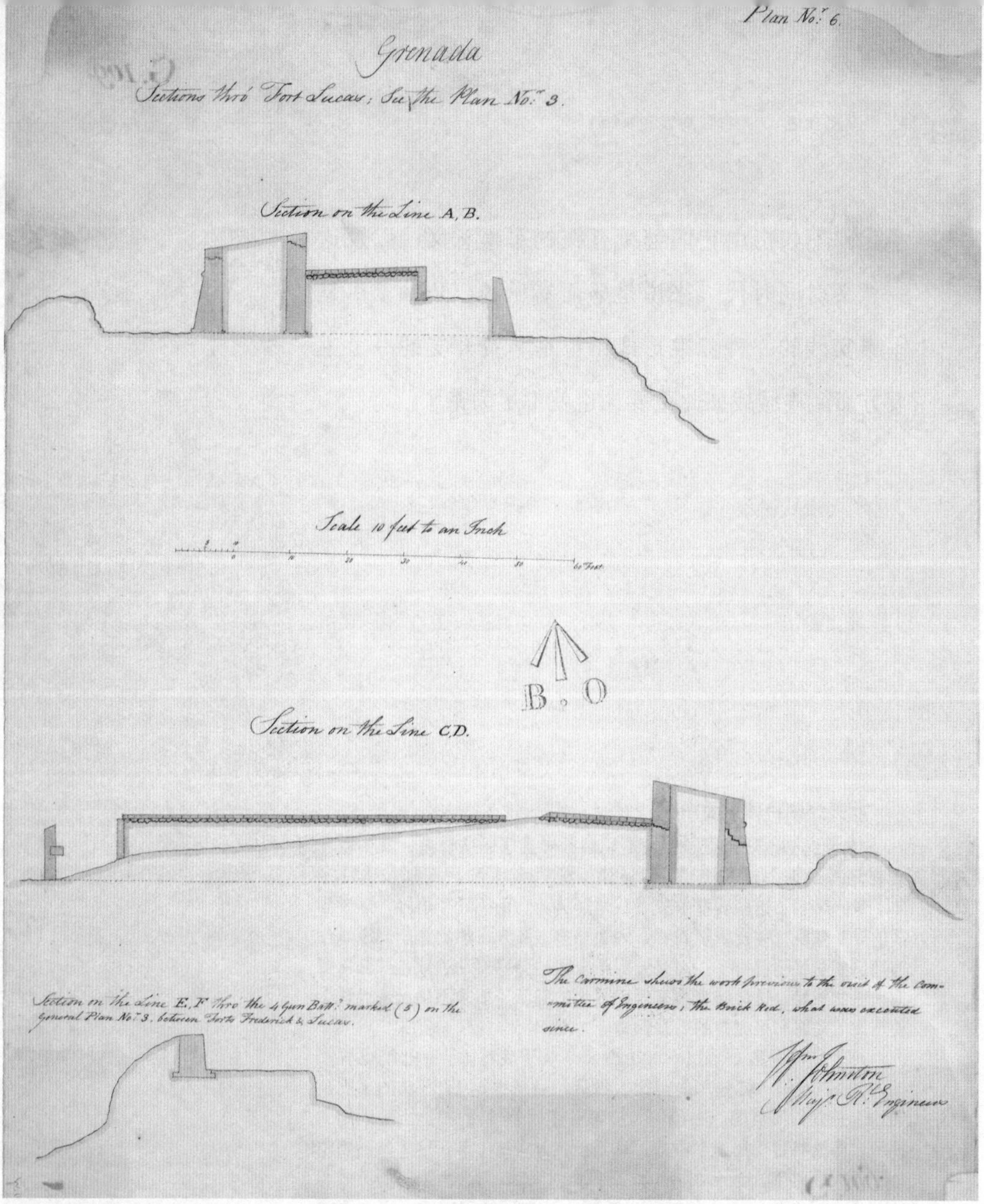

格林纳达

格林纳达是法国在 1650 年建立的一个主要蔗糖殖民地，1762 年沦陷为英国的殖民地，后根据 1763 年的《巴黎和约》正式被割让给英国，直到 1779 年才被法国通过新一轮攻势重新夺回。在这一轮攻势中，法国还占领了多米尼加（1778 年），圣文森特（1779 年），多巴哥（1781 年），尼维斯、圣基茨和蒙特塞拉特（1782 年）。尽管如此，根据 1783 年的和约，英国又重新得到格林纳达。1795—1796 年，格林纳达发生奴隶叛乱，定居者被杀，英国的统治面临挑战，但这场叛乱最终被镇压下去。

最初的法国堡垒——皇家堡由弗朗索瓦·布朗德尔（François Blondel）于 1666 年设计，1667 年建成。1762 年，英国人攻占皇家堡后，改名为乔治堡，以纪念乔治三世。这座堡垒可以俯瞰主要港口。18 世纪初，根据让·德·吉乌·德·卡尤斯（Jean de Giou de Caylus）的新设计，对它进行了改进，使其成为一座沃邦式的砖石堡垒。

马修堡始建于 1778 年，是岛上最大的堡垒，以总督爱德华·马修（Edward Matthew）的名字命名。

腓特烈堡是由法国人建造的，可以抵御来自内陆方向的进攻，是一座具有绝佳视野的棱堡式要塞，英国人也曾用它来防御法国人的进攻。1983 年，美国人以压倒性的力量成功入侵格林纳达岛，轰炸了这座堡垒。

小化，不如指出它们继续存在的军事意义，以及这一意义对同时代人来说是显而易见的。防御工事是军事实践的一种标准形式，也是军费开支的一个主要方面。攻城战如此重要，也就不足为奇了。

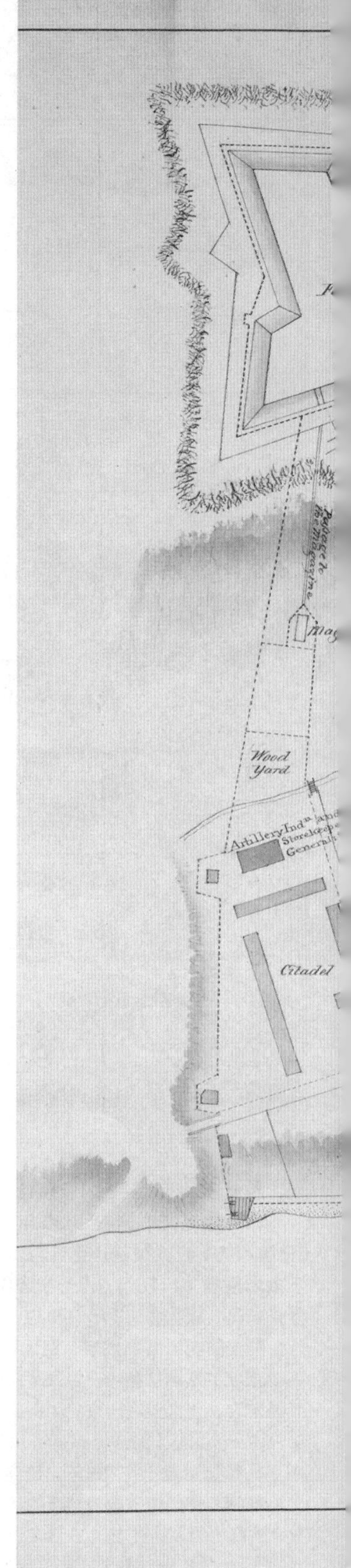

北美洲底特律平面图

18 世纪初，法国在圣劳伦斯河以西修建了一些堡垒，其中以米奇利马基纳克（1700 年）、底特律（1701 年）和尼亚加拉（1720 年）最为著名。这些要塞改变了战略形势。它们缩短了边界，需要常规的守备部队，并提供了目标，因为一座被敌人占领的堡垒比原本没有建造堡垒要糟糕得多。如果要对最坚固的要塞发动进攻，部队需要有大炮的支持，这意味着要有规模更大的部队（如果不是正规部队）、更宽阔的道路和更完善的后勤保障。

庞恰特雷恩堡（Fort Pontchartrain）位于底特律，在七年战争[19]期间的 1760 年，其守军向英国人投降，后来根据 1763 年的《巴黎和约》正式归属英国。在被称为庞蒂亚克战争[20]的美洲土著人起义期间，庞恰特雷恩堡遭到围攻。印第安人从 1763 年 5 月 7 日开始围攻，但久攻不下，直至 10 月 31 日解围。1778 年，为了削弱英国与美洲原住民合作所产生的威胁，美国人计划远征底特律，但因资源不足和距离目标较远而放弃。1778—1779 年，英国人改进了防御工事，在原堡垒北面的一处制高点上增建了勒诺特堡（Fort Lernoult）。理查德·勒诺特（Richard Lernoult）少校监督建造了一座 400 平方英尺（37.16 平方米）的建筑，周围是 12 英尺（3.65 米）到 26 英尺（7.92 米）厚的土墙和一道栅栏。

在签订《杰伊条约》[21]（1794 年）之后，英国人于 1796 年撤离了底特律。美国人将这座堡垒重新命名为底特律堡。在 1812 年战争的初期，美军在底特律附近接连战败，导致军心涣散，指挥不善的守军于 1812 年向一支规模较小的英国—美洲原住民联军投降。1813 年 9 月，美国人重新夺回底特律，当时他们在伊利湖上赢得了一场重要的海战，英国人放弃了该据点。勒诺特堡，后来被称为谢尔比堡，其驻军于 1826 年撤离，1827 年被拆除。

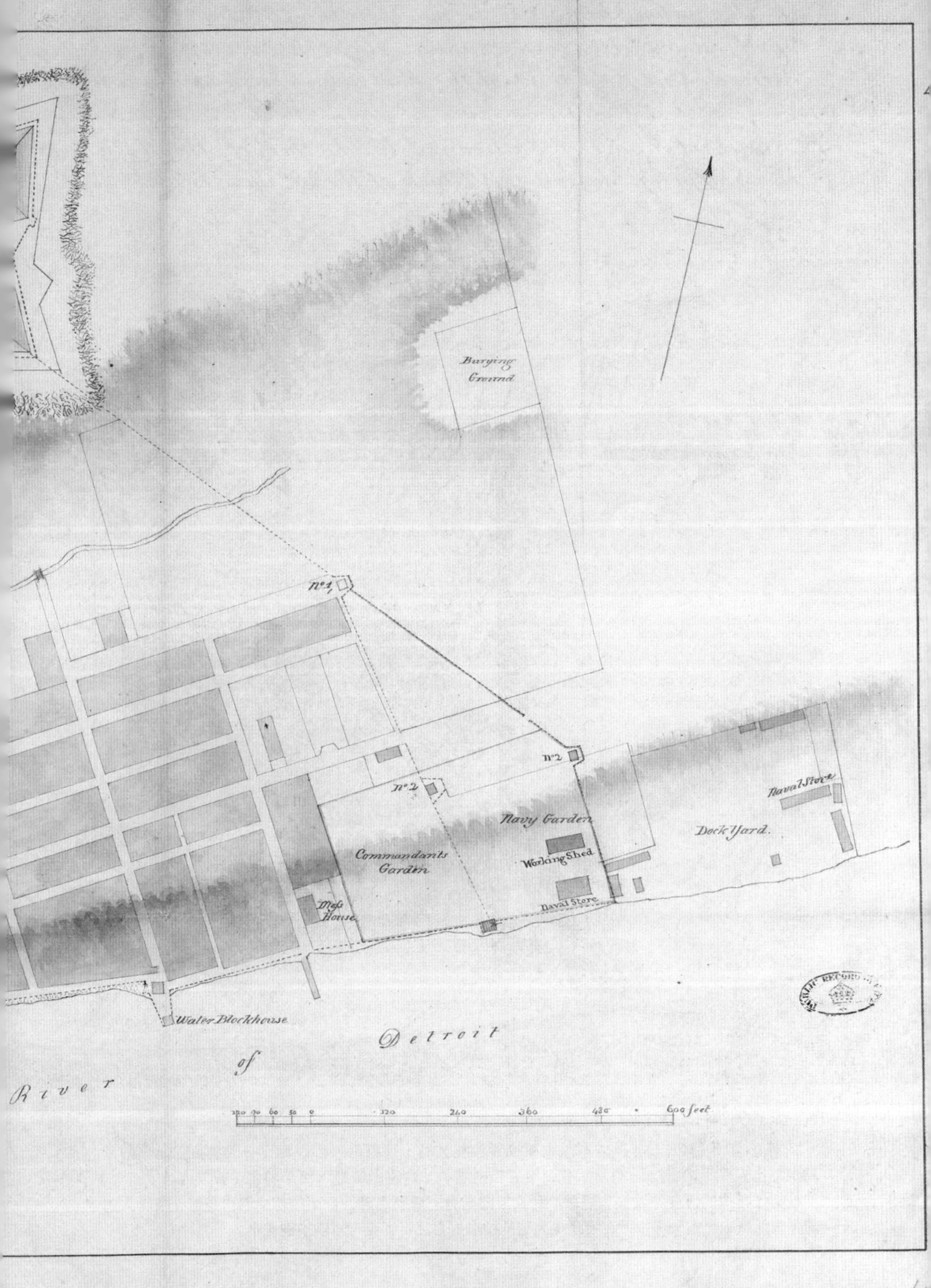
Burying Ground
No. 1
No. 2
No. 2
Navy Garden
Naval Store
Dock Yard
Commandants Garden
Working Shed
Mess House
Naval Store
Water Blockhouse
Detroit
of
River
120 90 60 30 0 120 240 360 480 600 feet

No.1. FORT SULLIVAN afterwards called FORT MOULTRIE in the unfinished State it was on the 28th June 1776. the numbers opposite each cannon shew the weight of ball they carried. Only the part of the Fort which is shaded was finished

No.2. Sketch of a part of Sullivan's Island, the Fort, the Main, and the Shipping, during the Attack of the 28th June 1776.

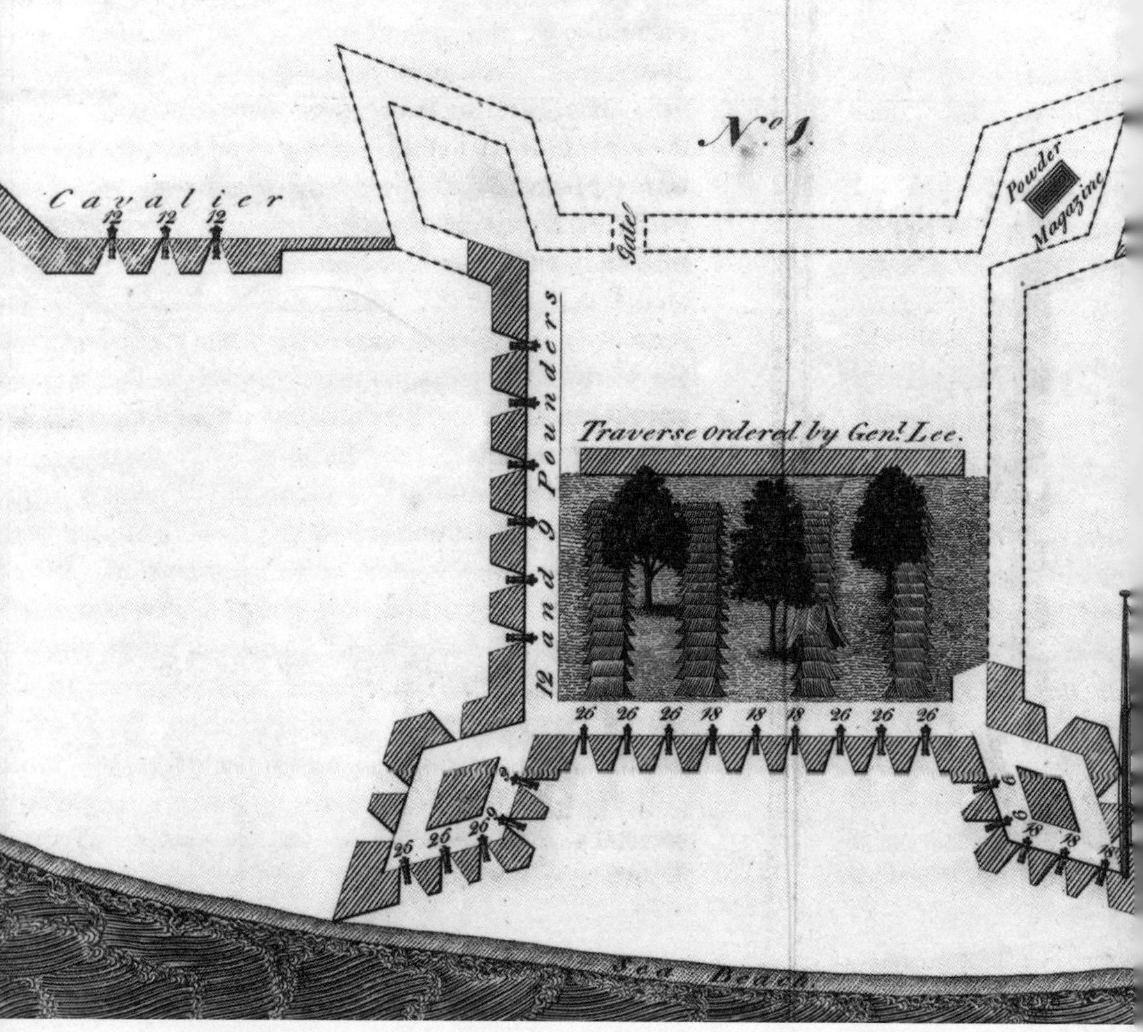

北美洲沙利文堡

1776年6月28日，英国军舰试图摧毁沙利文岛（该岛是一块沙嘴，护卫着查尔斯顿的港口）之上未完工的堡垒。然而，有三艘舰船搁浅了。这座由威廉·莫尔特里（William Moultrie）上校担任指挥的堡垒并没被攻破。沙利文堡四周有一道厚土墙，表面用棕榈圆木覆盖，英国人的炮弹未能造成严重破坏；而在堡垒内大炮的精准射击之下，英国军舰遭遇重创。

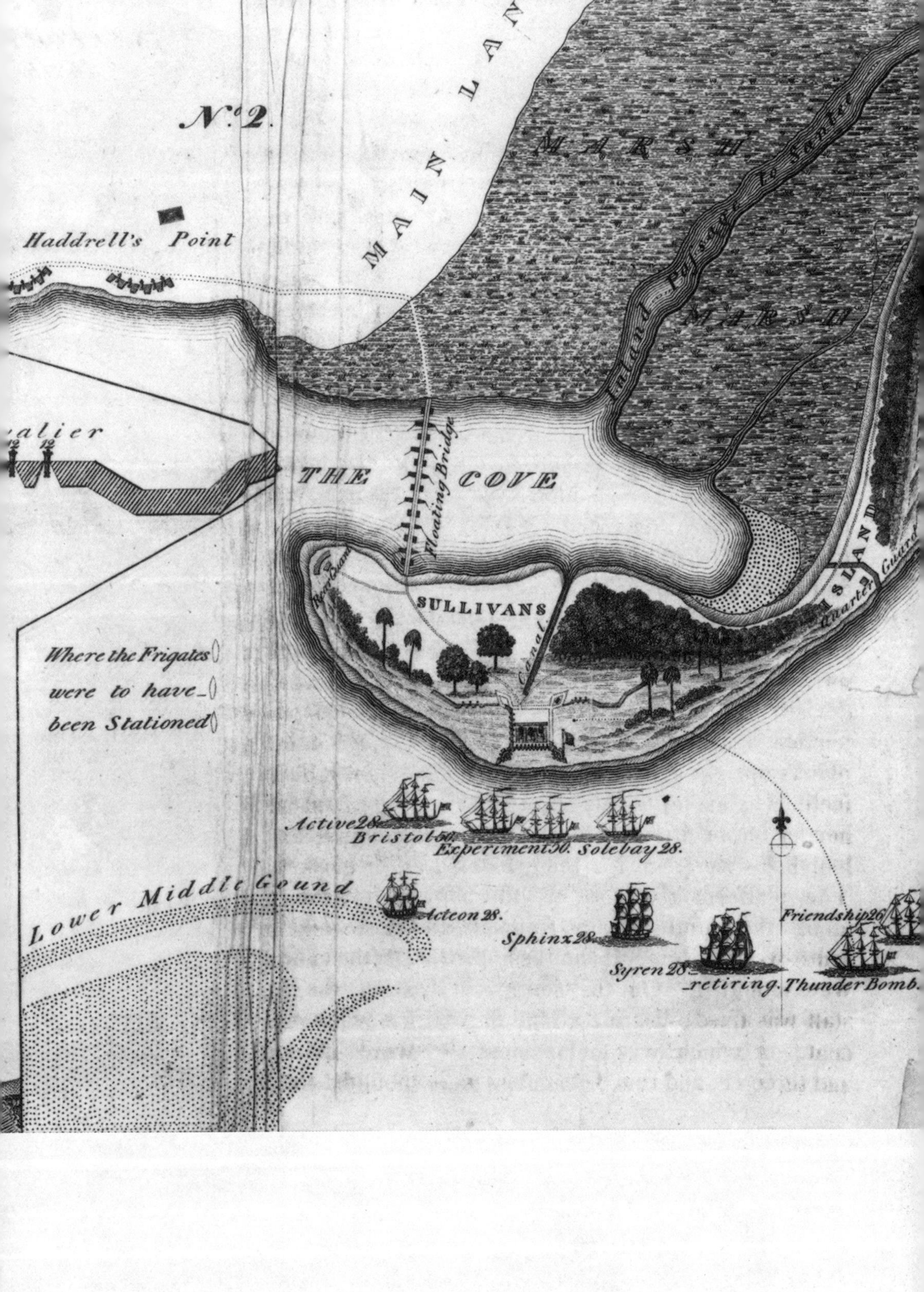

N.° 2.
MAIN LAND
MARSH
Inland Passage to Santee
MARSH
Haddrell's Point
THE COVE
Floating Bridge
SULLIVANS
Canal
ISLAND
Where the Frigates
were to have
been Stationed
Active 28.
Bristol 50.
Experiment 50.
Solebay 28.
Lower Middle Gound
Acteon 28.
Sphinx 28.
Syren 28
retiring.
Friendship 26
Thunder Bomb.

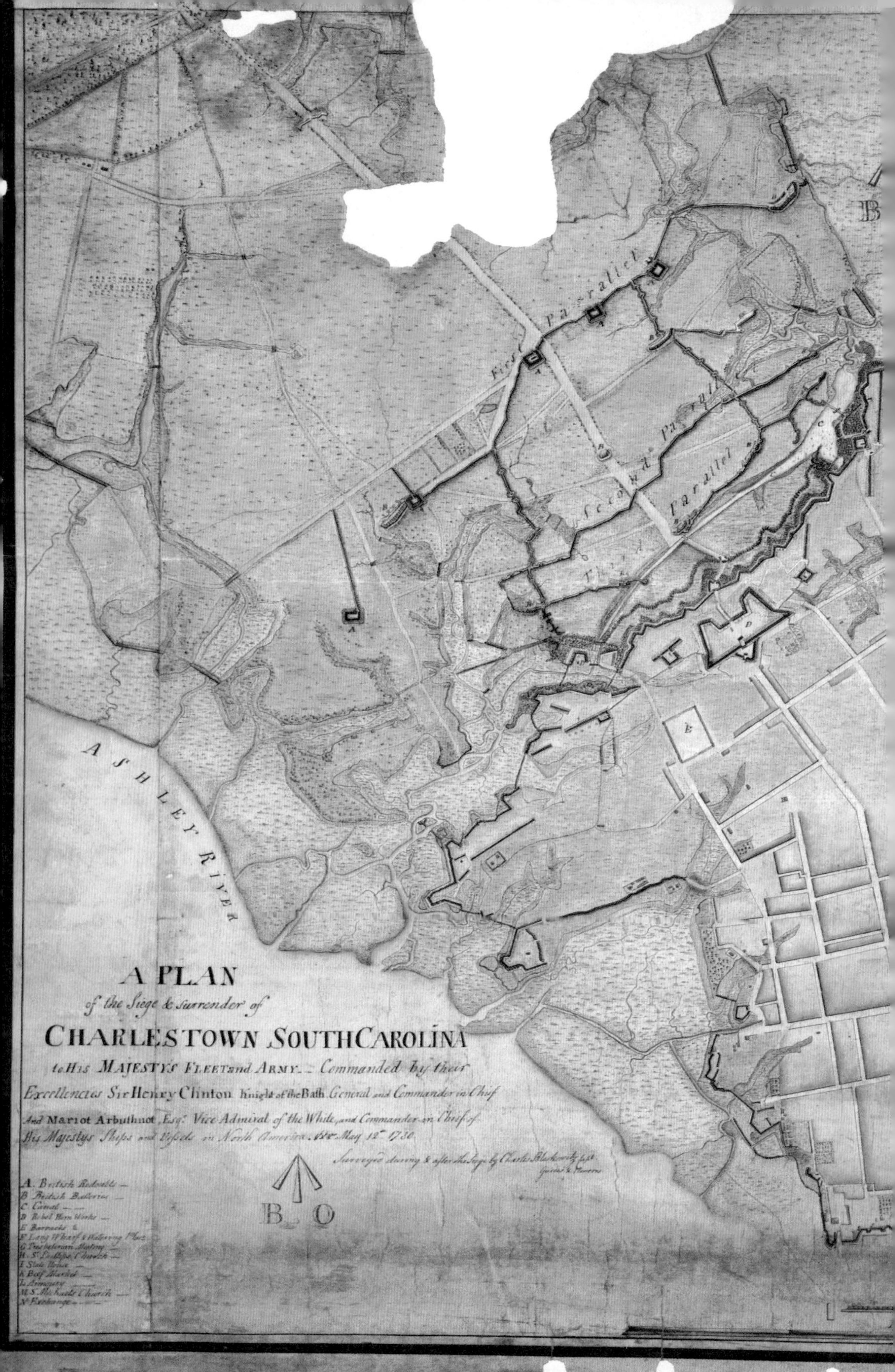

First Parallel
Second Parallel
Third Parallel
ASHLEY RIVER
A PLAN
of the Siege & surrender of
CHARLESTOWN SOUTH CAROLINA
to His Majesty's Fleet and Army. – Commanded by their
Excellencies Sir Henry Clinton Knight of the Bath General and Commander in Chief
And Mariot Arbuthnot, Esqr. Vice Admiral of the White, and Commander in Chief of
His Majesty's Ships and Vessels in North America. 12th May 1780.
A. British Redoubts
B British Batteries
C Canal
D Rebel Horn Works
E Barracks
F Long Wharf & Watering Place

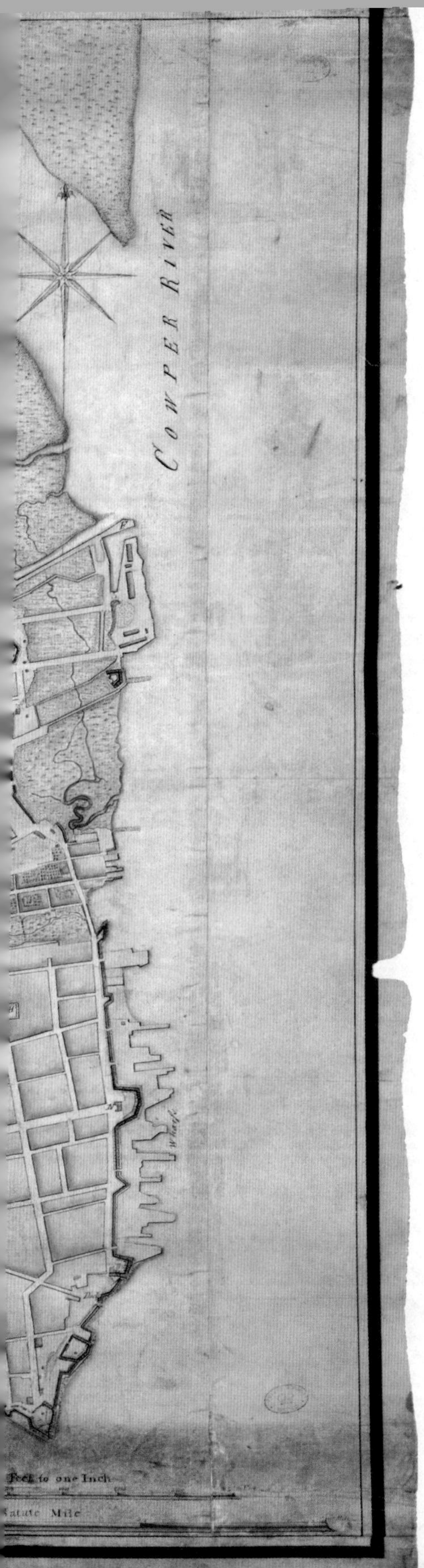

北美洲查尔斯顿，绘于 1780 年

查尔斯顿是美国南部的主要城市，为了守住查尔斯顿，美国人面临相当大的政治压力。英国人在 1776 和 1779 年两次攻打查尔斯顿，都未能将其攻占。1780 年，英国人卷土重来，在这座防守薄弱的据点周围拉起一道网，并于当年 4 月 1 日开始挖掘围城工事。4 月 8 日，英国军舰强行通过港口北侧的美军防御工事，一个名叫赫桑的人写道："由于烟雾弥漫，我们连船的影子都看不到，只能看到开炮时发出的火焰。" 4 月 13 日，英军的攻城炮开始开火。英军的轰炸越来越猛烈，还使用了能引发火灾的燃烧弹，导致查尔斯顿守军的士气和信心最终崩溃。4 月 21 日，本杰明 · 林肯（Benjamin Lincoln）将军提出，只要允许军队撤离，他就交出这座城镇，但遭到拒绝；5 月 8 日提出的投降条件也遭到拒绝。此时，由于城中居民的木制房屋已被烧毁，他们赞成任何条件下的和平，于是英国人结束了围攻。5 月 12 日，拥有大约 5500 人的美国军队投降，之前一直待在原地进行静态防守的美国海军也投降了。英国人对查尔斯顿的占领一直持续到 1782 年 12 月 18 日，根据与美国人签订的和平协议，他们最终撤离该据点。

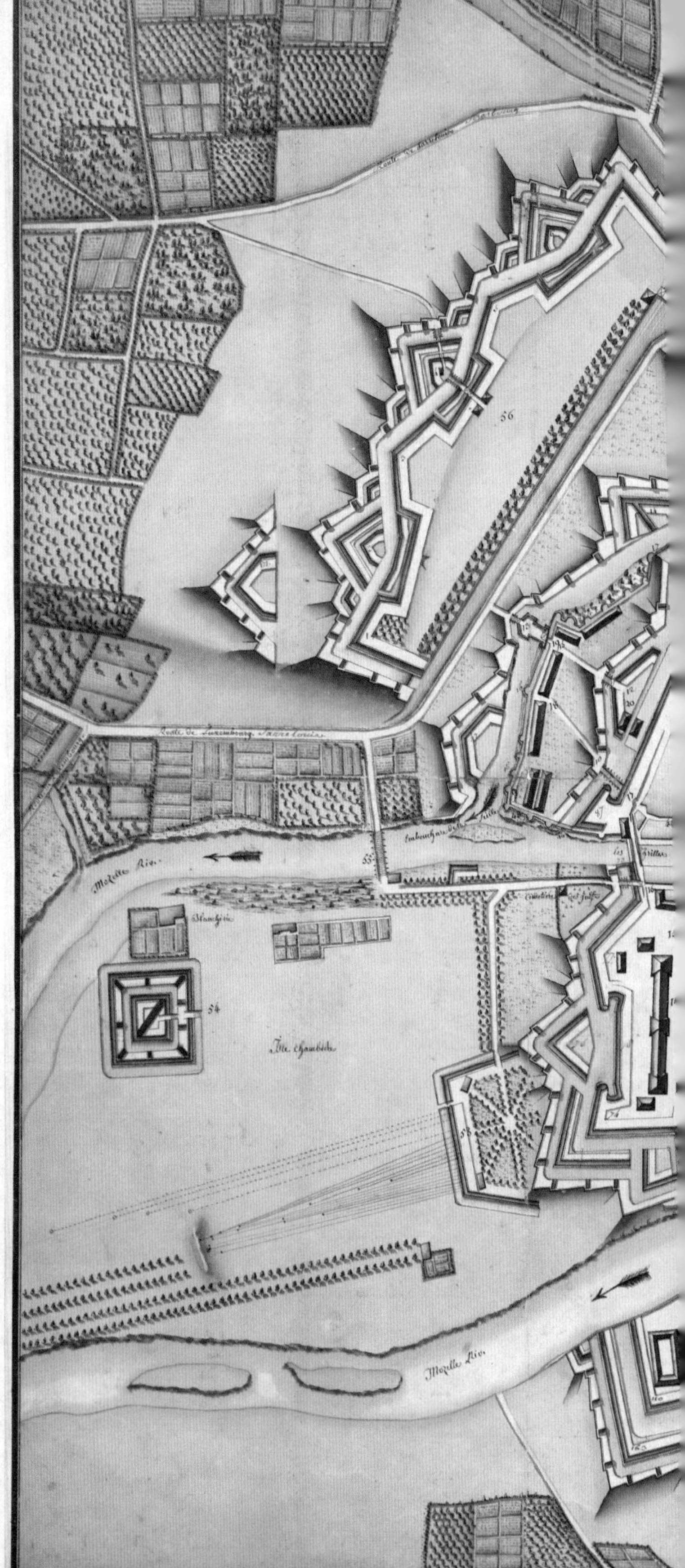

法国梅兹

梅兹是法国的一座主要城市，沃邦和路易·德·科蒙泰涅（Louis de Cormontaigne，1696—1752 年）先后加强了该城的防御工事。后者于 1733 年成为梅兹的总工程师，他为该城增加了大量的双皇冠建筑。19 世纪中叶，梅兹的防御工事得到重新加固，但在普法战争中被德国人占领。这些示意图显示了沃邦和科蒙泰涅时期的主要改进。后者的改进尤其发挥了作用，因为梅兹是好战的贝勒－伊塞尔元帅（Marshal Belle-Isle）的活动中心，从 1736 到 1761 年，他作为总督在那里一直十分活跃。

INONDATION DE LA SEILLE

印度艾哈迈达巴德的防御工事遗址

1411 年，艾哈迈达巴德成为古吉拉特邦的首府。艾哈迈达巴德是马拉塔人在印度西部的据点，其城墙被迅速攻破，显示了英国火炮的有效性，并导致其于 1780 年 2 月 15 日沦陷。托马斯·戈达德（Thomas Goddard）将军率领英军于 2 月 10 日抵达，并于 12 日在城墙 350 码（320 米）范围内建立了一个由 3 门 19 磅炮[22]和 2 门榴弹炮组成的炮兵阵地。守军“试图用城墙塔楼上的一些小型火炮干扰施工人员，但这些火炮很快就被掩护部队的 2 门 6 磅炮压制住了”。到 5 月 13 日傍晚，英军的大炮在城墙上炸出了一道 100 码（91 米）宽的突破口，“此外，左右两翼的防御工事也有相当长的距离被攻破”；到 14 日傍晚，又炸出了一道 150 码（137 米）宽的水平突破口。15 日黎明时分，这座要塞被攻破，守军被打了个措手不及。许多人“表现得视死如归，即使在刺刀插进他们的身体后，他们仍然拔出手中的剑，对周围的英军殊死反击”。

1782年，直布罗陀争夺战

直布罗陀是一处重要的防御阵地。英国人于 1704 年占领此地，并分别在 1704—1705 年和 1727 年击退了几次围攻。1779 年，西班牙加入美国独立战争，在此期间对直布罗陀发动了围攻，但这一重大图谋被英国人粉碎。西班牙人于 1779 年开始封锁直布罗陀，1781 年夏天正式开始围攻。1782 年 9 月 13 日，西班牙人用浮动式炮台（floating battery）发动了一次大的进攻，但大部分被英军火力击沉。此后，围困变成了强度较小的封锁和轰炸。英国人之所以能够守住这座据点，关键在于他们能够从海上提供救援，不过这样做也削弱了英国在其他地方的海军力量。

有多位英国工程师全面地绘制过直布罗陀的示意图，例如 1747 至 1753 年间詹姆斯 · 蒙特雷索（James Montresor）绘制的作品，特别广为人知的是 1727 年赫尔曼 · 莫尔（Herman Moll）绘制的作品。在 1782 年伦敦出版的《直布罗陀城市防御工事与西班牙攻防规划图》中，包含了作为战场背景的直布罗陀海峡和直布罗陀湾的示意图。图中展示了炮台的设计，包括一幅剖视图，并显示了它们的位置。

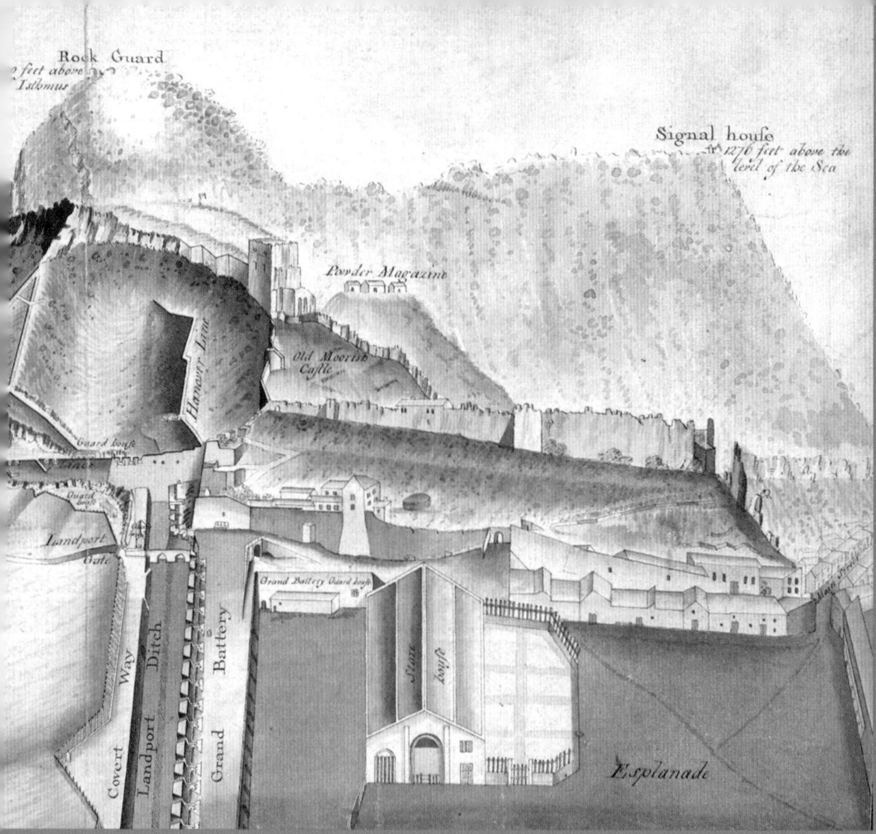

1782 年，从大炮台上的旗杆俯瞰直布罗陀。

1782 年 9 月 13 日，西班牙炮舰攻击直布罗陀要塞。

1782 年，从糖面包山
山顶俯瞰直布罗陀。

1782 年，直布罗陀巨岩东北角之下的敌方阵地。

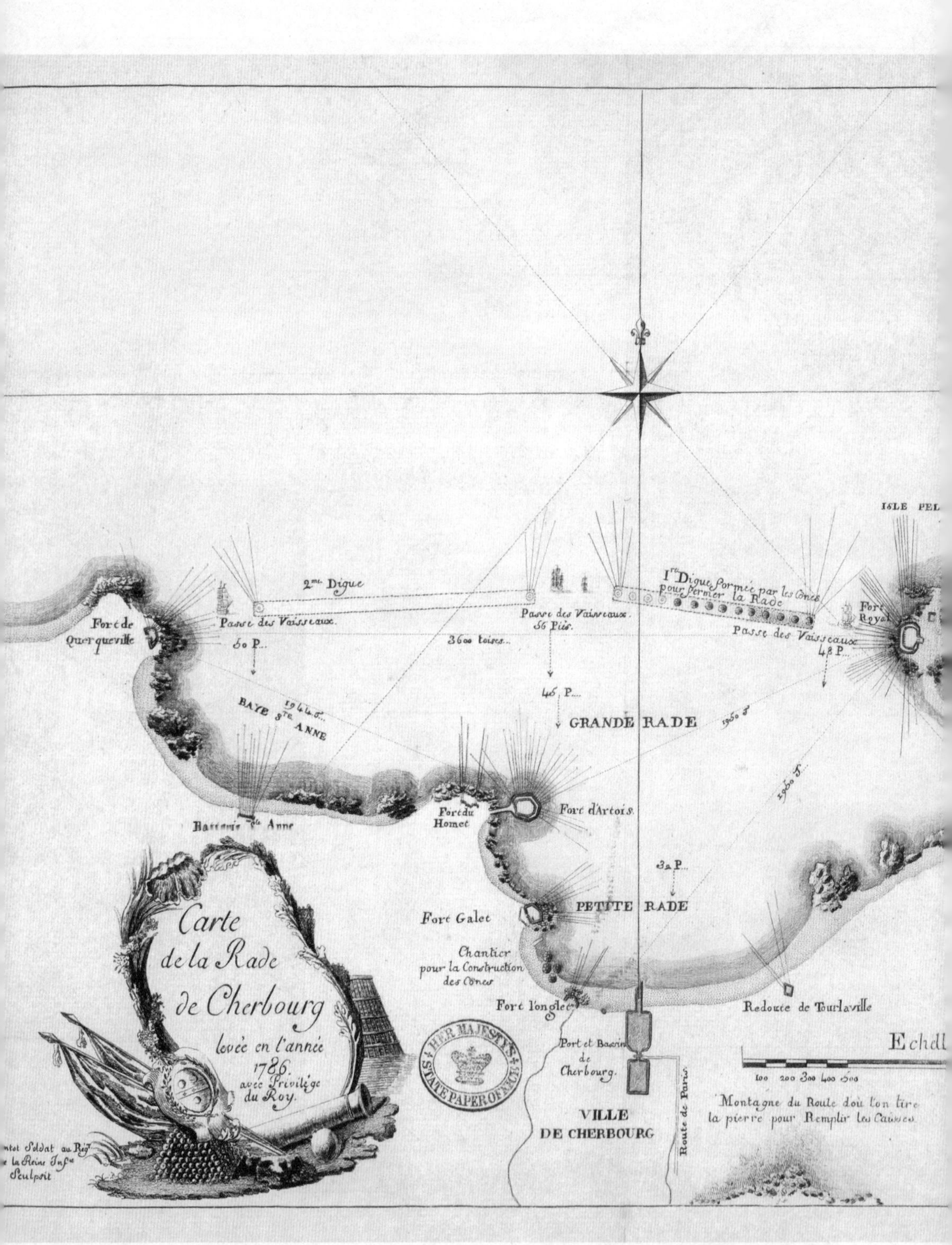

2me Digue
Fort de Querqueville
Passe des Vaisseaux.
50 P...
3600 toises..
Passe des Vaisseaux.
56 Piés.
1re Digue formée par les Cones pour fermer la Rade
Fort Royal
Passe des Vaisseaux
48 P...
ISLE PEL
BAYE STE ANNE
46 P...
GRANDE RADE
Fort d'Artois.
Fort du Homet
32 P...
PETITE RADE
Fort Galet
Chantier pour la Construction des Cones
Fort l'onglet
Redoute de Tourlaville
Echell
100 200 300 400 500
Port et Bassin de Cherbourg.
Route de Paris
VILLE DE CHERBOURG
Montagne du Roule d'où l'on tire la pierre pour Remplir les Caisses
Carte de la Rade de Cherbourg levée en l'année 1786. avec Privilège du Roy.
HER MAJESTY'S STATE PAPER OFFICE
Sculpsit

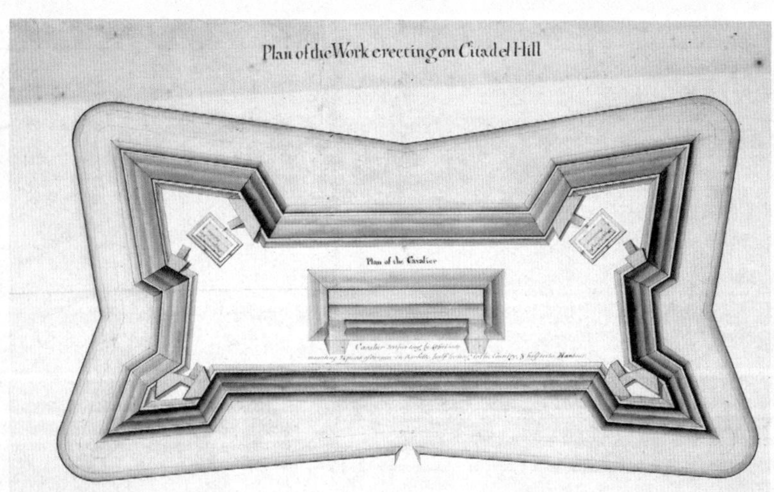

新斯科舍省[23]哈利法克斯的城堡工程，绘于1796年（上图）

1793年，英国与法国之间爆发战争，使英国人对其据点的安全产生了新的担忧。特别是在1795—1796年，法国先是得到荷兰海军的支持，后又得到西班牙海军的支持，其与美国的关系也引发了担忧。1783年，英国人丧失了在北美的13块殖民地，使得哈利法克斯比以往更加重要。这幅图上的注解写道："建议先完成棱堡的修建，因为万一发生突然袭击，可以通过关闭'峡谷'将它们变成防御工事。"这样就可以进行分阶段的防御。"峡谷"是指独立的野战工事或独立的外围工事的后部。现有的堡垒已是一片废墟，新的堡垒在1800年建成。为了有足够的空间容纳堡垒，山顶被夷为平地并降低了高度。四座角堡围绕着中央兵营和弹药库。1812年战争期间，为了应对美国人的进攻，英国人对这座堡垒进行了修缮，但美国人并未有所行动。

法国瑟堡（Cherbourg），绘于1786年（左图）

1758年，英国人成功地突袭了瑟堡，当时它的防御工事被摧毁。1779年，法国和西班牙企图入侵英国南部，但以失败告终，从此瑟堡成为新的重要据点。瑟堡提供了一个比布列斯特更好、更近的基地，显然可以用来帮助法国实现对英吉利海峡的战略掌控，为其不断壮大的海军提供一个重要的基地。有人认为，瑟堡有一个足以容纳80艘战舰的港口。一条4千米长的加固防波堤被视为其关键组成部分。1783年，法国人开始建造瑟堡基地，1786年，路易十六参观了该处工程。英国人为此感到担忧，尤其是外界对该工程项目潜力的夸大报道加深了这一担忧，从而开始注重提升朴次茅斯和普利茅斯的防御。英国驻巴黎大使馆秘书丹尼尔·海尔斯（Daniel Hailes）警告说，瑟堡港将能够容纳100艘舰船，而且附近可能会建造一座60英尺（18.3米）高的塔楼，可以俯瞰整个英吉利海峡，尤其是能观察到英国海军在朴次茅斯的动向。英国驻法国的外交官威廉·伊登（William Eden）在1786年准确地预言："约翰牛[24]到时会大吃一惊，不敢相信自己的眼睛。"

1792至1802年间，工程被暂停，原因是此时法国人专注于陆地上的战争。拿破仑上台后，继续推进这一工程，但在1813到1832年之间又出现了中断。拿破仑三世码头形状的海军基地直到1858年才开放。这个深水锚地随后引起了英国人的高度担忧，并再次促使他们在英格兰南部沿海的海军据点修筑防御工事。

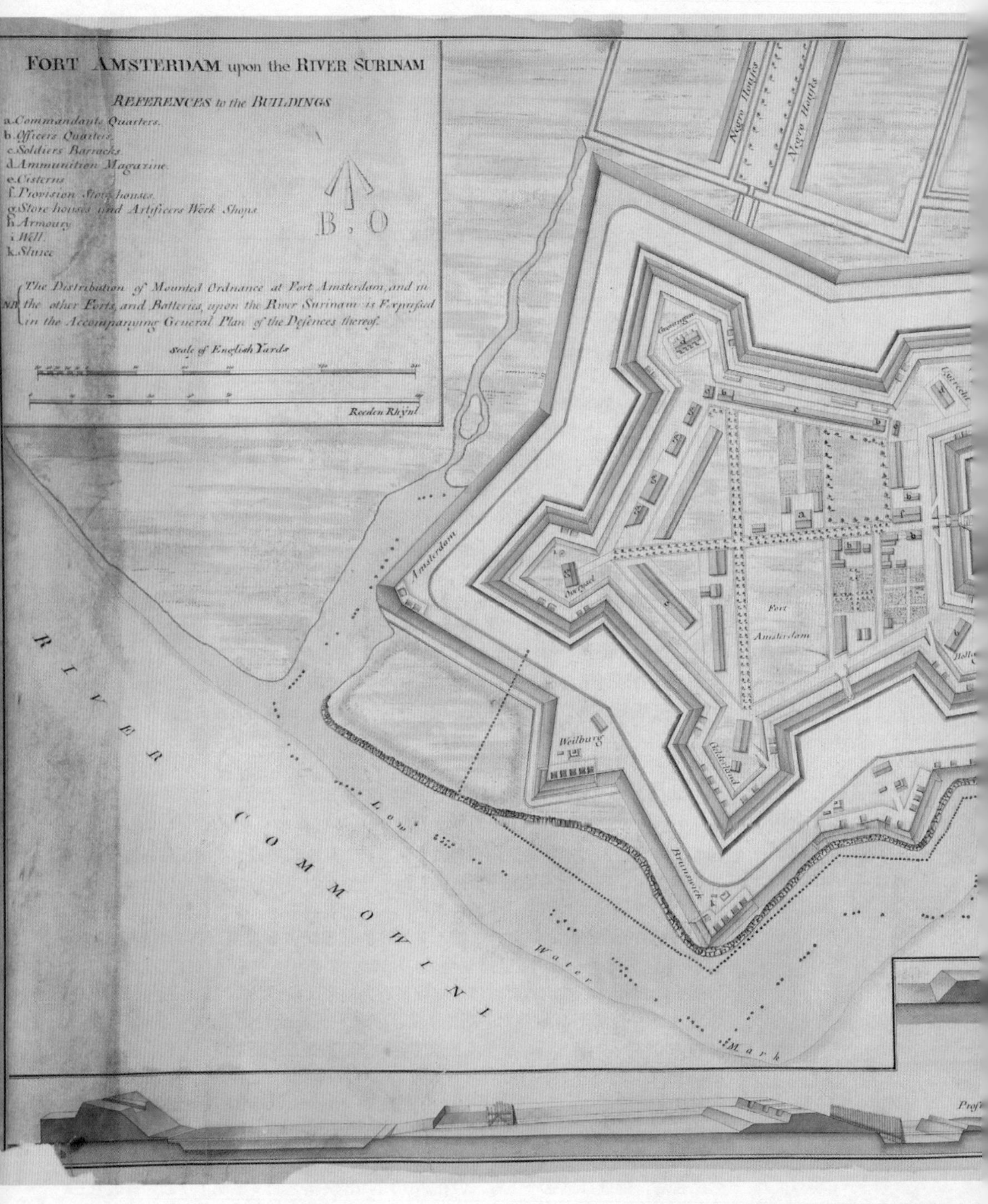
FORT AMSTERDAM upon the RIVER SURINAM
REFERENCES to the BUILDINGS
a. Commandants Quarters.
b. Officers Quarters.
c. Soldiers Barracks.
d. Ammunition Magazine.
e. Cisterns
f. Provision Store houses.
g. Store houses and Artificers Work Shops.
h. Armoury
i. Well.
k. Sluice
N.B. The Distribution of Mounted Ordnance at Fort Amsterdam, and in the other Forts, and Batteries, upon the River Surinam is Expressed in the Accompanying General Plan of the Defences thereof.
Scale of English Yards
B. O
Negro Houses
Negro Houses
Groningen
Utrecht
Amsterdam
Overysel
Fort Amsterdam
Weilburg
Gelderland
Brunswick
RIVER COMMOWINI
Low Water Mark

苏里南的新阿姆斯特丹堡，绘于 1799 年

新阿姆斯特丹堡建于 1734 至 1747 年，坐落在苏里南河与科莫韦恩河的交汇处，用来保护苏里南（或称荷属圭亚那）的首府帕拉马里博。苏里南是荷兰人的殖民地，他们利用奴隶在种植园生产蔗糖等产品。1799 年，英国人占领了苏里南。

注释

[1] 本地治里（Pondicherry），地处印度东南沿海，孟加拉湾西部，属泰米尔纳度邦。16 世纪开始被葡萄牙人占领，1673 年成为法国殖民地，直至 1954 年回归印度政府管辖。本地治里既是音译也是意译。

[2] 乔治 · 华盛顿（George Washington，1732 —1799 年），美国第一任总统，被称为“美国国父”。早年曾在英军服役，参与过法国—印第安人战争。

[3] 半岛战争（Peninsular War）发生于 1808 至 1814 年，是拿破仑战争中主要的一场战役，地点发生在伊比利亚半岛，交战方分别是西班牙、葡萄牙、英国和拿破仑统治下的法国。

[4] 1812 年战争，又称第二次独立战争，指 1812 至 1815 年美英两国间发生的战争。

[5] 萨克斯元帅（Marshal Saxe），18 世纪前期法兰西第一名将，也是整个欧洲历史上最具影响力的军事家兼军事理论家之一，其军事理论对拿破仑影响极大。

[6] 蒙斯（Mons），比利时西南部城市，邻近法国边界。根特（Ghent），位于比利时西北部斯凯尔特河和莱斯河汇合处，是佛兰德斯地区的中心城市。

[7] 早期火炮的炮弹包括实心弹和开花弹，后者就是利用弹丸爆炸后产生的破片和冲击波来杀伤或爆破的弹药，也就是我们现在常说的榴弹、榴霰弹。

[8] 大北方战争（Great Northern War），是沙俄与瑞典之间为了争夺波罗的海出海口而进行的战争。战争的结果是俄国全面击溃瑞典，从此称霸波罗的海，瑞典从欧洲列强的名单上消失。

[9] 雅各比派（Jacobite），亦称詹姆斯党，指英国 1688 年“光荣革命”后，忠于詹姆斯二世的托利党人和斯图亚特王族组成詹姆斯党。许多失意的军人和政客亦加入詹姆斯党人行列，詹姆斯党的宗旨是复辟斯图亚特王朝。1688 至 1746 年，詹姆斯党人曾策动过 5 次叛乱。

[10] 卡尔梅克人（Kalmyks），是蒙古土尔扈特部东归中国后留在伏尔加河下游地区的蒙古人。

[11] 沙阿（Shah），旧时伊朗国王的称号。

[12] 盖利亚（Gheria）、坎德里（Khanderi）和科拉巴（Colaba）都是位于阿拉伯海康坎海岸的堡垒。——原注

[13] 城垛（battlement），城墙上面呈凹凸形的矮墙，也指城墙向外突出的部分。

[14] 纳瓦布（Nawab），印度莫卧儿帝国时代各省总督的称谓。亦称苏巴达尔

（Subadar），即省长。莫卧儿帝国衰落时期，孟加拉、奥德和阿尔科特等独立的地方统治者亦使用这一称谓。英国殖民统治时期成为印度一些土著封建王公的称号。

[15] 纽约省（Province of New York，1664—1776 年）是英国在北美洲东北海岸建立的一个殖民地，包括当今美国的纽约州、新泽西州、特拉华州和佛蒙特州，以及康涅狄格州、马萨诸塞州和缅因州的一部分和东宾夕法尼亚州。

[16] 汉诺威王朝（House of Hanover），是 1714 至 1901 年间统治英国的王朝。由于最后三位斯图亚特王朝的君主均无子嗣成活至成年，但斯图亚特家族一位公主嫁到了德国汉诺威，她的后裔因此拥有了英国王位继承权。

[17] 查理·爱德华·斯图亚特（Charles Edward Stuart，1720—1788 年），英国国王詹姆斯二世之孙，自称理查三世，英格兰人称其为“小王位觊觎者”。他领导了著名的 1746 年苏格兰叛乱，最终于库洛登战役战败。

[18] 萨凡纳（Savannah），美国乔治亚州大西洋沿岸港口城市。

[19] 七年战争（Seven Years War），是 1756 至 1763 年欧洲两大军事集团英国—普鲁士同盟与法国—奥地利—俄国同盟之间为争夺殖民地和霸权而进行的一场大规模战争。当时西方的主要强国均参与这场战争，其影响覆盖欧洲、北美、中美洲、西非海岸、印度及菲律宾。在有些国家的历史中，这场战争依照其所在区域发生的战斗，被赋予不同的名字：在美国被称为“法国—印第安战争”，在加拿大法语区被称为“征服之战”，在加拿大英语区则被叫作“七年战争”。

[20] 庞蒂亚克战争（Pontiac’s War），是以庞蒂亚克为首的北美印第安人于 1763 年初发起的，反对英国殖民统治的战争。

[21] 《杰伊条约》（Jay’s Treaty），是 1794 年美英签署的友好、通商与航海条约。

[22] 19 磅炮，指发射 19 磅（8.6 千克）重炮弹的加农炮。当时的滑膛炮多以炮弹（实心圆弹）的磅重来标定口径。

[23] 新斯科舍省（Nova Scotia，拉丁语意为“新苏格兰”），位于加拿大东南部，由新斯科舍半岛和布雷顿角岛组成。它是早期欧洲移民前往加拿大的登陆点，也是历史上英法殖民者利益争夺的焦点地之一。

[24] 约翰牛（John Bull），指英格兰人。

第六章
19—20世纪的防御工事

19 世纪的防御工事并不出名。没有出现与沃邦相提并论的防御工事建筑大师，也没有留下什么引人注目的遗迹可与早先几个世纪的遗迹相媲美。毫无疑问，最著名的冲突发生在欧洲、非洲和美洲，而且大多数是野外战役，而非围城战。这一时期，人们意识到，军队的规模更为重要，而不是单纯地靠防御工事制造障碍。此外，火炮在陆上和海上的射程、机动性和杀伤力均有所提高。相比之下，防御工事则显得更为脆弱。上述因素固然都有重要意义，但它们并不影响防御工事的重要性。

1792 至 1815 年法国大革命和拿破仑战争期间的情况很有启发意义。野外战役通常比围城战更为重要。例如，1792 年，不伦瑞克公爵（Duke of Brunswick）率领普鲁士军队向巴黎推进，但中途在瓦尔米遭遇法军大部队的阻击，最后战败撤退，结束了对蒂翁维尔的围攻，并放弃了他们此前攻占的设防据点——朗维和凡尔登。1792 年，奥地利人进攻里尔，由于缺乏足够的兵力，无法将其完全围困。于是他们改变策略，对里尔城进行轰炸，摧毁了大约 600 座房屋，试图使其屈服。然而，法国人并未因此而屈服，奥地利人随后无功而返。

重要的围城战

然而，纵观拿破仑的军事生涯，我们可以看到围城战仍然具有与野外战役同等的重要性，在土伦（1793年）、曼图亚[1]（1796—1797年）和阿克里（1799年）发生的围城战非常清晰地说明了这一点。土伦战役的胜利使拿破仑名声大噪。曼图亚之战表明，围城战可以导致敌军派兵救援，从而引发重要的野战（此战拿破仑用围点打援战术多次战胜奥地利人）。而无法攻占防守严密的阿克里，则导致拿破仑在中东地区北进的失败。

围城战的成败很大程度上取决于具体的战场情况。在葡萄牙和西班牙间的半岛战争（1808—1814年）中，阿尔梅达、巴达霍斯、布尔戈斯、加的斯、罗德里戈城、潘普洛纳、圣塞巴斯蒂安和萨拉戈萨等设防据点以及对它们的围攻，都非常重要。1808年，法国人进攻萨拉戈萨，它有河流和中世纪的城墙保护。法国人发现，攻入该城并不是最难的，最难的是占领城内鳞次栉比的建筑，因为守军在城内用路障加强了防御。再加上西班牙人的反击，法国人最终失败。第二次围城时，法军实施了猛烈的轰炸，为最终胜利提供了有力保障。1809年，在攻破城墙后，法军继续与西班牙人展开巷战，逐个争夺城内建筑。最终，在32000名守军伤亡了24000人的情况下，西班牙军队选择投降。约有34000名平民和10000名法军也在这场残酷的攻城战中丧生。

英国威灵顿公爵为了保卫里斯本并保护自己的军队，建立了托雷斯－韦德拉斯防线（Lines of Torres Vedras）。这片规模庞大的坚固阵地在1810—1811年阻挡了法国人的前进步伐，并使他们面临后勤补给不足的问题。不过，威灵顿也会向对方的阵地发动进攻。1812年，他在夜间突袭了罗德里戈城和巴达霍斯这两座法军控制的西班牙边境要塞。英军通过火炮轰击开辟出多个突破口，在正面不惜代价发动进攻的同时还在其他地点发动佯攻，最终攻陷了这两座防守严密的据点。然而，同年攻打布尔戈斯的尝试失败了。由于缺乏得力的工兵部队，威灵顿的攻城战受到影响。在野外战场上的胜利也能提供继续围攻的机会，例如，1813年在维托利亚的胜利使威灵顿围攻并占领了圣塞巴斯蒂安和潘普洛纳。

向防御阵地发动进攻时，会面临许多问题。1747年，法国人成功突袭了卑尔根奥普祖姆，这座位于尼德兰的要塞由荷兰人控制。1814年，英国人也试图通过突袭从法国人手中夺取这座要塞，却未能成功。

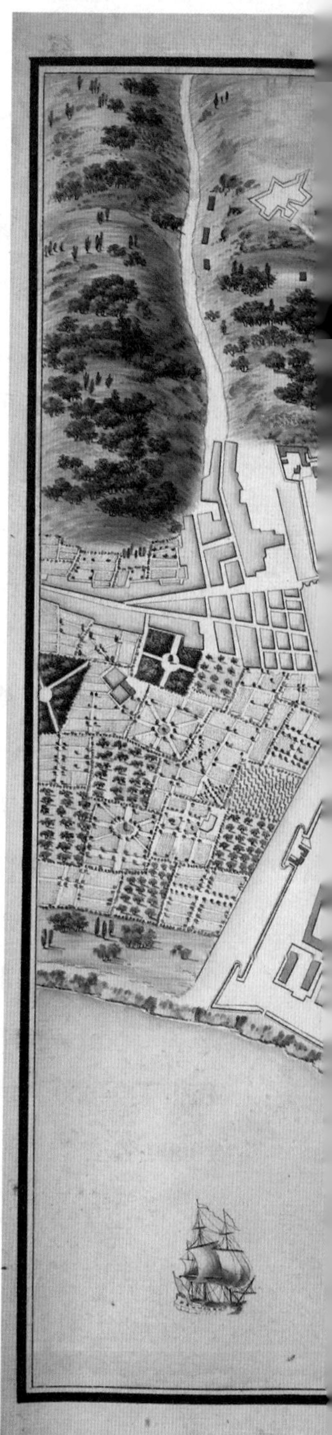

西西里岛墨西拿，绘于1800年

墨西拿是西西里岛的主要港口，位于半岛末端的圣西莫·萨尔瓦托雷堡（Forte del Santissimo Salvatore）俯瞰着整座港口，这座堡垒修建于16世纪40年代，用于防范奥斯曼土耳其舰队的入侵。因此，它是西班牙国王在西班牙和意大利领土上所部署的防御计划的一部分。圣西莫·萨尔瓦托雷堡还起到威慑当地居民的作用，这导致它在1674—1678年的起义中被占领。政府军重新夺回墨西拿后，1680至1686年间，在半岛中心建造了一座由卡洛斯·德·格鲁恩伯格（Carlos de Grunenbergh）设计的更强大堡垒。新堡垒有护城河的保护，阻挡了来自内陆的攻击，对维护统治者的地方权威至关重要。在四国同盟战争[2]（1718—1720年）和波兰王位继承战争[3]（1733—1735年）期间，墨西拿是一处重要据点，1718年和1735年被西班牙菲利普五世的军队占领，1719年被奥地利军队占领。在拿破仑战争中，英国海军保护西西里岛免受法国的入侵。在1848—1849年未能成功的革命[4]中，起义军控制的城市遭到来自堡垒的轰炸，堡垒的守军一直坚持到援军的到来。1861年，作为最后一处坚守的阵地，堡垒被加里波第[5]的远征军攻陷。到了20世纪，该堡垒的大部分建筑被拆除。

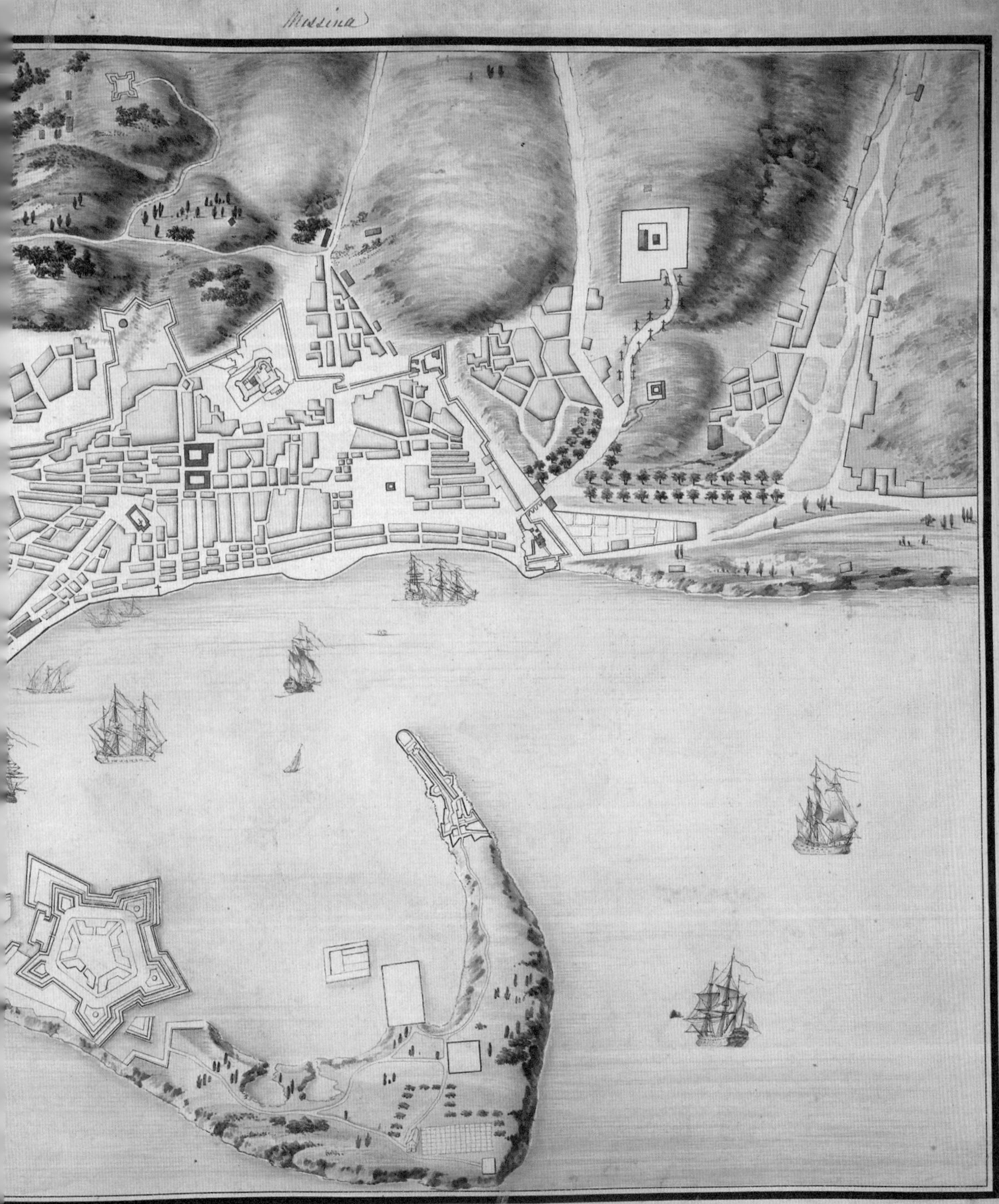
Messina
Italy
Fortified Towns 1 Vol

马提尼克岛德赛克斯堡（Fort Desaix）

马提尼克岛于 1809 年落入英国人手中。在此之前，法军的主要阵地，即防守严密、地形险要的德赛克斯堡，在一次极其猛烈的炮击后被攻占。其中一发炮弹于 2 月 24 日引爆了主弹药库，导致该要塞的守军在当天晚些时候投降。托马斯·亨利·布朗（Thomas Henry Browne）上尉记录道："2 月 20 日，我们的各门火炮开始射击，场

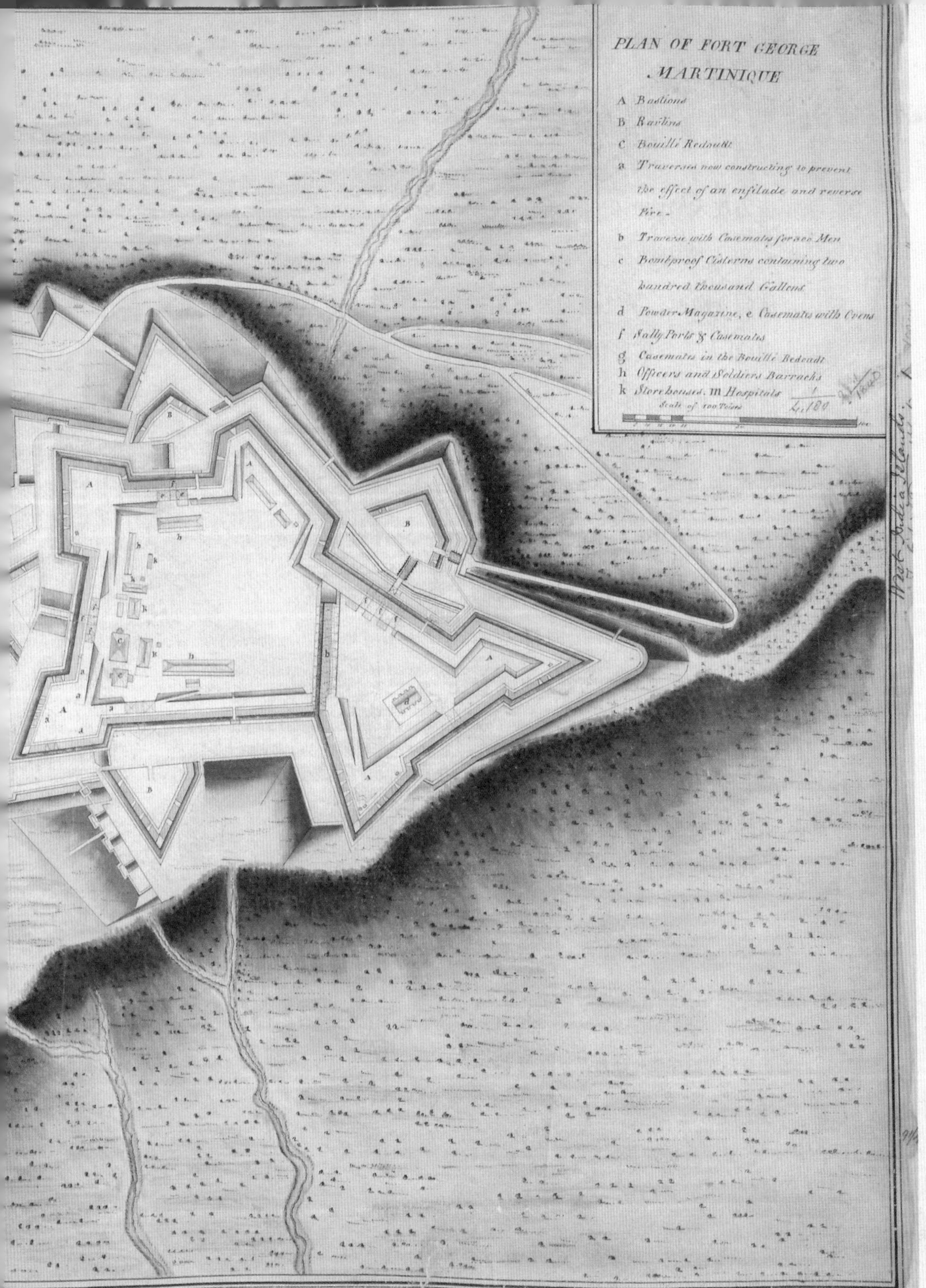

面真是壮观，他们在晚上发射了 500 枚炮弹，此外还有大量的子弹……25 日……要塞内部呈现出一片令人震惊的景象，到处是废墟、鲜血和半埋的尸体，整个地方被我们发射的炮弹炸得面目全非。”1814 年，英国人将马提尼克岛归还给法国。1815 年，拿破仑重新掌权后，作为回应，英国人重新夺取了马提尼克岛，而且这一次比 1809 年的那次夺岛更容易。

英军奋力攻入城内，但随后的战况对他们不利，攻入城内的部队得不到足够的支援，被命令撤退，最终他们被赶出城，伤亡了3000人。此前，1807年，英国人在攻入布宜诺斯艾利斯之后，也遭遇了类似的失败，同样伤亡惨重。

在战术层面，围攻也可以成为野外战役的一部分，1815年的滑铁卢战役尤其说明了这一点。作为这场战役的一部分，法军对豪古蒙特和拉海耶圣两座仓促设防的农庄发起围攻。这两座农庄分别充当英军右翼和中路的基地。第一座农庄经受住法军的轮番进攻，第二座农庄是在战役后期才失守，部分原因是守军没有得到弹药供应。第二座农庄的陷

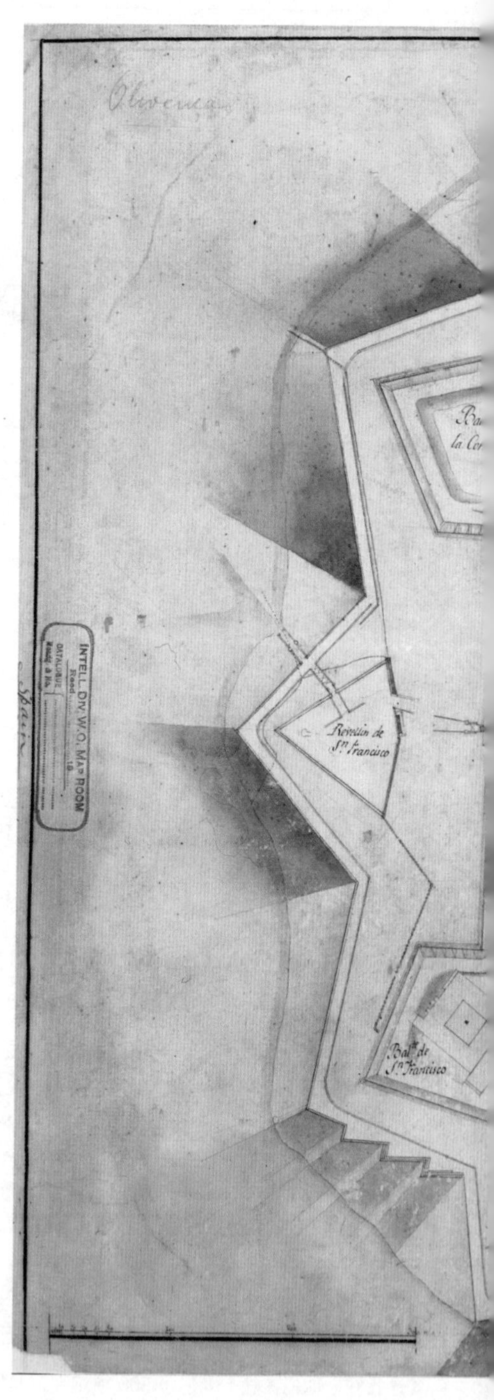

葡萄牙和西班牙争议地奥利文萨 [6]

这座靠近巴达霍斯的设防据点保护着从葡萄牙进入西班牙的入口。1811年3月，苏尔特元帅（Marshal Soult）率领法军围攻此地，拿破仑对他施加了巨大压力，要求他入侵葡萄牙南部。苏尔特知道，这是不可能的，但他需要做些表面功夫，清除挡在路上的边境要塞是最好的选择。他们的主要目标始终是巴达霍斯（这本身就是一个有价值的奖品），但拿下奥利文萨看起来不错，也非常容易，它的防御力量十分薄弱。法军炮兵打开突破口后，守军迅速投降。

Plaza de armas de Sta Barbara
Balte de Sn Pedro
Revellin del Calbario
Balte de la Cava
Plazuela del Obispo
Revellin de Sta Ana
Olivenza, Fortress
Calle de Badajoz
Balte de la Corna
Calle de Sn Sebastian
Plaza de Puerta Nueva
Revellin de la Corna
Balte de Sta Quiteria
Bale de la Carrera
Revellin de Puerta Nueva
Balte de Sn Blas

落使反法联军的中路暴露在法军的毁灭性火力之下，但如果它在战役早期失守，情况就会严重得多。对法军而言，如果他们在进攻之初就动用火炮，本可以在战役早期攻克第二座农庄。

在欧洲列强相互争夺海外殖民地的战争中，堡垒起着更为重要的作用，主要是因为在这个更广阔的欧洲世界中，作为中心据点的重要港口都有防御工事的保护。用于攻占堡垒的技术千差万别。由于疾病的影响以及在热带地区作战时面临的其他问题，英国人倾向于避免发动围攻。因此，1804 年，面对守军的葡萄弹[7]和滑膛枪火力，英军在没有事先进行轰炸的情况下，发起刺刀冲锋，一举攻占荷兰人在苏里南的莱登堡和弗雷德里卡堡。

一般情况下，在中欧和东欧的战争中，围城战的重要性较小，但也会有重要的围城战。例如，1807 年，法国人成功地围攻了普鲁士控制的但泽，这次围攻导致普鲁士人在军事上的崩溃。在包围但泽后，法国人挖掘了围城战壕，并击退了俄国派来的援军。法军掌握压倒性优势后，普鲁士人就投降了。1813—1814 年，要塞在战略和作战中具有重要地位。拿破仑在 1813 年将德累斯顿作为战役的关键支撑点，最终在莱比锡战败后输掉了这场战役。而在 1944—1945 年，希特勒也效仿其模式；他一意孤行，试图坚守东普鲁士、西里西亚、波兰和西班牙东部的要塞。1813—1814 年，但泽被俄军成功围困。

对于沿海的要塞，切断它们的海上补给显得尤为重要。在半岛战争中，由于西班牙抵抗运动的首都加的斯可从海上获得补给，法军对该城的围攻以失败告终。1823 年，法国介入西班牙内战，而英国保持中立，加的斯仍旧是抵抗力量的首都，这次是自由派反对法国支持的西班牙国王。由于该城既可从海上封锁，也可从陆上围攻，因此结局与上一次相反，最终陷落。同样，1832 年，荷兰人控制的安特卫普也在法国人的围攻下沦陷，在此战中，英国人的海上封锁助力了法军的围攻。

不同类型的堡垒

1830 年，布鲁塞尔出现了一种截然不同的堡垒类型。当时，荷兰人试图重新控制比利时——之前他们根据 1814—1815 年维也纳会议 [8] 达成的后拿破仑时代和平解决方案获得过控制权，但在街头巷战中被挫败。他们的对手——比利时的非正规武装，利用街垒作为掩护，并从窗户和房顶开火。这让各国军队意识到，当时几乎不属于军事科学前沿的防御工事的重要性。在 1833—1840 年和 1872—1876 年的第一次和第三次卡洛斯战争 [9] 中，西班牙的情况也是如此。各个城市倾向于支持自由派，毕尔巴鄂在 1835 年成功抵御了卡洛斯派的围攻。同样，在葡萄牙内战中，米格尔派 [10] 未能在 1833 年攻占波尔图和里斯本，这对于战争的进程至关重要。

在意大利北部，通过控制那些令人生畏的要塞，尤其是莱纳诺、曼图亚、佩什凯拉和维罗纳组成的“四边形”要塞体系，奥地利人受益匪浅。1848 年，米兰和威尼斯发生叛乱，叛军还得到皮埃蒙特 [11] 军队的支持。为了应对这一危机，奥地利指挥官约瑟夫·拉德茨基（Josef Radetzky）率军从米兰撤退到“四边形”要塞体系，将其作为击败皮埃蒙特人和镇压叛乱的前进基地。

19 世纪上半叶，将独立堡垒用于防御作战的设想越来越受到重视。最初，这是一种为野战部队提供防御掩护的壕沟营地。后来，它们发展成由

罗德里戈城，绘于 1812 年

这幅描绘防御工事和英军进攻的平面图，详细展示了英军通过强攻打开的突破口。罗德里戈城是西班牙重要的边防据点，与更南边的边防据点巴达霍斯相互呼应。为了防止法军派兵救援，英军迅速展开围攻。法军人数太少，无法提供足够的兵力守卫该城。英军已于 1812 年 1 月 6 日抵达附近地区，并于 12 日挖好战壕。英军的火炮群共发射了 9500 多发炮弹。1 月 19 日晚，通过轰炸打开两个突破口后，英军攻入了罗德里戈城。英军发现大突破口的防御更强，于是先从小突破口攻入，使大突破口的防守变得形同虚设，最后从两个突破口蜂拥而入。此战英军的兵力为 10700 人，318 人阵亡，1378 人受伤，法军死伤 529 人，被俘 1471 人，英军还缴获了 153 门大炮。这次胜利使威灵顿拥有两项选择，一是向西班牙进一步推进，二是南下进攻巴达霍斯，威灵顿最终选择了后者。时至今日，游客在参观战场遗址时仍能感受到当年的战火纷飞。

众多独立堡垒组成的环形阵地，从而为要塞或设防城市提供纵深防御（这样就导致围攻方不得不增加人力投入），同时也可为野战部队提供掩护和支持。普鲁士人发展了这一思想。19 世纪 30 年代，法国也效仿了这一做法，首先在巴黎修筑了这样的防御工事，然后推广到贝尔福特、贝桑松、格勒诺布尔和梅兹。对独立堡垒的重视，意味着对主要防御阵地的关注需要减少。1859 年动工的安特卫普防御工事就反映了这一趋势，这些工程旨在保护安特卫普免受轰炸。1871 年，贝尔福特成功地抵御了德国人的围攻，独立阵地在此战中证明了它们的价值。这次防御战极大地提升了法国人的士气，并对后来解决领土争议意义非凡。

控制手段

在全球范围内，列强四处扩张势力范围，作为统治的象征和控制的手段，防御工事依然发挥着特别重要的作用。因此，在北美的太平洋沿岸，俄国人于 1812 年在加州旧金山北部建立了一个基地，并命名为罗斯堡。居住在附近的波莫人反应激烈，但疾病和俄国人的火力削减了他们的数量。然而，加州太过遥远，俄国人无法有效地部署他们的军事力量。罗斯堡并没有成为进一步扩张的基地，它在 1841 年被出售。

在俄勒冈地区，英资的哈德逊湾公司[12]在北纬 49 度线以南建立了许多基地，包括博伊西堡、科尔维尔堡、弗拉特黑德堡、乔治堡、内兹佩尔塞堡、尼斯夸利堡、奥坎纳根堡、乌姆普夸堡和温哥华堡，其中有几个堡垒位于哥伦比亚河沿岸或以南地区，它们的存在对美国的扩张构成了挑战。然而，在 1845—1846 年冬季的一份报告中，英国人对该公司的堡垒做了以下分类："能够很好地防御非正规部队或印第安人"，"无任何防御能力"，以及"能够抵御印第安人或非正规部队的突然袭击，前提是对方没有野战炮"。

美国人在扩张领土的过程中修建了许多堡垒，例如1808年在爱荷华州修建的麦迪逊堡和1811年修建的哈里森堡（泰尔豪特[13]）。此外，在击败对手后也会通过修建堡垒来稳定局势，例如1813年修建的梅格斯堡（莫米[14]）和斯蒂芬森堡（弗里蒙特[15]）。在以佛罗里达为战场的第二次塞米诺尔战争[16]（1835—1842年）期间，堡垒体系及连接这些堡垒的道路成为美军的基础设施，但它们无法阻止塞米诺尔人在这些堡垒之间穿梭。同样，在1825至1830年的爪哇战争[17]中，荷兰人打造了一个由设防基地组成的网络，他们通过这些基地派出机动部队。

1812年战争之后，从密歇根湖到密西西比河上游，美国一路修建了许多堡垒，在更遥远的南方也修建了多座堡垒，例如1817年在阿肯色修建的史密斯堡。随着美国向北美大平原进军，发展骑兵部队，防御工事的密度变得比原本需要的低一些。1842年，美国人在堪萨斯东部建立了斯科特堡等堡垒。虽然美洲土著袭击者可以绕过这些堡垒，但很难将其攻克。

在吞并得克萨斯和美墨战争（1846—1848年）之后，美国兴建了更多的防御工事。这些防御工事并不是随意建造的，相反，它们反映了一系列的政治战略目标。这些堡垒中有军队驻守，满足了定居者的安全需求，但美国陆军部更希望看到部队集中在一起，因为他们认为这是维持纪律和训练、威慑对手的最佳方式。在边境修筑的防御工事，包括位于里奥格兰德城的林戈尔德营、位于埃尔帕索的布利斯堡、位于鹰渡市附近的邓肯堡和位于萨帕塔的德拉姆营，其作用是界定边界，宣示联邦政府的存在。

为了保护定居点不受美洲土著人的攻击，美国人还在定居点的边缘修建了堡垒。美墨战争后，美国人在得克萨斯州建立了沃斯堡、格雷厄姆堡、盖茨堡、克罗汉堡、马丁·斯科特堡、林肯堡和英格堡。定居线的西移催生了新堡垒的建立，也导致许多早期堡垒关闭。因此，在 19 世纪 50 年代初的得克萨斯，新建的堡垒包括梅里尔、贝尔克纳普、查德本、麦卡维特、特雷特、埃维尔和克拉克。此外，还有像约瑟夫·伊·约翰斯顿（Joseph E. Johnston）和伊丽莎白这样的营地。双线堡垒被认为是阻止美洲土著人袭击的最好办法。然而，战略思想的发展却倾向于以堡垒为基地，对美洲原住民的家园发动进攻。控制美洲原住民是当时美国人的普遍愿望，促使他们在得克萨斯州西部修建堡垒，例如戴维斯、兰开斯特、奎特曼和斯托克顿。

在更遥远的北方，美国人也修建了多座堡垒。圣达菲小道[18]由阿特金森堡和联合堡守卫。建于 1819 年的斯内林堡，是美国在明尼苏达地区修建的第一座堡垒。1848 年，又修建了马西堡，其目的是维护温尼巴戈地区的和平。1853 年，美国人在明尼苏达河上游的苏族保留地建立了里德利堡，1856 年又远征达科他地区的红河谷，并于 1857 年建立了阿伯克隆比堡，这些都是美国不断开疆拓土导致的结果。美国人于 1857 年从里普利堡撤离，导致在齐佩瓦爆发暴力事件，最后美国人又重新占领该据点。为偏远的据点提供补给成本高昂，所以这些防御工事表明：美国的国力正不断增强。

虽然美国的领土范围在扩大，但美国军队的人数并没有相应地增长。美国政府的做法是将密西西比河以东的军队调派过去，到 1860 年，在加拿大边境地区、大西洋沿岸、佛罗里达州和密西西比河谷的大部分驻军被撤走。这说明，从 19 世纪 40 年代开始，美国人不再驱赶印第安人，而是寻求对整个美国的完全控制。驻军的重新调整也是 19 世纪 50 年代与英国关系大大缓和的产物。1855 年，美国军队将斯科特堡废弃。

在其他地方也可以看到这个过程。1867 年，美国从俄国手中买下阿拉

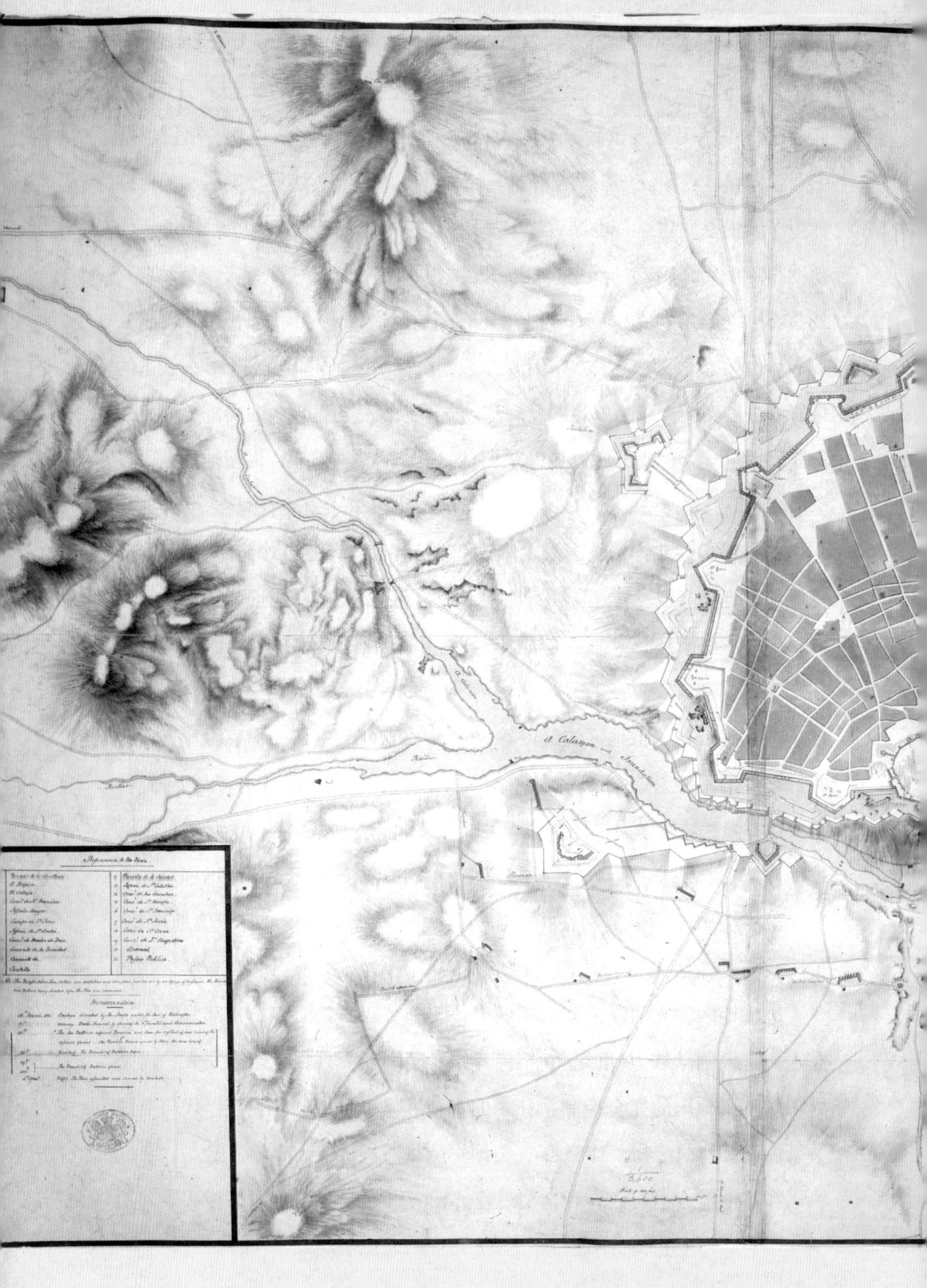
A. Calamon and Inundation
Memorandum
Arsenal
Paseo Publico

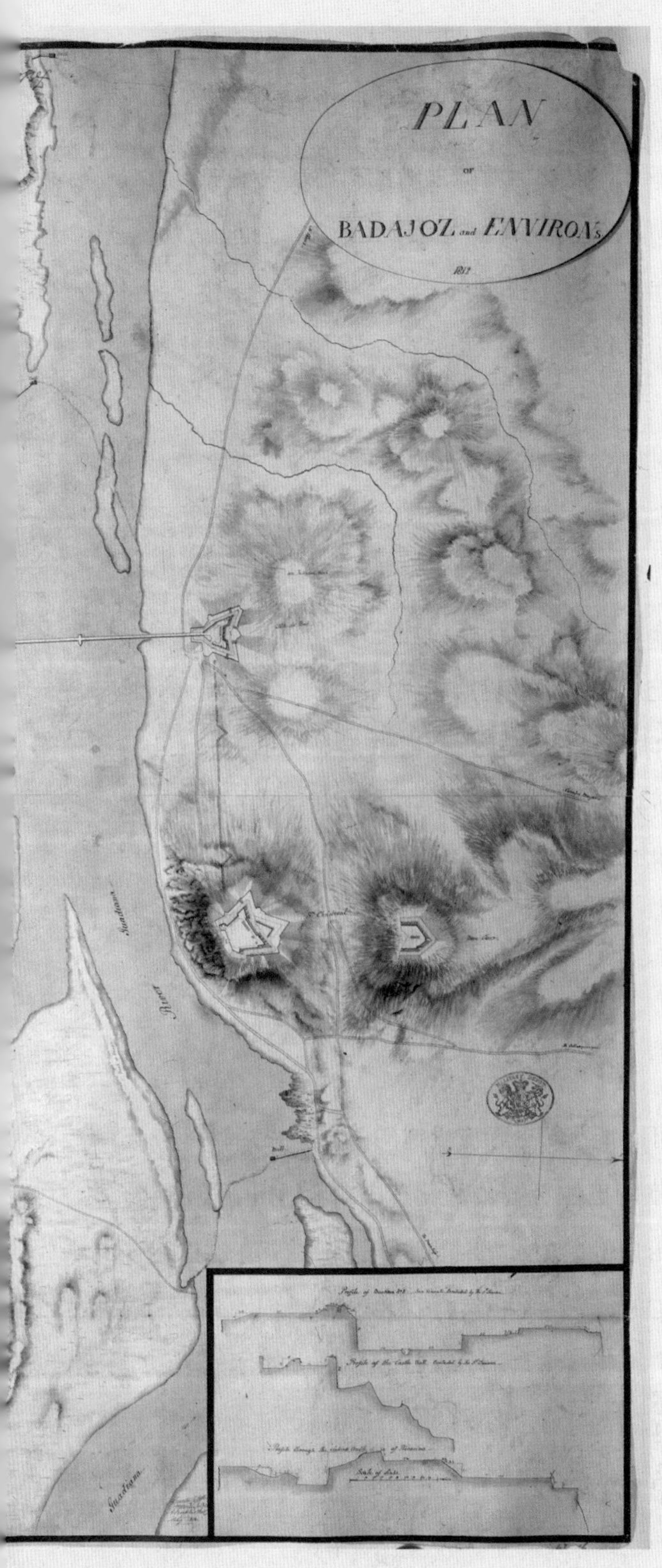

1812 年，西班牙巴达霍斯之围

在半岛战争中，巴达霍斯之围是一场重要战役。自 3 月 16 日起，威灵顿领导的英葡联军围攻法国人控制的巴达霍斯要塞。这座要塞拥有坚固的防御工事，并且在 1811 年经受住英国人的两次围攻。两次围攻都让英军无功而返，因为法国人派出了更为强大的援军。巴达霍斯要塞拥有坚固的城墙，另外还有多座棱堡增强其防御力。虽然火炮轰击因大雨而延迟，但最终还是打开了多处突破口，随后英军在 4 月 6 日发动了代价高昂的夜袭。与攻打罗德里戈城时采用的战术一样，英军选择一处突破口发动主攻的同时，还在其他地点发起佯攻作为辅助。英葡联军的伤亡人数为 4800 人。

斯加，随后迅速修建了多座堡垒，以确保对那里的控制。这些堡垒位于沿海地区，包括位于波特兰海峡且面向英国领土的汤加斯堡、科迪亚克堡、位于斯蒂金河河口岛屿上的弗兰格尔堡和库克湾源头附近的凯奈堡。它们的选址分别考虑到以下因素：人口的分布、开展贸易的可能性，以及其他强国从海上发动的进攻。

在中亚，俄国人继续通过建立坚固的防线来巩固他们的扩张成果，并为他们的进一步扩张提供落脚点。1822 年，在里海以东，俄国人吞并了中部哈萨克游牧部落的土地，在该地区建立了以堡垒为行政基地的统治，还利用坚固的防线控制住大部分最优质的牧场。19 世纪 30 和 40 年代，俄国人继续通过修建堡垒和派遣定居者在哈萨克斯坦大肆扩张。在塞内加尔河谷，1854 至 1865 年，由塞内加尔总督路易 · 费德尔布（Louis Faidherbe）将军领导，法国人开发了一种由多条蒸汽船连接组成的水上堡垒，作为他们向内陆扩张的基地，这一招十分管用。

非西方国家的防御工事

非西方强国的防御工事可以抵挡缺乏相应火炮的西方军队，例如 1805 年，英国人四次试图攻打印度的巴拉特普尔都没有成功；1814—1815 年，英国人攻打尼泊尔的廓尔喀山丘堡垒和山寨时也遇到了困难。在巴拉特普尔，杰勒德 · 莱克（Gerard Lake）将军只有 4 门 18 磅炮，弹药不足，既无法与防守方的火力相抗衡，也无法将城门炸开。他还错误地估计了壕沟的深度和城墙的高度，他的行动受到马拉塔人的有力反击。

然而，事实证明，在西方军队的火力面前，非西方国家的防御工事越来越不堪一击。例如，1837 年法国征服者对阿尔及利亚康斯坦丁[19]的攻击，以及 1868 年英国人对马格达拉[20]阿比西尼亚要塞的攻击。在 1806—1812 年的俄土战争中，土耳其人凭借他们在多瑙河上修建的众多防御工事，使俄国人的进攻受阻，但在 1809—1810 年，这些防御工事还是被俄国人占领。在后续的俄土战争中，沙皇尼古拉一世亲自指挥俄军攻占了瓦尔纳[21]（1828 年）和阿德里安堡（1829 年）。

尽管如此，在新西兰，毛利人在对付英国人的大炮方面很有一套。他们的壕沟和“帕”（堡垒）[22]系统修建在比较好的位置，很难对其进行轰炸或强攻，而且其设计布局能够充分发挥滑膛枪的潜在火力。19 世纪 60 年代，毛利人多次给英国人造成沉重打击。然而，需要注意的是，我们仍然需要在更广泛的背景下看待防御工事的长处和短处。英国人有更多可用的资源，他们派出由本土部队、殖民地部队和毛利人组成的联军，通过开展道路和堡垒建设来不断扩大控制范围，这些举措使反抗的毛利人最终接受英国人的和平条件。

总体形势对英国人在阿富汗的处境不太有利。虽然他们在 1880 年可以利用坎大哈城等防御阵地，但阿富汗人也能利用相对简单的防御手段来获胜。同年，阿尔弗雷德·凯恩（Alfred Cane）在谈到对德赫霍贾村的一次突袭时指出：“我军首先对这个地方进行了炮击。敌人没有回应，于是我们派出 800 名步兵向前进攻，村子里的敌人立刻透过到处遍布的枪眼猛烈开火。我们的人冲了上去，到达村子的南边，但却发现村子里到处都是从窗户、门后和屋顶上射击的武装人员。这是一项令人绝望的任务……最后士兵们不得不在同样猛烈的火力下火速撤退。”

1885 年，罗伯茨将军强调了轻型火炮的不适用性：“在阿富汗，由于没有公路，大多数情况下炮兵的移动速度慢于步兵。该国的所有堡垒

1814 年，英军轰炸美国麦克亨利堡

麦克亨利堡于 1793 年获得授权兴建，用来控制进入巴尔的摩港的航道。1814 年春，美国当局采取了一系列提升防御的措施，为这座堡垒增添了近 60 门大炮，与之配套的还有用于加热炮弹的熔炉，可以增强炮弹对舰船的毁伤效果。由于河道水位较浅，再加上美国人为了封锁河道将商船凿沉，英军舰队被阻挡在港口之外。英军舰队从远距离（美军火炮射程之外）对麦克

亨利堡进行轰炸，但无法摧毁这座堡垒。英军动用了 1 艘火箭船和 5 艘双桅炮船，每艘船携带 1 门 13 英寸（约 33 厘米）臼炮，可以将 194 磅（88 千克）重的铸铁炸弹（开花炮弹）发射到 2.5 英里（4023 米）之外的地方。英军大约发射了 1500—2000 枚火箭弹和炮弹，但守军仅有 4 人死亡，24 人受伤。麦克亨利堡后来成为美国的象征，根据此战创作的歌曲最终成为美国国歌。

和房屋都拥有厚厚的泥墙，我们现在所拥有的野战炮无法产生任何打击效果。”

速度和火力在其他地方也很重要。在塞内加尔和阿尔及利亚，法国人先利用火炮攻破据点的大门，然后对其发动猛攻。火炮，特别是使用强力炸药的95毫米攻城炮，在1890—1891年法国人攻占图库洛尔[23]堡垒的过程中发挥了至关重要的作用。1903年，英国大炮在1小时内就攻破了尼日利亚卡诺的城墙。当欧洲步兵纵队向非欧洲敌手推进时，火炮在大多数情况下都发挥了重要作用。

在欧洲以外的其他地方，由于缺乏资源和后勤基础设施，无法进行长时间的围攻，进攻方一般会选择突袭。拉丁美洲的情况尤其如此。1880年，在南美太平洋战争[24]期间，拥有坚固防御工事的秘鲁港口阿里卡先后经受住智利海军和陆军的轰炸，但最后却在夜间的突袭中沦陷。

这一时期的围城战，不管成功与否，很多都是当时的标志性事件。成功的围城战战例包括：1861年，美国南方邦联军队对查尔斯顿港的萨姆特堡进行猛烈轰炸（发射了3000多枚开花炮弹和实心炮弹）；1885年，苏丹首都喀土穆在马赫迪特人的攻击下沦陷，守军指挥官查尔斯·戈登[25]少将被杀。失败的围城战战例包括：1899—1900年，布尔人[26]围攻南非金伯利、拉迪斯密斯和马费金的英国驻军，但均被援军解围。随后，在1899—1902年的第二次布尔战争中，英国人为了扩大防御工事的控制范围，采用了由铁丝网支撑的碉堡系统。

与之前的几个世纪一样，由于各国的战略文化大不相同，并且有着截然不同的目标，在此背景下制定出的防御政策存在差异。例如1856年，英国防御工事总监、将军约翰·伯戈恩爵士（Sir John Burgoyne）指出，英国需要依靠海军和防御工事进行防御，因为“与英国可能受到的攻击相比，英国陆军在和平时期的建设是微不足道的。我们可以认为，这个国家的思想观念、政策，或许还有实际利益，使得英国不可能在常备军事设施上与欧洲大陆的强国相抗衡”。

淘汰和投资

改进后的远程火力对现有的防御工事，特别是暴露在炮火下的砖石工事构成了严重威胁。因此，对一些城市的防御工事进行改进时会采取两种方式，一种是淘汰过时的防御工事，另一种是大量投资。当时人们普遍认为，将整座城镇作为堡垒的时代已经一去不返，现有的城镇防御工事已经过时，于是城市周围的城墙被拆除。1857 年，弗朗茨 · 约瑟夫（Franz Joseph）皇帝决定拆除维也纳周围的防御墙，从而使新的环城大道周围的土地可供开发。同样，从整体上看，以前的哥本哈根基本上是一座防御性的城堡，有护城河、城墙和城门。经过改造，护城河改成了公园，不过城市边缘的独立城堡仍然充当城防要塞，现在也是如此。1940 年，德军在兵不血刃的情况下轻松攻占这座要塞，为其迅速占领整个哥本哈根迈出了重要一步。

1861—1865 年的美国内战和 1870—1871 年的普法战争都表明，阵地的防御工事存在弱点。在美国内战中，砖石结构的防御工事在现代枪炮面前一败涂地，给欧洲观察家留下了深刻印象。在法国，斯特拉斯堡的守军在对手的不断炮击下缴械投降。德国人不愿意承担强攻带来的高伤亡风险，于 1871 年对巴黎展开炮击，造成了很大的破坏。伯戈恩在 1856 年就曾建议：

1814 年，美国针对英国人修建的防御工事

图中描绘了格林堡、劳伦斯堡和斯威夫特堡，以及 1814 年为防御英国人入侵纽约而在布鲁克林附近修建的堑壕。那一年，英国与拿破仑的战争结束（1815 年拿破仑又短暂复辟），使英国对美国的威胁增大。1814 年 10 月，詹姆斯·门罗（James Monroe）告诉参议院，纽约正处于危险之中。那年冬天，他要求增加军队以保护沿海阵地。结果，纽约没有遭到攻击。然而，对沿海地区防御能力的担忧，促使美国人在战后兴建防御工事，这些工事是针对英国海军的攻击而专门设计的。

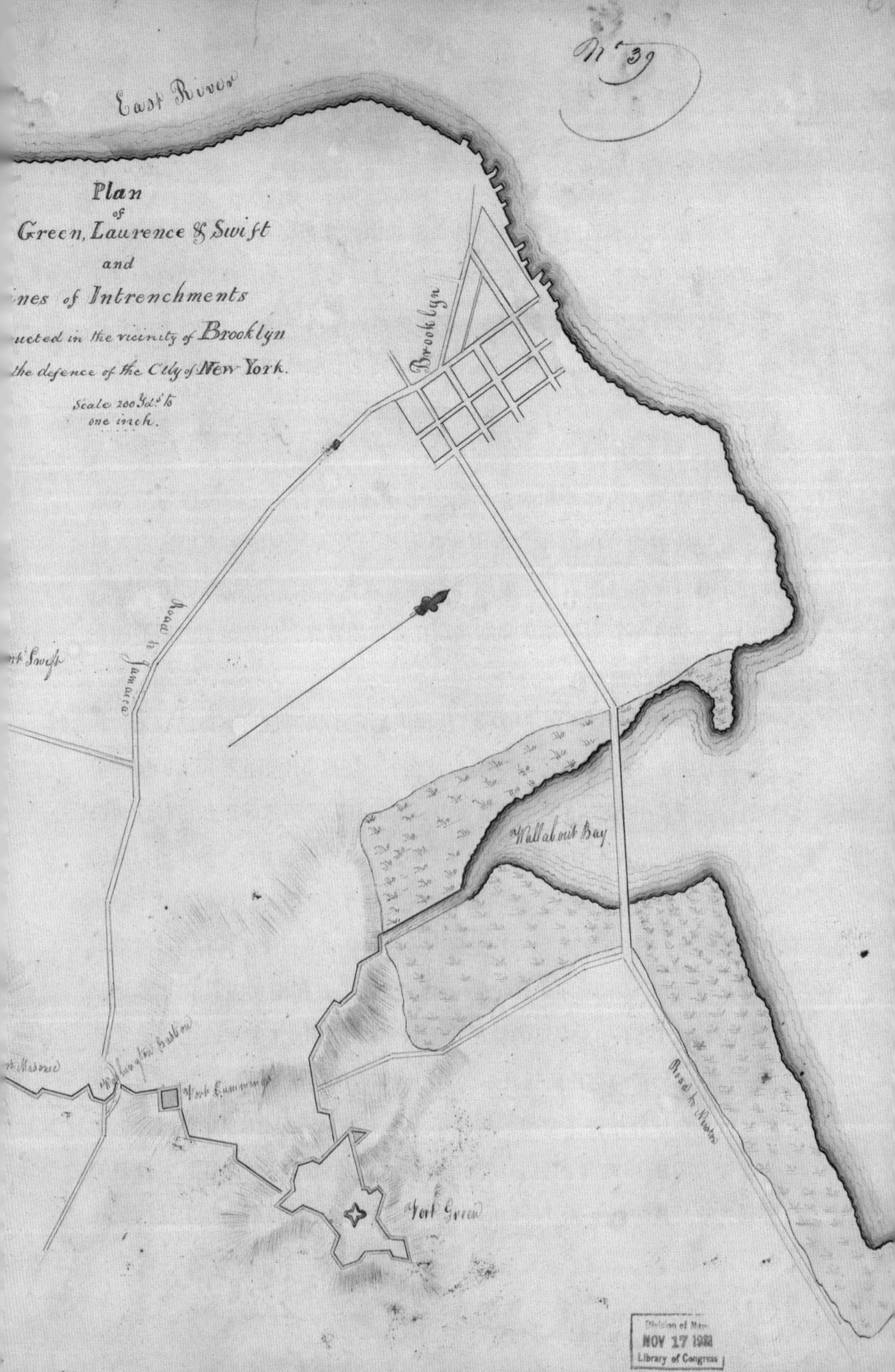
No. 39
East River
Plan
of
Green, Laurence & Swift
and
ines of Intrenchments
ucted in the vicinity of Brooklyn
the defence of the City of New York.
Scale 200 Yds. to
one inch.
Brooklyn
Road to Jamaica
Wallabout Bay
Washington Bastion
Fort Cummings
Fort Green
Road to Newtown

随着炮兵技术的进步、蒸汽机在军舰上的应用，在进攻和防守海岸、港口的原则问题上，我们有必要不时进行重新思考。无论陆上炮台如何改进，即使它们充分发挥其防御力，都无法与蒸汽船的速度、机动能力相抗衡，但如果将它们与外侧装有厚铁板的浮动炮台相结合，也许就有与之一战的实力。

换句话说，由移动和固定防御工事构成的混合式防御被视为至关重要。在进攻方面，1840 年，英国舰队轰炸埃及人控制的阿克里，蒸汽船展现了其近岸作战能力，一发炮弹引爆了阿克里要塞的主弹药库。然而，1854 年，英法海军对敖德萨和塞瓦斯托波尔的轰炸，也凸显了木制战舰在有效火力面前的脆弱性。

1870—1871 年被德国击败后，法国人制定了快速重整军备的政策，其中一项是建立一条宽阔的防御带，以便在下一场战争中阻止德国人的进一步推进。由于在 1870—1871 年的战争中，法国丧失了阿尔萨斯和洛林这两块领土，虽然法军在人数上仍然占上风，但如果德军发起进攻，法军可以回旋的空间变得更小了。因此，贝尔福特和凡尔登等法军基地周围都修建了坚固的阵地防御工事。它们在第一次世界大战的战略和战役史上具有重要意义。

在俄国与土耳其的一系列战争中，防御工事和围攻战具有非常重要的地位。在 1854—1856 年的克里米亚战争中，俄国在黑海的主要海军基地——防守严密的塞瓦斯托波尔，对前来围攻的英法军队构成了严重的挑战。俄军在城外挖掘了堑壕，构筑了土木工事，还配有 1000 多门大炮作为支援。而在 1877 年的另一场战争中，入侵的俄军发现土耳其人控制的普列夫纳及其防御工事，是他们进军保加利亚的主要障碍。在上述两场战

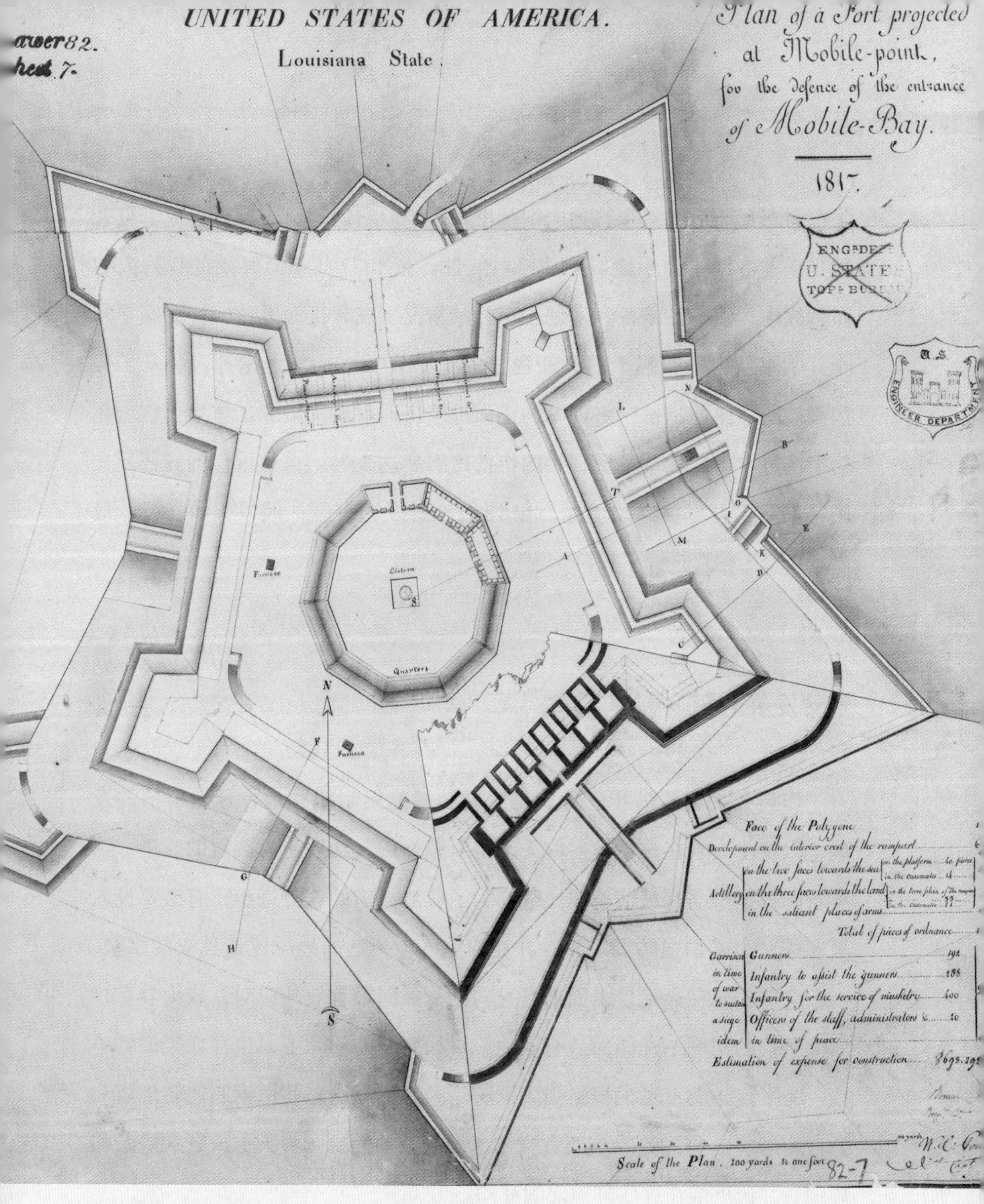

亚拉巴马州摩根堡（Fort Morgan）平面图，绘于 1817 年

1815 年 2 月，英国人在攻打莫比尔湾时取得了一些胜利，于是美国人决定修建摩根堡来保卫莫比尔湾。摩根堡的设计师是西蒙・伯纳德（Simon Bernard，1789—1839 年），他曾是拿破仑的军事工程师。伯纳德于 1815 年被驱逐出法国，后来美国人聘请他为其设计堡垒，他在第三体系防御工事（Third System Fortifications）的发展中发挥了关键作用。1818 年签订施工合同，由奴隶修建，1834 年完工。1861 年，摩根堡被南方邦联军占领。莫比尔湾战役之后，摩根堡守军在对手的猛烈轰炸下缴械投降。埃德蒙・盖恩斯（Edmund Gaines）准将对堡垒持批评态度，他从 1826 年起就开始推动联邦政府出资修建铁路和运河系统，以便将民兵从内陆运到沿海地区来抵抗英国的入侵，同时他也大力倡导建造大型铁甲战舰。

争中，塞瓦斯托波尔和普列夫纳都沦陷了，但它们却给进攻方造成了重大的延误，有助于缩小他们的战略可能性。在1877年7月开始的普列夫纳防御战中，俄军在准备和计划不充分的情况下发起正面进攻，掘壕固守的土耳其军队由精明强干的奥斯曼·帕夏（Osman Pasha）指挥，装备了美国制造的皮博迪步枪，将俄军的正面进攻击退并对其造成了重大伤亡。在第二次进攻中，俄军基层官兵的伤亡比例高达23%。被重重包围的普列夫纳守军陷入弹尽粮绝的境地，在12月9日发动突围，但以失败告终，最后奥斯曼·帕夏选择了投降。

武器发展的影响

炸药和火炮的进步，特别是后膛装弹的钢制线膛炮、延迟引信的发展，以及使火炮在重新发射前无须重新装弹的气动后坐力装置的改进，继续对防御工事的有效性构成挑战。为了应对火炮的这些进步，有必要投入更多的精力来加强防御工事，并在离主阵地更远的地方建造独立的堡垒。由于防御工事在火炮攻击面前是脆弱的，如何最有效地应对，成为具有相当大争议的问题；在如何最有效地应对战列舰的问题上，也存在类似的争议。为了使防御工事变得更强大，有一种解决办法是使用钢制回转炮塔和隐显炮塔[27]，但评论家们对此提出了异议，他们主张将火炮放置在隐蔽的阵地，并让火炮在这些阵地之间移动。

1886年，法国在马尔梅松堡开展的试验似乎表明，面对高爆弹[28]，防御工事已经过时，但高爆弹反过来又推动了防御工事的升级——加固护墙，特别是使用混凝土修筑其顶部。在许多国家都能看到提供纵深防御的大面积堡垒群。例如，保卫罗马尼亚首都布加勒斯特的堡垒群，在比利时的列日、那慕尔和安特卫普等城市周围，由“比利时沃邦”亨利·布里亚蒙（Henri Brialmont）设计的堡垒群。

虽然防御系统的范围因现代火炮的射程而改变，但防御火力的增强也为防御工事提供了新的可能性。这主要表现为野战防御工事在实战和体系上取得发展，例如1864—1865年美国内战最后阶段使用的战壕，特别是弗吉尼亚州彼得斯堡周围的战壕，以及1879年英国人在金德洛夫、坎布拉和乌伦迪战役中击退祖鲁人进攻时使用的预备阵地。事实上，1899年12月27日的《泰晤士报》刊登了一封署名为“上校”、题为“布尔战争——对阵地的进攻”的信。信中有理有据地指出：

> 采用现代方法建造的防御工事，以及后膛装填步枪的引入，是基于两点：一是现代火炮实际上无法摧毁设计合理的土木工事，二是进攻部队不大可能通过发起冲锋来占领由装备后膛装填步枪且人数足够的部队所守卫的阵地。现在弹匣式步枪又代替了后膛装填步枪，上述不大可能变成了不可能，除非炮火能够预先重创对方的防御工事。

上述情况看上去与第一次世界大战中的混合式防御体系类似：在这场战争中，双方士兵大部分时间都待在堑壕工事中展开阵地战。然而，在19世纪，情况并非如此。相反，世界上大部分地区都强调使用既定的防御手段。由于不了解战壕的防御潜力和机动性的价值，各个列强，特别是俄国，可以说在堡垒和机动性差的要塞炮上投入了过多的金钱，而对野战炮的投资不足。野战炮的机动性强，而战壕本身可以随时挖掘，因此两者组成的防御体系，其灵活性和动态性远远高于要塞。

比利时安特卫普，绘于1832 年

这张安特卫普防御工事平面图的绘制，反映了该地的冲突引起英国人的关注。安特卫普的防御工事包括一个由多条护城河和多座角堡组成的同心系统，一座坚固的五边形棱堡和多座独立的堡垒，主要集中在斯凯尔特河的另一侧。为了支持比利时反对荷兰统治的革命，法国出兵干预。一支由杰拉尔元帅（Marshal Gérard）率领的法国军队包围了驻守在棱堡中的荷兰军队。在此之前，荷兰驻军一直使用热实心弹对叛军控制的城市进行轰炸。法军用臼炮轰击，在24 天内成功占领了棱堡。

A Plan of the
TOWN.
FORTIFICATIONS
and
CITADEL
OF
ANTWERP.
5th SECTION
Lunette
To Malines and Brussels
Fort Montebello
Post Office
Jardin Botanique
3rd SECTION
Les Théresiennes
ESPLANADE
4th SECTION
Place Verte
CITADEL
Fort St. Laurent
To Boom
Military Arsenal
Entrepot
Quai Vandyck
Port de l'Escaut
Quai Plantin
Wharf
Place of Embarkment for Dutch and English Steam Vessels.
St. Michael's Battery
Fort du Kiel
S C H E L D T
Place of Embarkment for Steam Vessels.
Tête de Flandre
To Ghent
Fort
¼ an English Mile.
1000 French Metres.

EGLISES
1 Notre Dame Cathedrale
2 St Andre
3 . Charles
4 . Jacques
5 . Georges
6 Anglican
7 Protestante
ETABLISSEMENTS PUBLIQUE &c.
8 Academie
9 Athenee
10 Arsenal du Construction
11 Bourse
12 . Anglican
13 Cte Belliard
14 Caserne St Georges
15 . Predicateurs
16 . Gendarmerie
17 Consre de Musique
18 Cuir Halle
19 Ecole de Navigation
20 Gouvernement Provincial
21 Hangar des Vieux Lions
22 . Prussien
23 Hospital St Elisabeth
24 . Louise Marie
25 Hospice Petites Sœurs
26 Jardin Botanique
27 Marche aux Poissons
28 Palais de Justice
29 Theatre Royal
30 . des Varietes
NOUVELLE ENCIENTE
FORTIFICATION
PORTE D'HERENTHALS
PORTE DE TURNHOUT
PORTE LEOPOLD
PORTE LOUISE
PORTE DE SCHYN
PORTE DE BREDA
BORGERHOUT
JARDIN ZOOLOGIQUE
Railway Station
Place de la Commune
Place de la Victoire
AVENUE DES ARTS
AVENUE DU COMMERCE
PARC
CHEMIN DE FER HOLLANDO BELGE
COMMUNE DE MERXEM
BASSIN DU CANAL
BASSIN DE LA CAMPINE
BASSIN AUX BOIS
BASSIN DU KATTENDYK
GRAND BASSIN
PETIT BASSIN
Entrepot Royal
ARSENAL DU GUERRE
ESPLA
SCAUT FLEUV
Chantier Marguerie & Cie
Fort Isabelle
TETE DE FLANDRE
Fort de la Tete de Flandre
CITADELLE DU NORD
RAILWAY

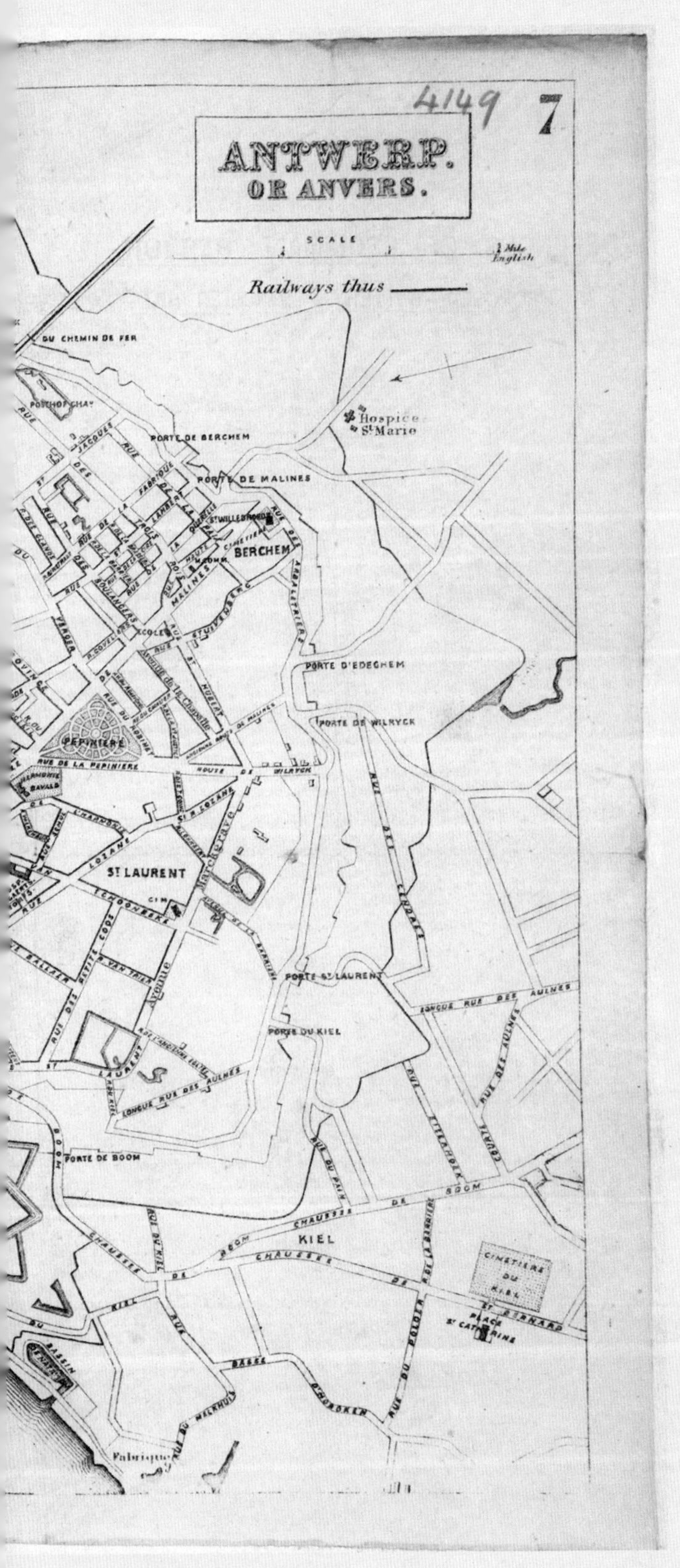

比利时安特卫普，绘于 1860 年

这张 1860 年的安特卫普示意图，展示了这座城市面积的扩展，同时也展现了新建的防御工事。1859 年，1815—1818 年期间修建的防御工事和更老旧的防御工事基本被拆除，以便为 8 英里（12.9 千米）长的新城墙让路。新城墙由一条宽阔的水沟保护，并有 8 个独立的堡垒提供支持。19 世纪 70 年代，由于火炮射程和威力的增加，以及 1871 年德国对巴黎的破坏性轰炸，比利时人认识到危险性，于是又修建了一条新的、距离城市中心更远的堡垒线。

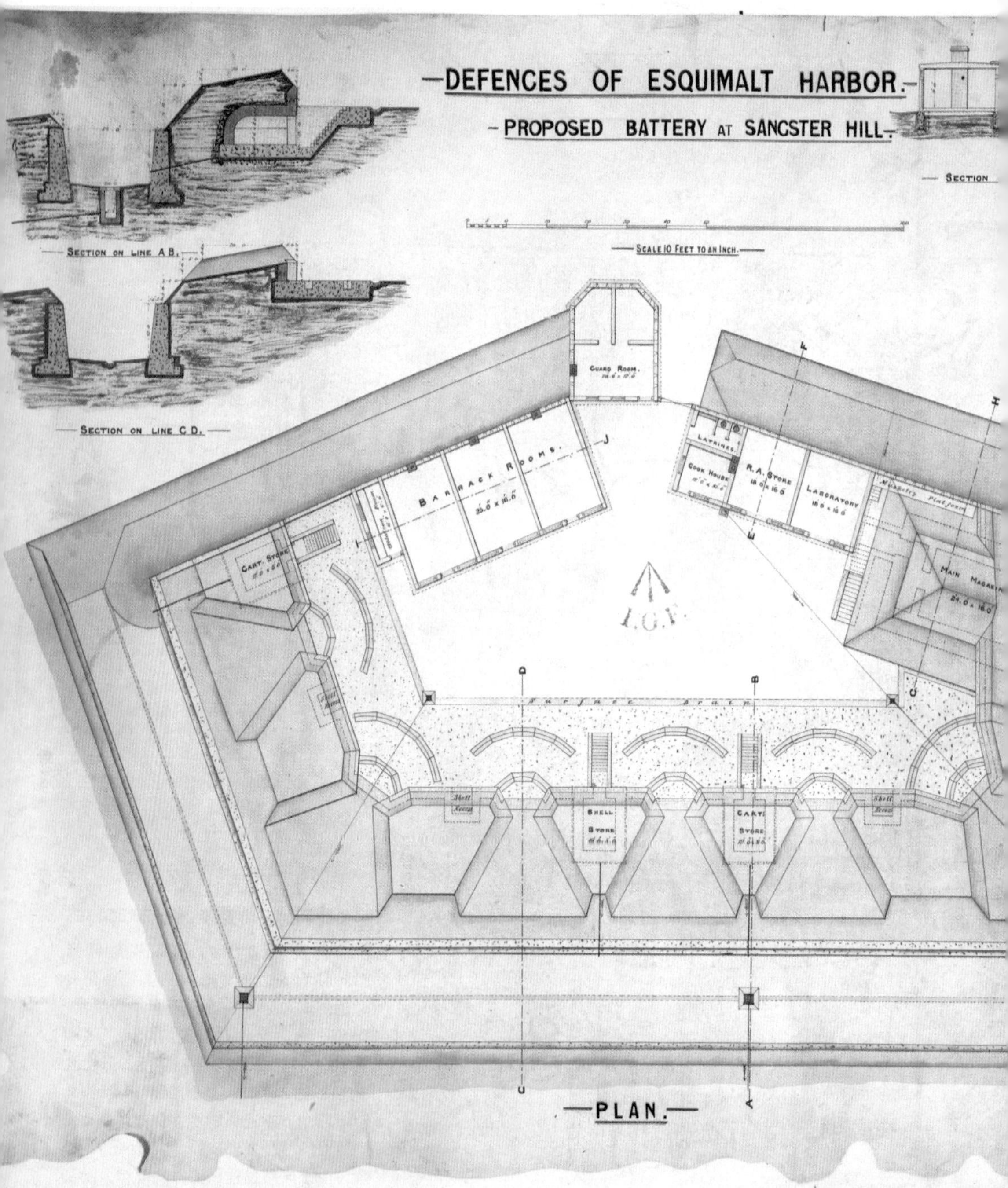
-DEFENCES OF ESQUIMALT HARBOR.-
-PROPOSED BATTERY AT SANGSTER HILL.-
SECTION ON LINE AB.
SECTION ON LINE CD.
SECTION
SCALE 10 FEET TO AN INCH.
GUARD ROOM.
BARRACK ROOMS.
LATRINES.
COOK HOUSE
R.A. STORE
LABORATORY
MAIN MAGAZINE
CART STORE
SHELL STORE
PLAN.

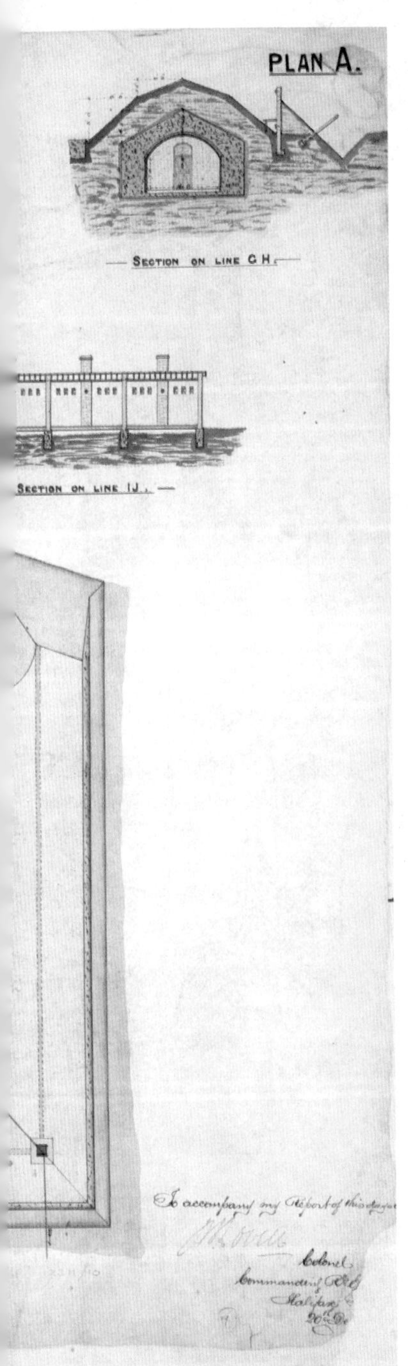

与俄国相反，由于英美两国之间的分歧在1871年得到解决，英国从加拿大撤出其武装力量，但位于哈利法克斯且拥有坚固防御工事的大西洋海军基地，位于埃斯奎莫尔特的太平洋海军基地除外。作为回应，美国也减少了在五大湖区的军事存在，分别于1870年和1879年关闭了威尔金斯堡和格拉蒂奥特堡。从此，破旧的边境堡垒变成了历史遗迹。

在第一次世界大战爆发前的几年里，坚固的野战堑壕变得更加重要，特别是1904—1905年的日俄战争。日俄战争中使用的武器、战术及出现的场景，在后来的一战中也能看到，尤其是使用

加拿大埃斯奎莫尔特的防御工事

1842年，英国人在温哥华岛的埃斯奎莫尔特开设了一座造船厂。埃斯奎莫尔特位于美洲太平洋沿岸，最终取代了智利瓦尔帕莱索的基地，成为英国皇家海军太平洋基地的所在地。由于英国与美国在俄勒冈问题[29]上存在争端，在此地建立海军基地是英国人的一项应对举措。俄国在太平洋的扩张计划，使英国人感到担忧，从而增强了该基地的重要性。从1860年起，俄国人将符拉迪沃斯托克开发为海军基地，使英国人的这种担忧更加强烈；在1854—1856年的克里米亚战争中，英国皇家海军曾横跨太平洋与俄国人作战。1867年之前，阿拉斯加和阿留申群岛一直是俄国的属地。1871年的《华盛顿条约》解决了英美两国的分歧后，英国从加拿大撤军，但埃斯奎莫尔特和哈利法克斯的海军基地除外。

从1878年起，为了应对俄国人的战争威胁，埃斯奎莫尔特的防御力量不断加强。英国人当时决定建造四座炮台，以便为驻扎在那里的军舰提供保护。对俄国在太平洋地区实力的担忧，在澳大利亚主要港口的防御上也得到了反映。此外，1885年，驻印度总司令弗雷德里克·罗伯茨（Frederick Roberts）将军也特别指出，英国在印度的据点容易受到攻击。

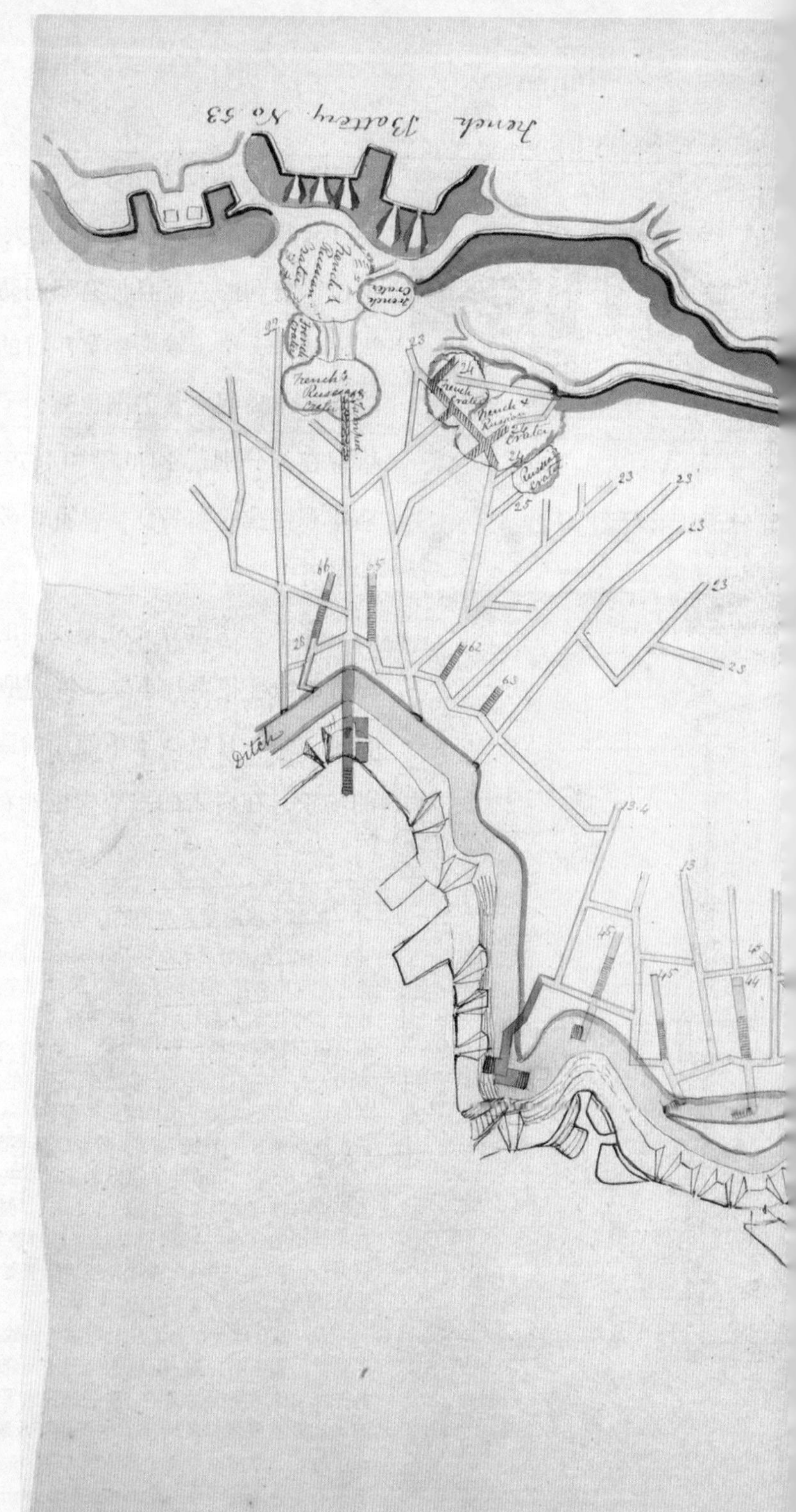

俄国塞瓦斯托波尔，绘于 1855 年

这幅平面图描绘了中央堡垒的反地道工事，展示了法俄两军在地下的斗争，同时也说明长期围困使进攻方积累了详细的情报资料。

Sebastopol.

Plan of the Countermines of the Central Bastion $\frac{1}{472}$

Scale 10 0 10 20 30 40 50 60 70 80 90 100 110 120 yds.

$\frac{1}{1000}$

Remarks

Galleries framed in close order.
— do — without framing.

do Upper System 5'6" high × 3'6" broad
do do 2'10" " × 2'10" broad

do Lower System — 3'6" high × 3'4" broad excavated in rock.

French Galleries.

— Russian Galleries destroyed by French Explosion.

N.B. The Nos in blue at the heads of the galleries denote the depth below the surface of the ground in feet.

13'6" 14' 14 13 44'6" 13 13 14 14 44' 13 16 13 12'6" 45 13 13 13

Guard Room.

Ditch 13 ft deep.

Central Bastion.

Russia in Europe
Battles, Sieges, &c

58

2

俄国巴拉克拉瓦的防线，绘于 1856 年

英法联军的物资补给依赖海运，需要穿过黑海在克里米亚登陆，主要是在巴拉克拉瓦登陆。因此，此处阵地的防御具有相当大的战略和战役意义。为了保卫巴拉克拉瓦，联军修建了防御工事并部署了军队。此外，还需要保护从该地到塞瓦斯托波尔城外联军部队的运输路线，这直接导致了巴拉克拉瓦战役和因克曼战役。

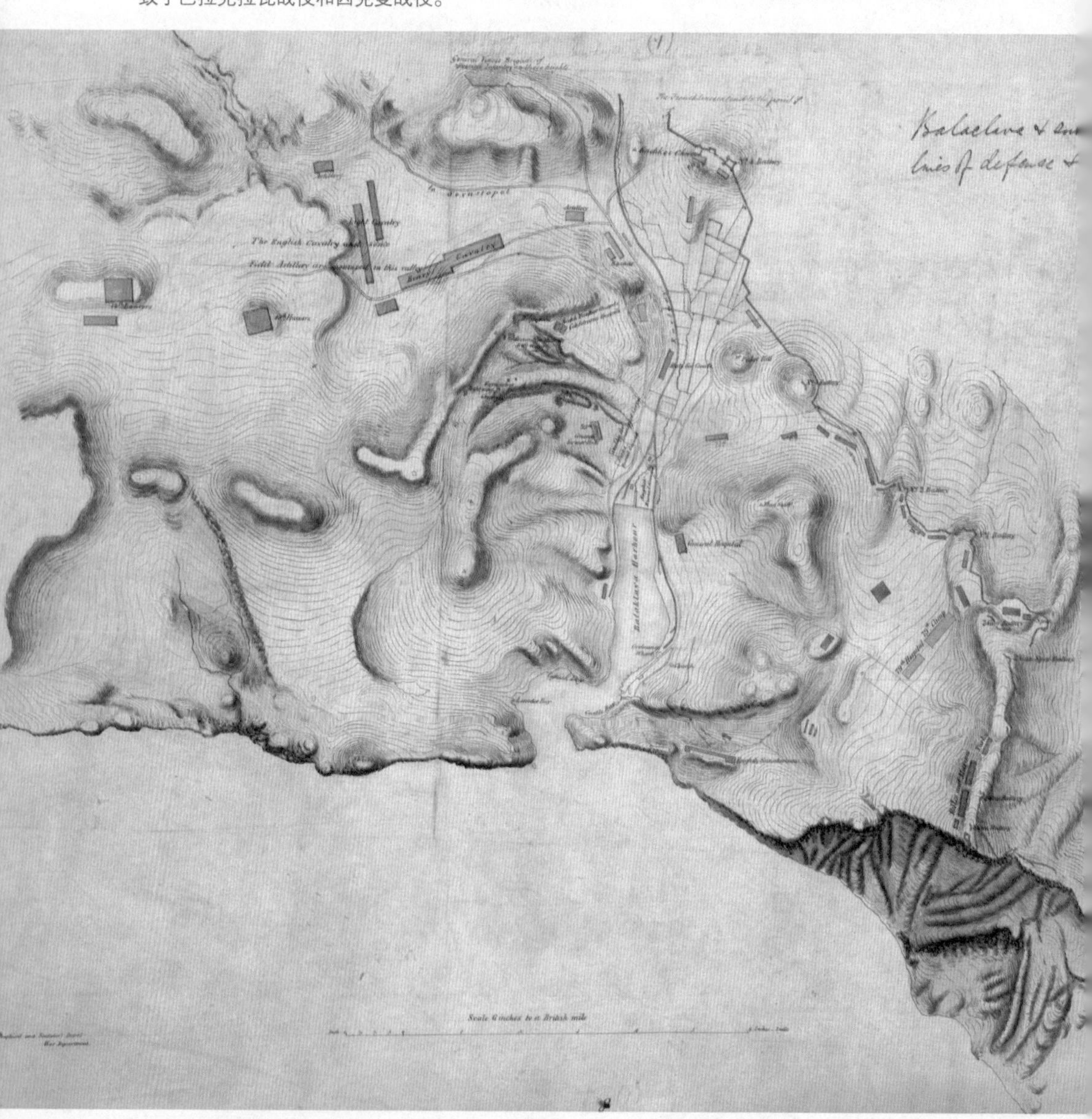

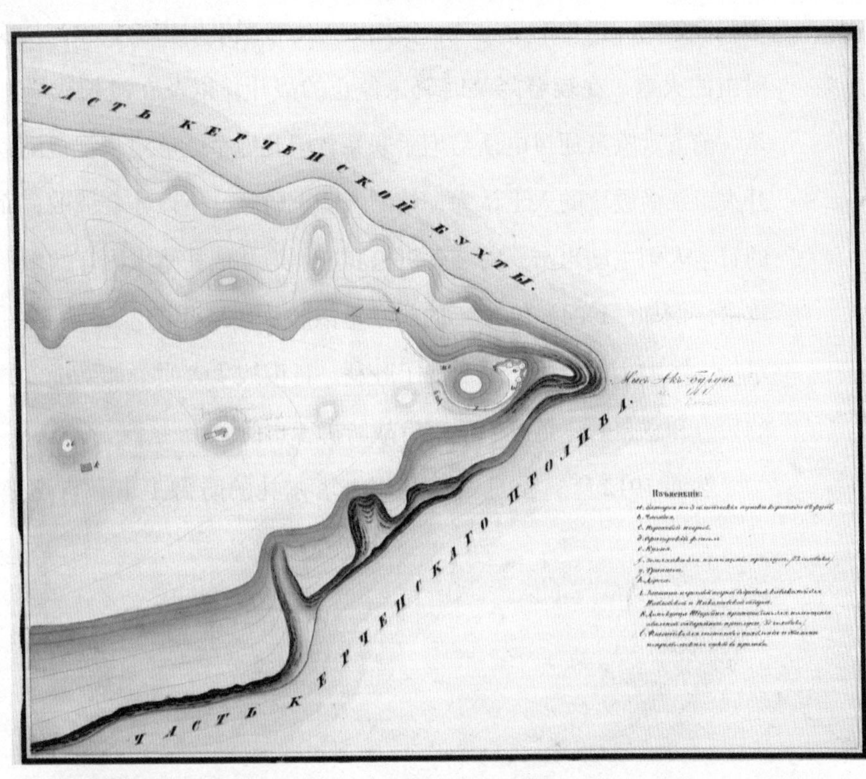

俄国刻赤，绘于 1858 年

1855 年，英国人派出一支舰队去攻击俄国人的补给线。这条补给线经由亚速海通往克里米亚，俄国人放弃了保护刻赤海峡的炮台，英国人得以摧毁这一海域的航运。这幅插图展示的是刻赤附近阿克 – 布伦角（Cape Ak–Burun，又称白角）的防御工事，该工事主要集中在海角的一座炮台，配备了 20 门火炮。克里米亚战争结束后，俄国人在那里修建了一座大型要塞。

带刺铁丝网和机枪的堑壕战，使用火炮间接瞄准射击的景象，从隐蔽阵地上射击的火炮，在夜幕降临时仍未停止的战斗，以及在漫长战线上进行的厮杀。前方观察员通过电话与炮手联系，因此炮手能够对目视范围以外的目标开火。崇尚进攻的人士认为，俄国人侧重防守，所以才会战败，而人数更多的日本人则主动出击，向装备机枪和速射炮并依托堑壕固守的俄军发动正面攻击，例如，1904—1905 年的旅顺港战役、1904 年的奉天[30]战役。虽然日军伤亡惨重，但最终还是取得了胜利。日俄战争表明，如果进攻方拥有足够的兵力和意志力，是可以攻克野战防御工事的。

然而 1912 年，土耳其人利用查塔尔扎的防御工事和自然地貌，阻止

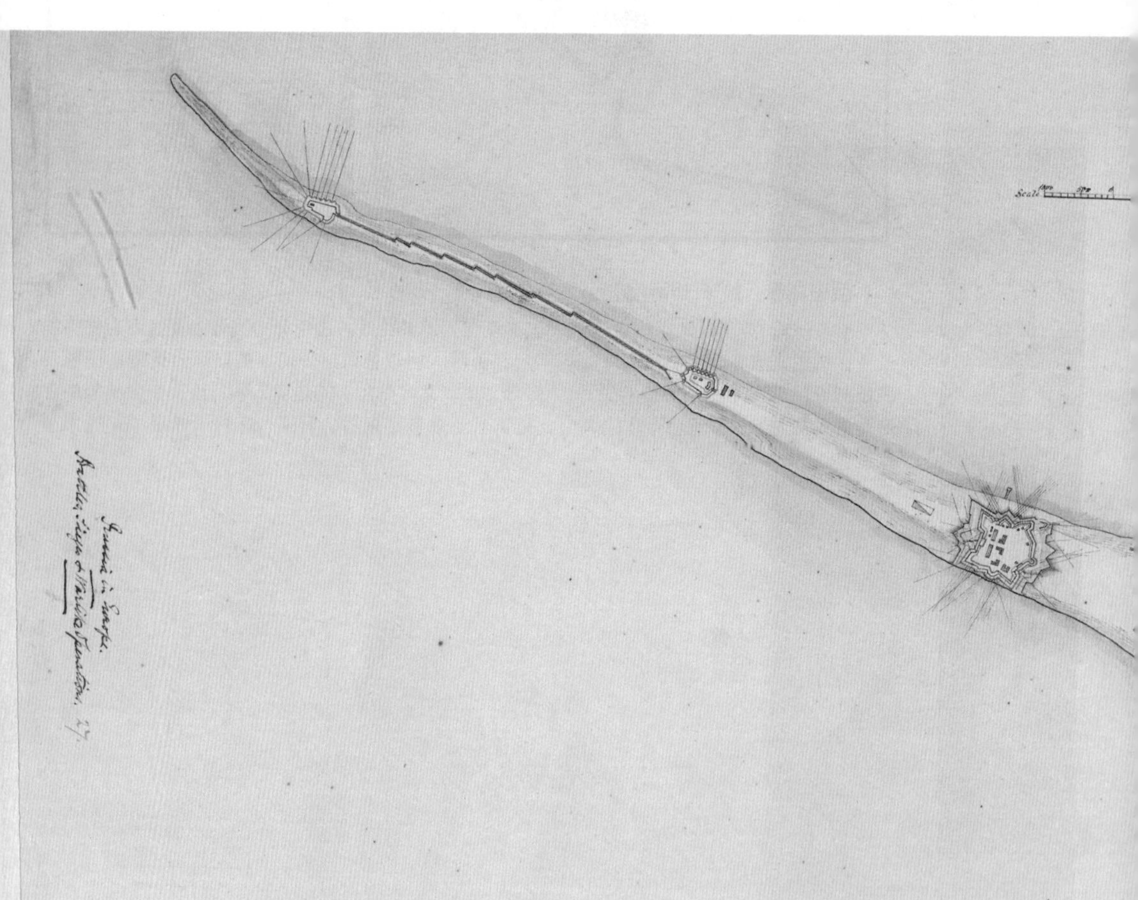

了保加利亚人对君士坦丁堡（伊斯坦布尔）的推进。保加利亚人的炮兵未能摧毁土耳其人的炮兵，这削弱了保加利亚步兵的攻击效果，造成了重大的损失。此战充分表明，当进攻方无法通过优势炮兵火力压制防守方的炮兵和堑壕阵地时，拥有炮兵支援的堑壕阵地具有强大威力。可惜的是，当时的人们普遍不愿意吸取这一教训。

乌克兰金伯恩，绘于 1855 年

克里米亚战争期间，英法舰队轰炸了黑海沿岸的金伯恩，在此次行动中法国人成功地使用了铁甲木制浮动炮台。这使得英国人在准备进攻喀琅施塔得和圣彼得堡时，也订购了大量的螺旋桨炮艇、臼炮炮艇和铁甲木制浮动炮台。但由于战争结束，英国人的进攻计划在 1856 年并没有实现。1858 年，在实战中尝到甜头的法国人下水了第一艘铁甲战舰“光荣”号（Gloire）。

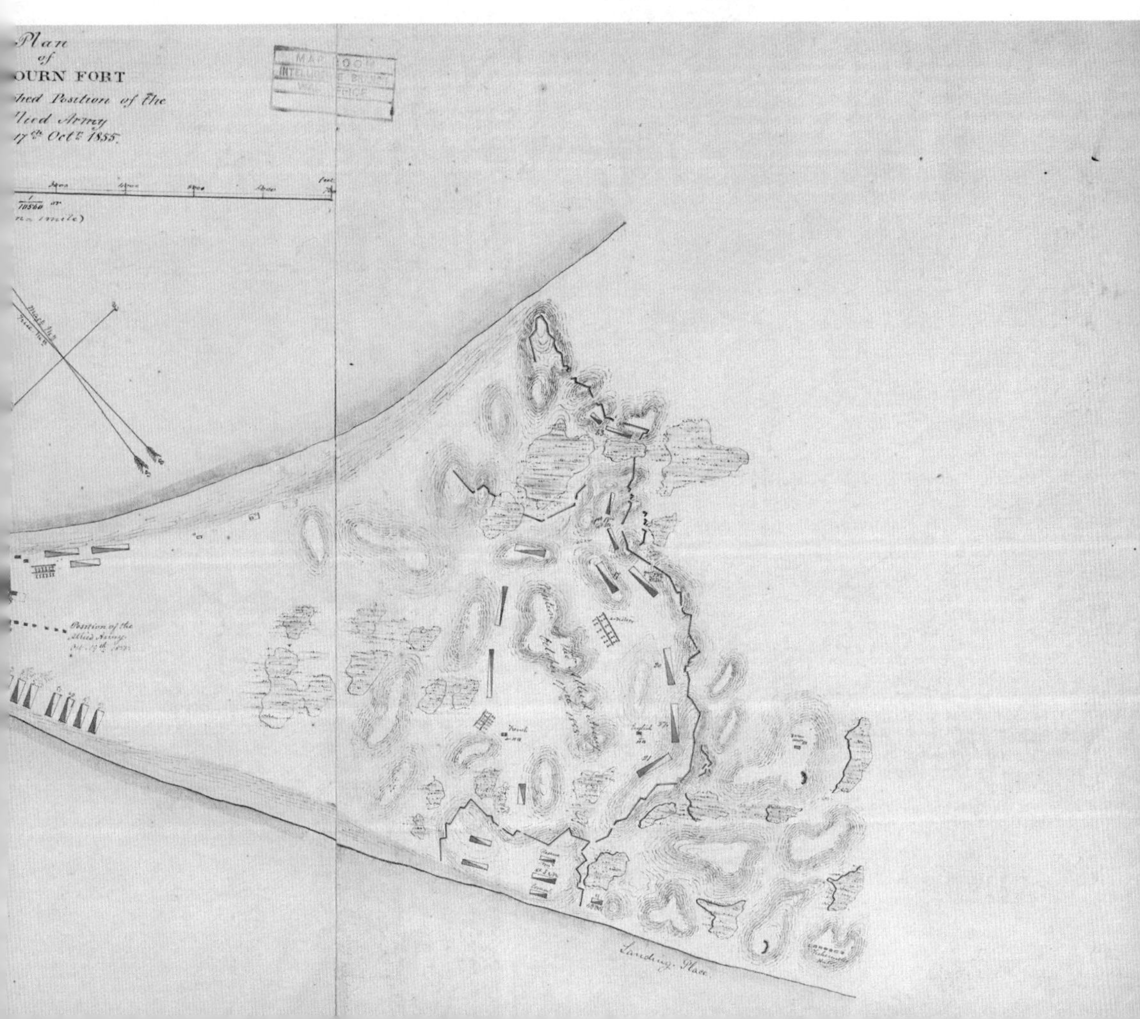

POSITION OF THE ALLIED FLEETS 1854-1855 & 1856
SEBASTOPOL HARB
C. Constantine
Fort Constantine
Fort Catherine
Fort Alexander
Fort Nicholas
C. CHERSONESE
KAMIESCH
Kamiesch Bay
Kazatch Bay
Streletzka Bay
Paschana Bay
French Camps
French Head Quarters
British Head Quarters
French Artillery Camp
Flag Staff
Cossack Cape
English & French Race Course
French Camp
ST GEORGE BAY
Cape Fiolente
Submarine Electric Cable
REFERENCE
BRITISH
FRENCH
SARDINIAN
TURKISH
RUSSIAN
RAILROAD
TELEGRAPH
BURIAL GROUNDS
DATES OF LEADING EVENTS DURING THE WAR WITH RUSSIA
NOTE _ This Map is published in connection with the Work entitled "The Last of the Brave or Resting Places of our Fallen Heroes in the Crimea and at Scutari" by Captains the Hon. John Colborne 60th Royal Rifles late 77th Regiment & Frederic Brine, Royal Engineers.
London Ackermann & Co. 106 Strand 1857.
DISTANCES BY SEA IN NAUTICAL MILES FROM SEBASTOPOL
ANAPA 210
ATHENS 720
CAGLIARI 1530
CONSTANTINOPLE 300
CORFU 825
DANUBE (MOUTH) 180
EUPATORIA 45
GALLIPOLI 400
GIBRALTAR 2190
GENOA 1600
KAFFA 155
KERTCH 215
KINBURN 150
MALTA 1200
MARSEILLES 1900
NIKOLAIEFF 180
ODESSA 180
REDOUT KALEH 430
SINOPE 180
SOUTHAMPTON 3570
TREBIZOND 300
VARNA 245
ELECTRIC TELEGRAPH
First Message sent between Head Quarters and Kadikoi 7th March 1855
Submarine Cable to Varna and Eupatoria laid down April 1855
Communication with Varna broken 4th December 1855
Line to Eupatoria taken up by H.M.S. Harpy May 1856
BALAKLAVA RAILWAY
(Total Length of SINGLE Line of Rail 19 Miles)
First Rail laid 7th February 1855 _ Line first used from Balaklava to Kadikoi 17th February & to Head Quarters 24th March 1855 _ Branch to Diamond Wharf made March 1855 _ Line extended to Third Division Camp & Woronzoff Road May 1855 _ Engines first run from Balaklava for 2 Miles 17th Nov. 1855 (Line previously worked by Horses) Branch to Sardinian Position opened 1st Jan. 1856 _ Railway finally taken up & Materials sent to Constantinople July 1856.
SEBASTOPOL DOCKS
London: Ackermann & Co. 106 Strand

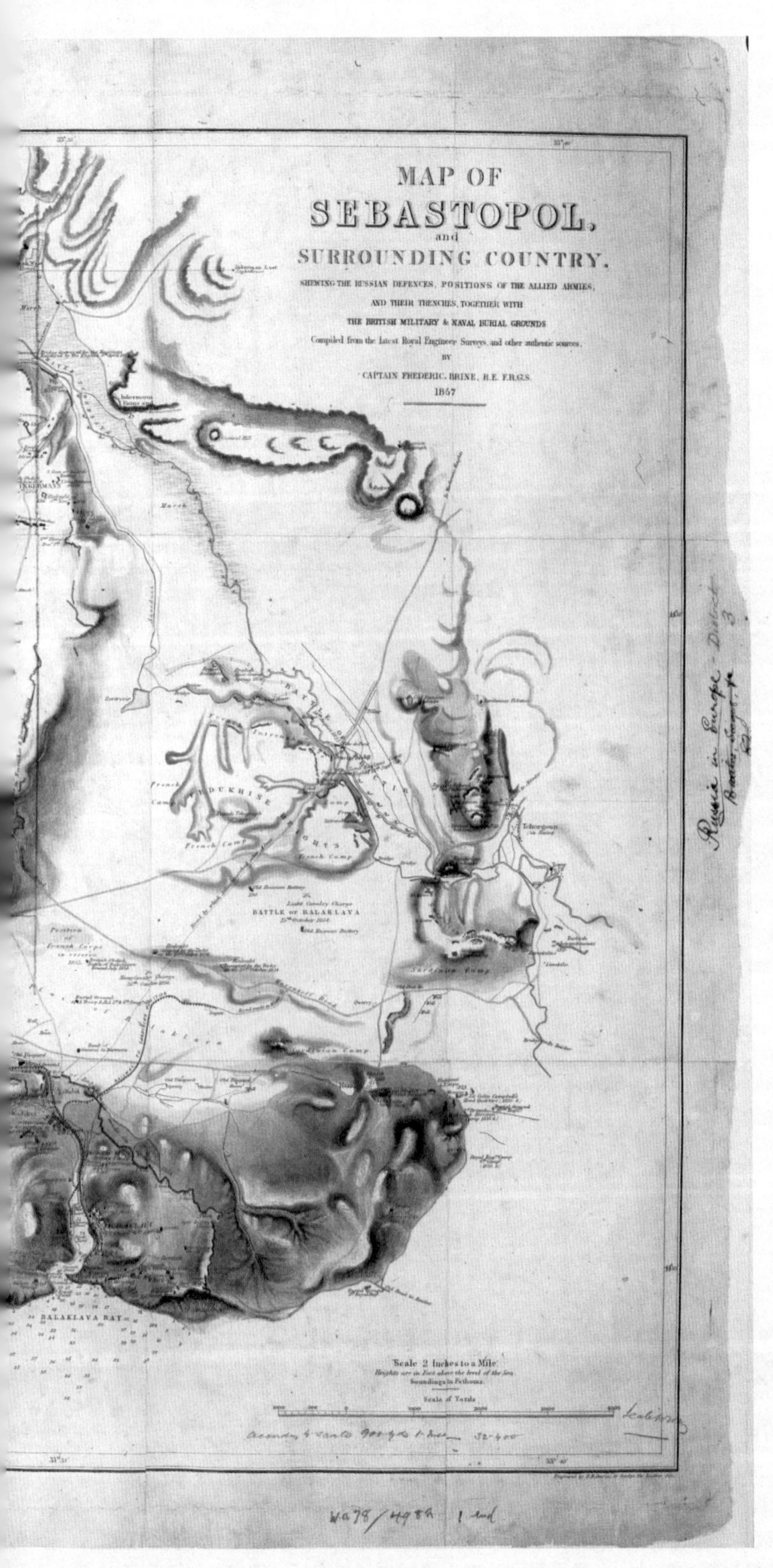

俄国塞瓦斯托波尔

在克里米亚战争（1854—1856 年）中，英法向克里米亚派出军队，并于 1854 年围攻俄国海军基地塞瓦斯托波尔，为此放弃了机动作战。英法认为，通过此方法可削弱俄国海军对奥斯曼帝国的威胁。然而，由于英法联军兵力不足，俄国人通往塞瓦斯托波尔港北部的道路仍然畅通，围攻并没有完全奏效。联军还不得不面对特别恶劣的天气，这对他们在黑海沿岸的补给线造成了严重影响，同时也要面对克里米亚那里试图突围的俄军。塞瓦斯托波尔的防御力量非常强大，虽然英法联军拥有重炮，但他们在 1855 年发动的前期陆上进攻还是失败了（就像前一年的海上进攻一样）。此外，进攻的联军缺乏足够的攻城经验，并且不得不与俄军进行堑壕战。俄军在城外掘壕固守，充分利用地面防御工事。最终，法军通过发动突袭攻占了马拉科夫堡，这是俄军防御体系中的一处关键阵地，塞瓦斯托波尔则于 1855 年 9 月陷落。从此，俄国人在塞瓦斯托波尔的其他阵地再也无法坚守。

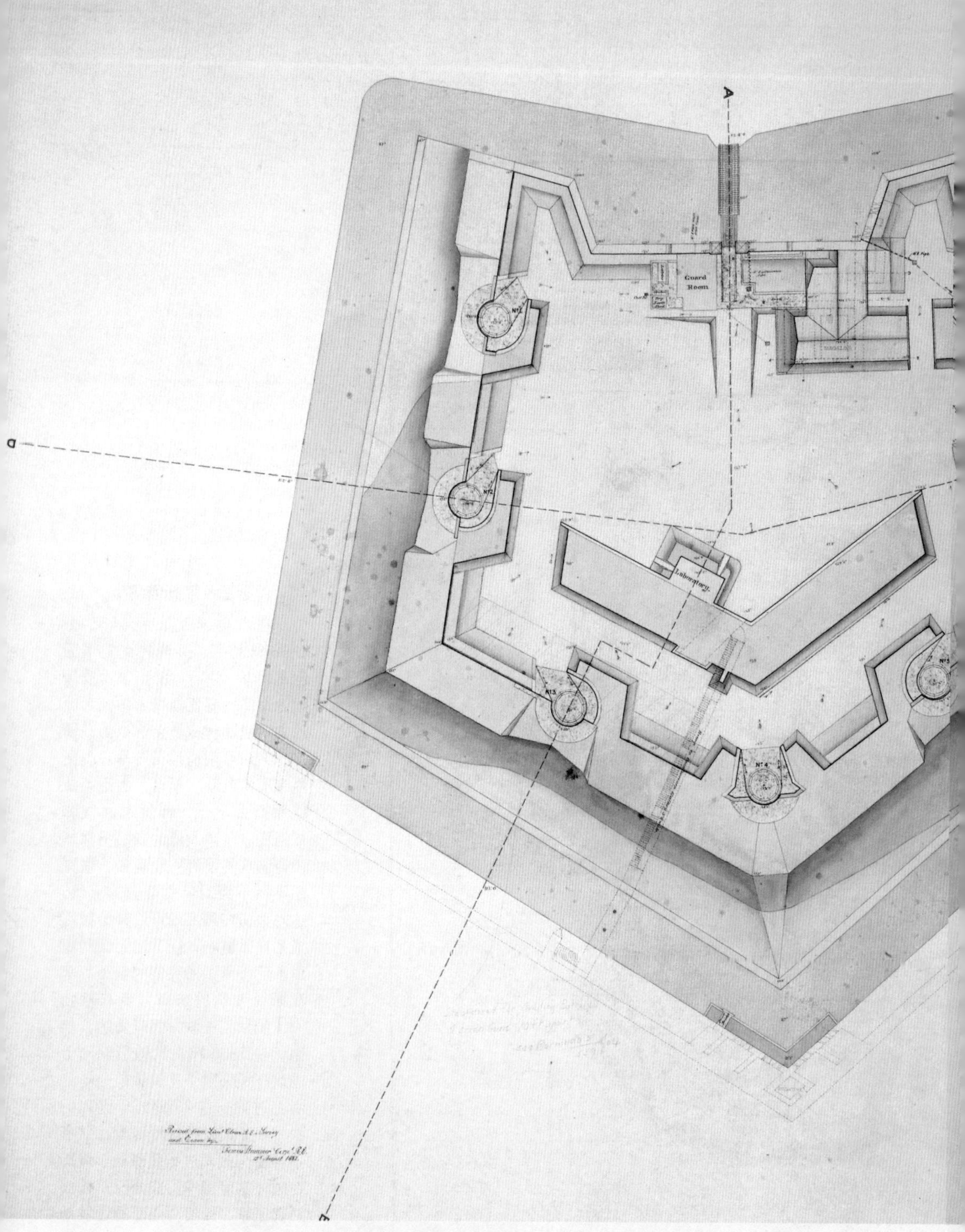

百慕大汉密尔顿堡（Fort Hamilton）

在美国内战（1861—1865 年）期间，英美两国重开战端的可能性增加。早在 19 世纪 40 年代末，两国关系的恶化就已导致百慕大的防务升级。1861 年 11 月，“特伦特”号事件（Trent Affair）[31] 引起的危机导致英国进行备战，包括向百慕大派遣增援部队。岛上的防御体系得到升级，因为它既是对美国实施封锁的基地，又容易受到攻击。美国内战结束后，双方关系一直不

BERMUDA.

RECORD PLAN No.

FORT HAMILTON.

Block Plan, and Details of a Gun Portion

SECTION on M.N.

Note. No. 1, 2, 3, 5, 6 & 7 gunpits are of similar construction, the dimensions of traverses &c. slightly varying in each (see Block Plan). Cartridge Store 7'x7'x7'6" Shell do 5'x5'x4'. No. 4 gunpit is constructed with Shell and Cartridge Stores of same size 7'x7'x7'6"

SECTION on Q.R.

SECTION on O.P.

PLAN

Captain R.E.
D.O. Hamilton.
27th Aug. 1883.

Commanding Royal Engineer
Bermuda
27th August 1883.

佳，直到《华盛顿条约》（1871 年）的签订大大缓解了两国分歧。汉密尔顿堡的设计目的是保护汉密尔顿港不被美国人入侵，它拥有护城河、地下通道和强大的火炮。但是，由于火炮在射程和口径上的不断提升，以及炸药的威力越来越大，像其他砖石堡垒一样，汉密尔顿堡很快就显得过时了。

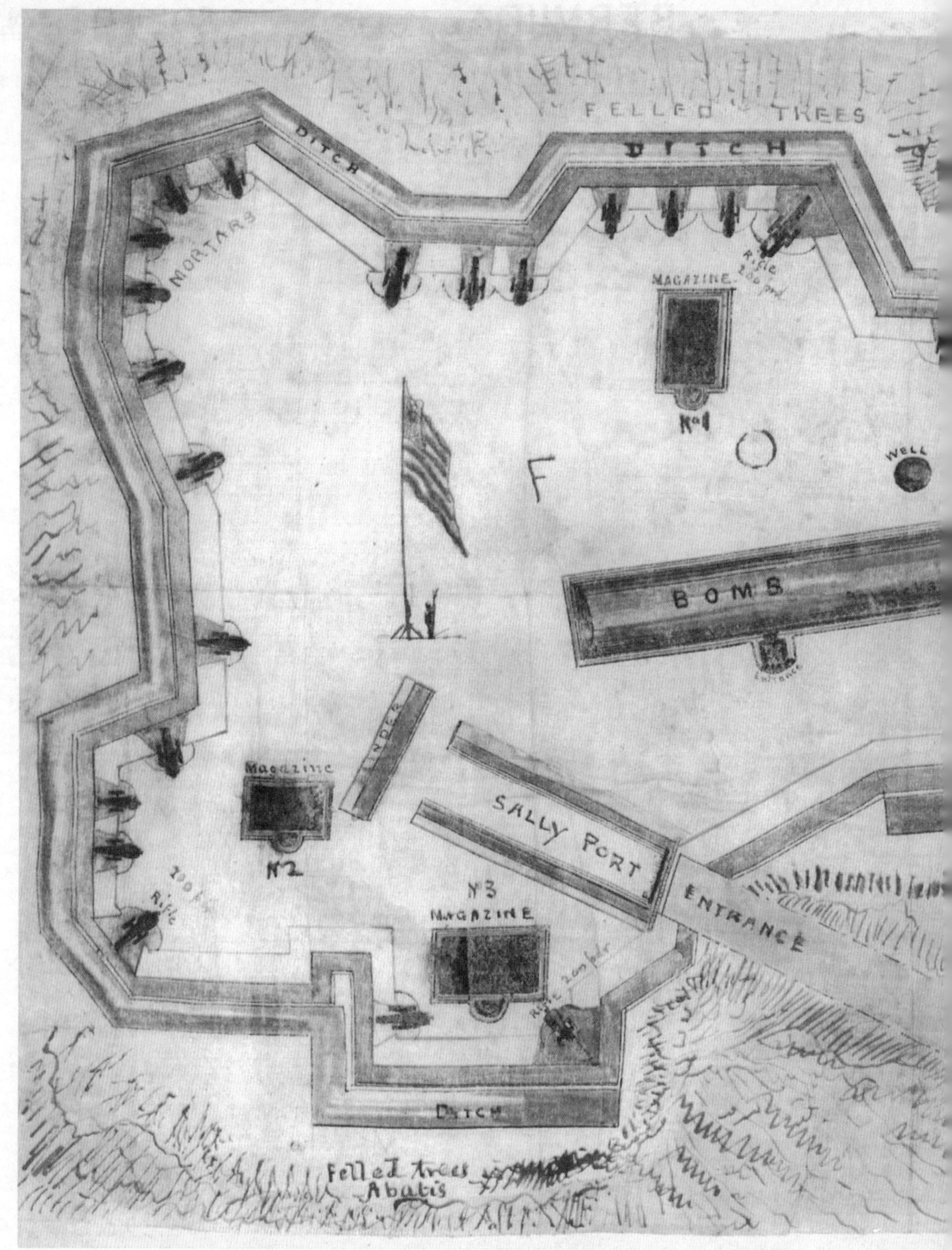

美国莱昂堡（Fort Lyon），绘于 1862 年

这座土木防御工事建在弗吉尼亚州亚历山大南部，是华盛顿联邦防线的一部分。莱昂堡占地 9 英亩（3.64 公顷），周围有堑壕和射击掩体，配有 31 门火炮。这张图是由联邦绘图员罗伯特·克诺斯·斯内登（Robert Knox Sneden）于 1862 年绘制的。它详细展示了这座要塞的防御

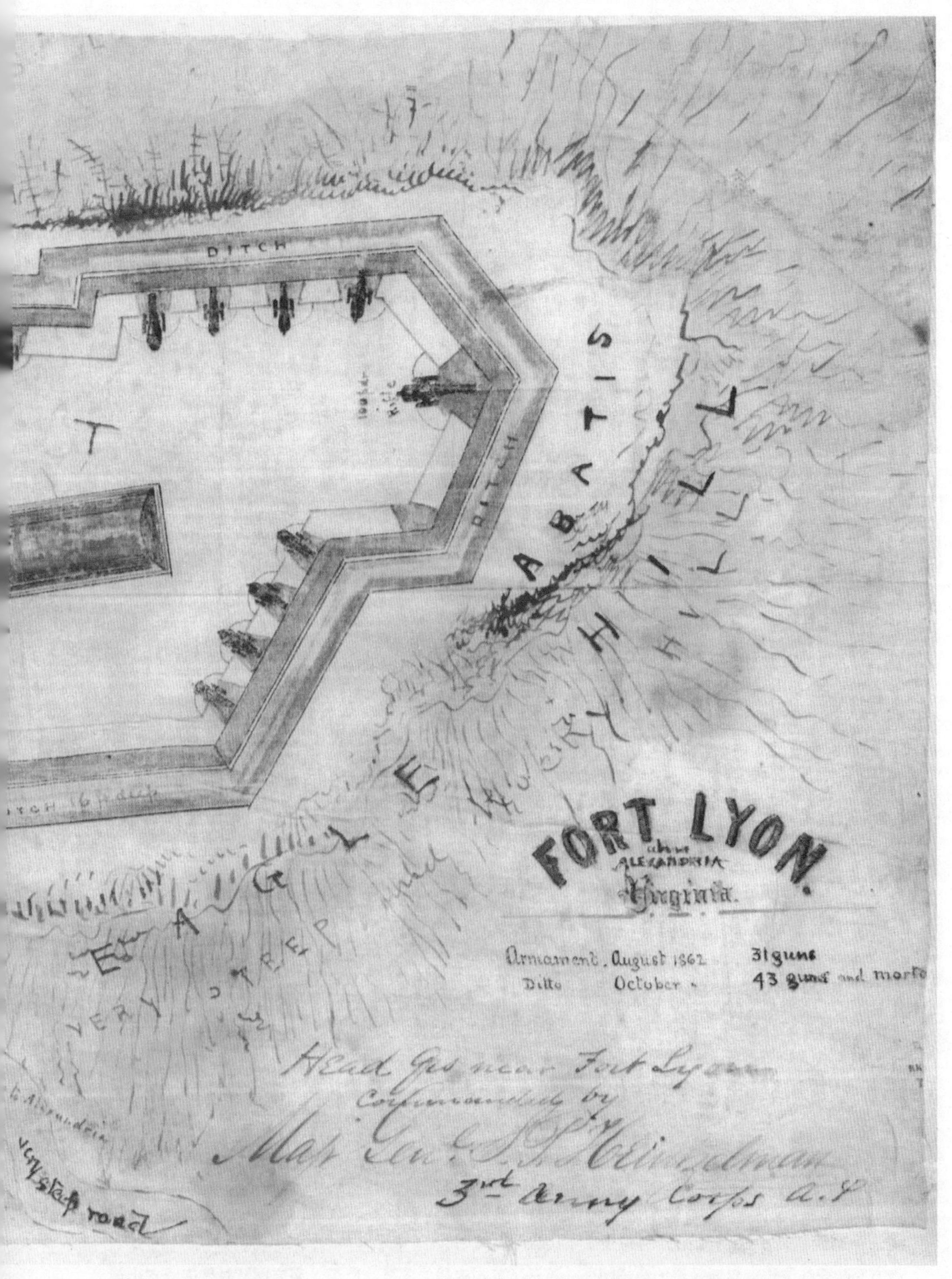

情况。主动防御设施包括一个用于部队出击的集结港。1861年12月4日,《纽约时报》在其头版刊登了一幅名为《华盛顿的国家防线》的图片，上面披露了首都华盛顿的防御工事，以及联邦军几个师的位置，从而激怒了军方。图中附文还提到“主要的永久性防御工事，如果叛军尝试发动进攻，他们会发现这些工事是不可逾越的障碍”。

美国萨姆特堡，上下两幅图分别绘于 1861 年开战前后

南方军队轰炸位于查尔斯顿港的萨姆特堡，拉开了美国内战的序幕。此前，南方军队对堡内一支小规模的联邦驻军实施封锁，但并未发起敌对行动。封锁持续至 4 月 12 日，由于得知北方联邦政府可能派出舰队前来救援，南方军队对萨姆特堡实施了猛烈轰炸。炮弹引起了大火，精疲力竭的守军第二天就投降了。

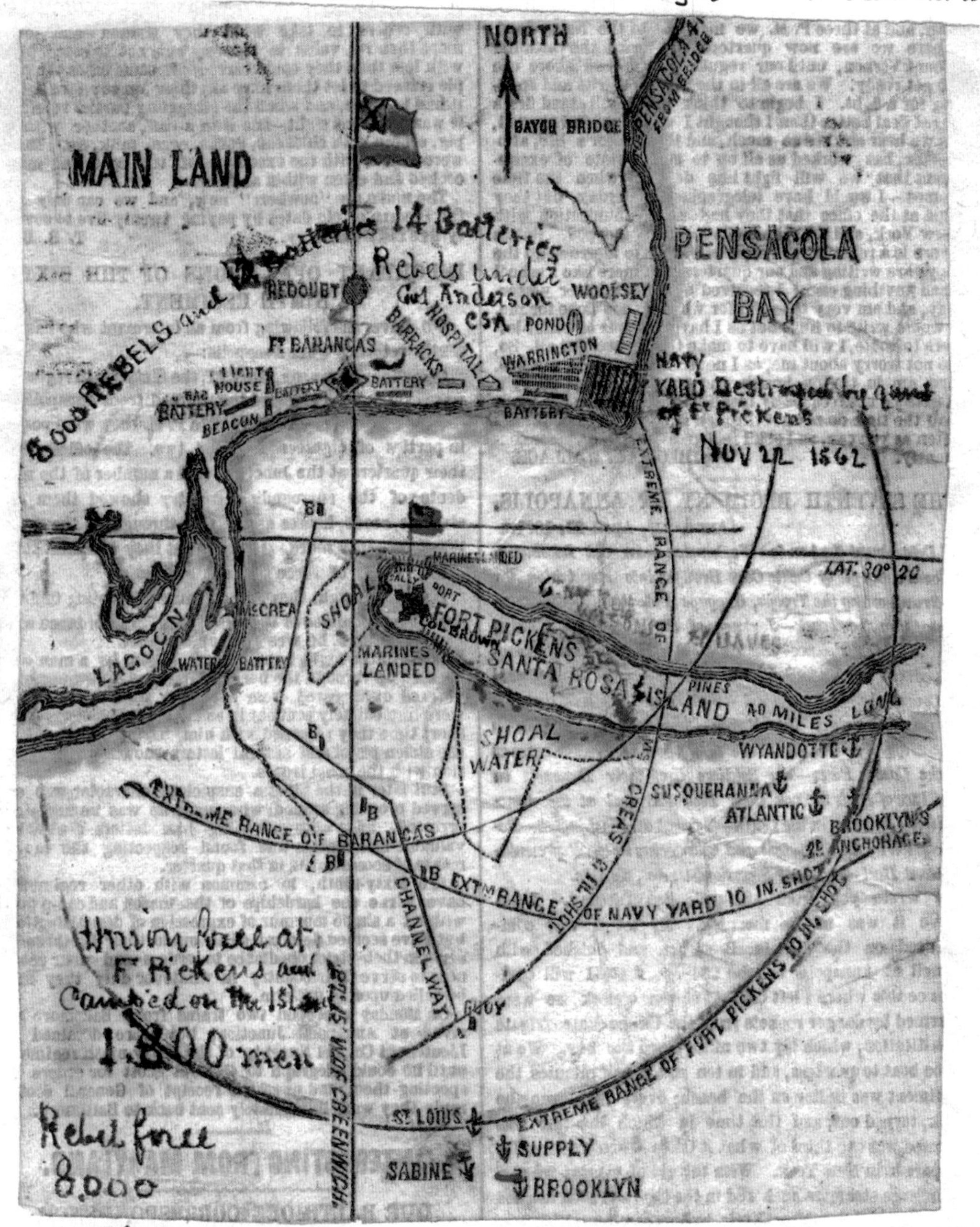

美国皮肯斯堡（Fort Pickens）

皮肯斯堡建于1829—1834年，主要由奴隶建造，位于彭萨科拉湾外的圣罗莎岛，19世纪50年代曾暂停使用，1858年遭受过火灾。然而，1861年1月，这一地区的联邦军指挥官认为皮肯斯堡是当地最易于防守的阵地，于是放弃防守其他阵地。皮肯斯堡在整个战争期间由联邦军占领，从19世纪90年代开始，为其配备了远程火炮。这张示意图展示了美国内战期间圣罗莎岛上的火炮射程及敌方的火炮射程。

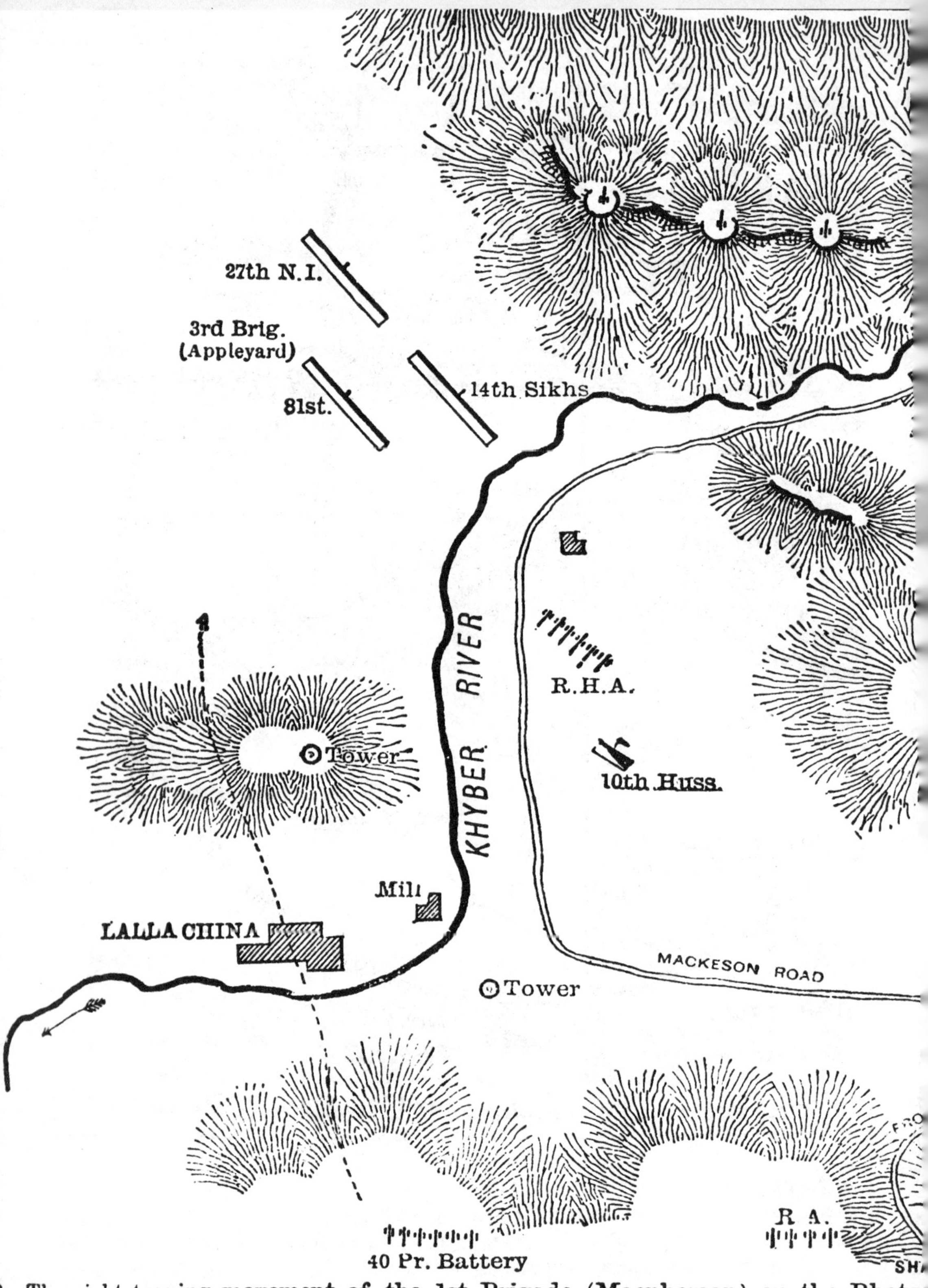

8.—The right turning movement of the 1st Brigade (Macpherson) on the Rhota Kushta in rear of Ali Musjid, started from Jumrood, and is not shown in the

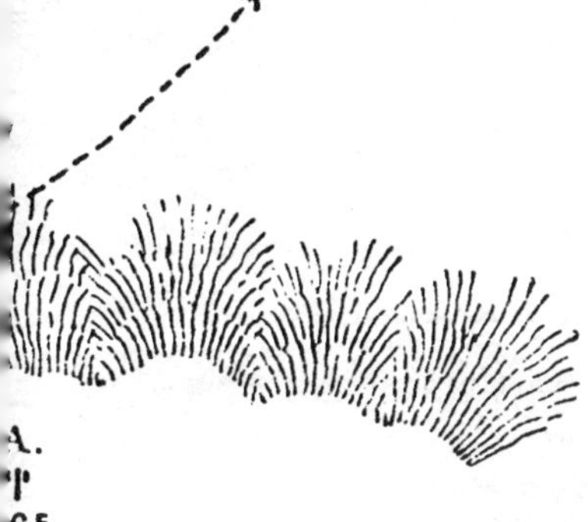

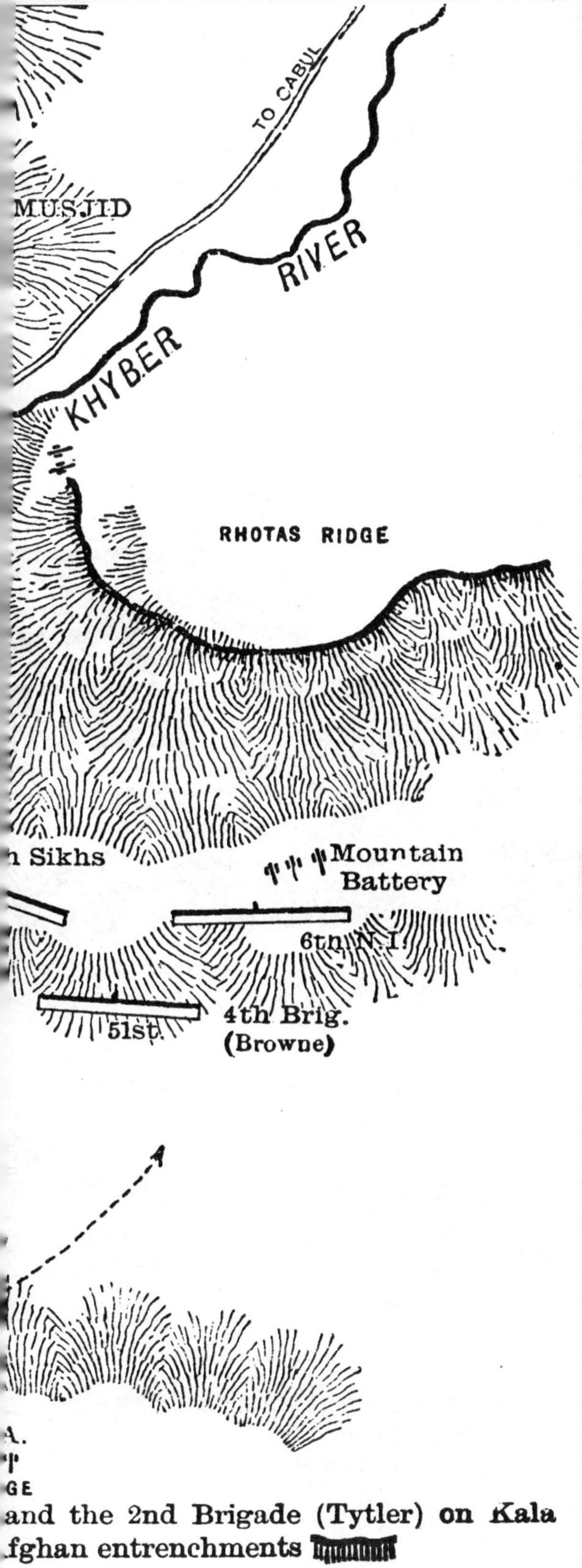

进攻阿富汗阿里清真寺的作战图

阿里清真寺是一座泥砖堡垒，建于 1837 年，位于开伯尔山口[32] 最狭窄处的一个制高点上。当时，已吞并白沙瓦的锡克教统治者兰吉特·辛格（Ranjit Singh）四处扩张，阿富汗人为保卫自己的领土做出了各种努力，修建这座堡垒便是其中之一。1839 年，英军攻占了阿里清真寺。第一次英阿战争期间，英军于 1842 年撤离。1878 年 11 月 21 日，经过第二次英阿战争开局阶段的艰苦战斗，英军再次攻占了这座堡垒。英军先突袭了阿富汗人在罗塔斯山脊之上的堑壕阵地以及阿里清真寺后方的堑壕阵地，然后攻占了堡垒，阿富汗人节节败退。

佛罗里达州圣奥古斯丁的马利恩堡（Fort Marion），拍摄于 1861 至 1865 年间

马利恩堡最初由西班牙人建造，原名为圣马科斯城堡。这是一座有护城河围绕的多边形堡垒。美国人在结构上做了很少的改造，最重要的改造是填平了部分护城河。在美国内战期间，南方邦联军队于 1861 年占领马利恩堡；1862 年 3 月，由于北方联邦军队的到来而被其收复。两次易主都没费一枪一弹。

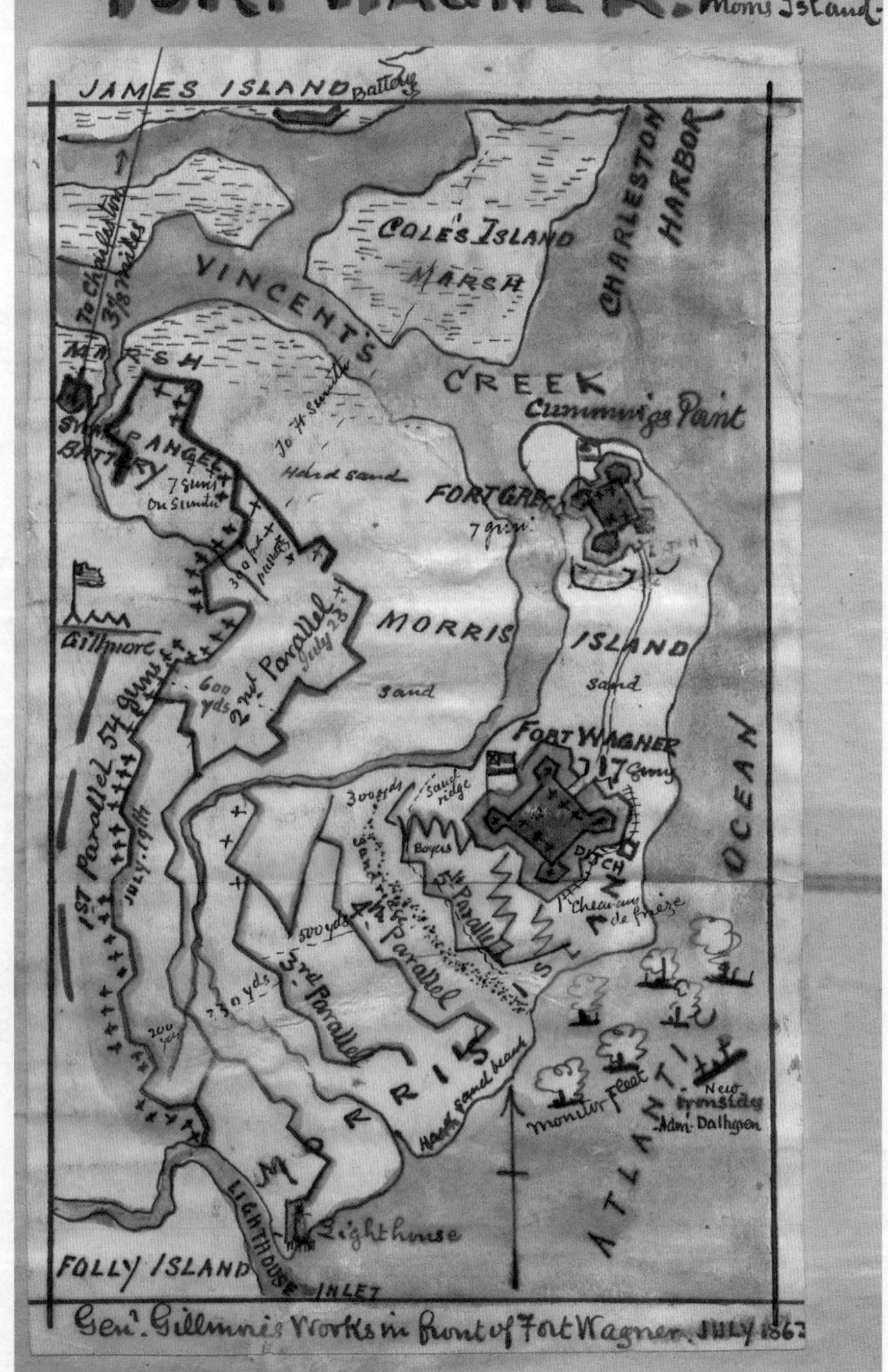

美国瓦格纳堡（Fort Wagner），绘于 1863 年

1863 年，北方联邦军在年富力强的昆西·亚当斯·吉尔摩（Quincy Adams Gillmore）的领导下，在意志坚定的海军少将约翰·达尔格伦（John Dahlgren）率领的南大西洋封锁舰队的支援下，试图攻占莫里斯岛的瓦格纳堡，从而获得进攻查尔斯顿的前沿阵地。7 月，联邦军的攻击被击退，伤亡惨重。这促使吉尔摩（如图所示）开始了正式的围攻，联邦军通过土工作业不断逼近这座堡垒。南方邦联军遭到了猛烈的轰炸，同时也面临着后勤问题。9 月 7 日，邦联军撤离了阵地。

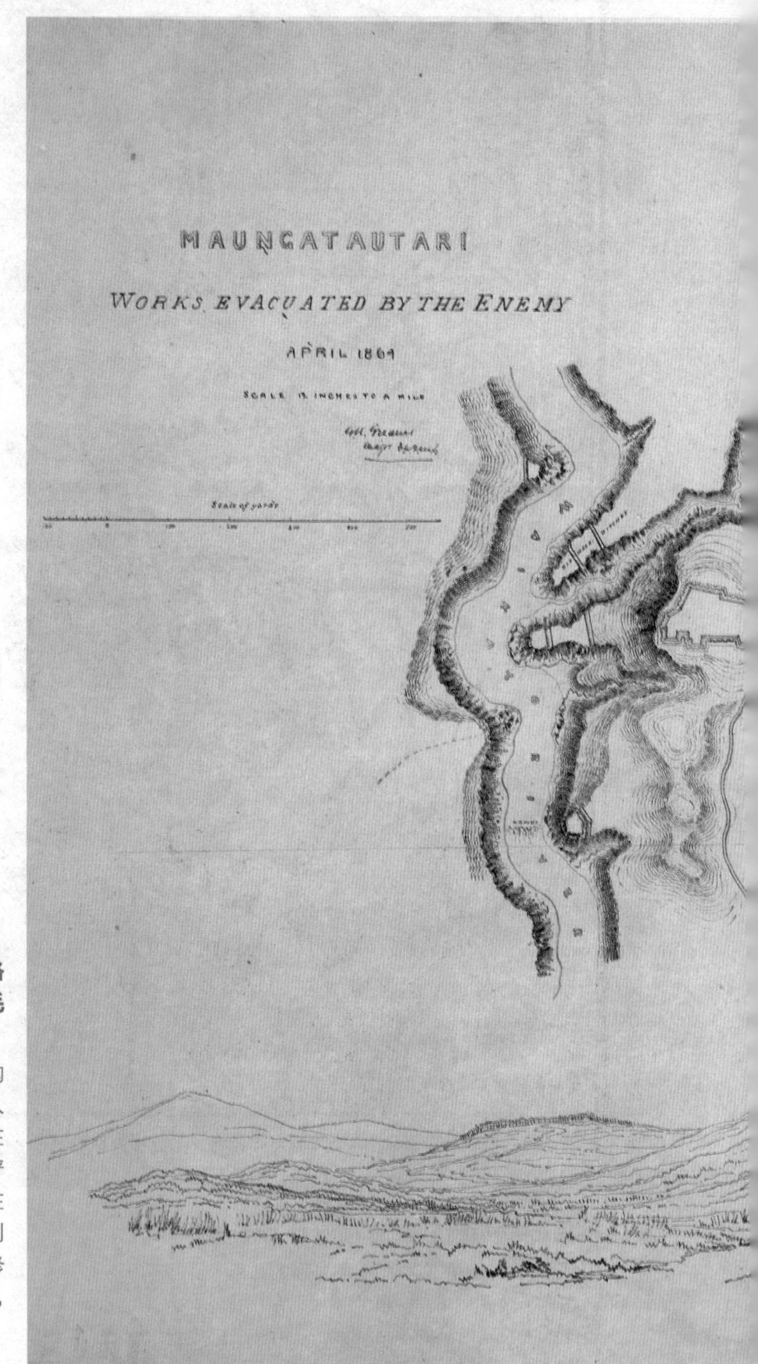

新西兰北岛，怀卡托河芒格塔乌塔里（Maungatautari）的毛利人防御工事，绘于 1864 年

毛利人使用了位置极佳的壕沟和“帕”（堡垒）系统，令英国人难以轰击或强攻。这些防御工事在 19 世纪 60 年代给英国人带来了严峻问题。尽管如此，英国人还是在 1863—1864 年战胜了怀卡托的毛利人，在此地部署了更多的军队。修建堡垒，扶植毛利人中的亲英武装，也为英国人的胜利发挥了作用。

18528
MAUNGATAUTARI RANGE
Large Swamp
PUKERIMU
SKETCH OF THE COUNTRY BETWEEN PUKERIMU AND MAUNGATAUTARI
To Pukerimu

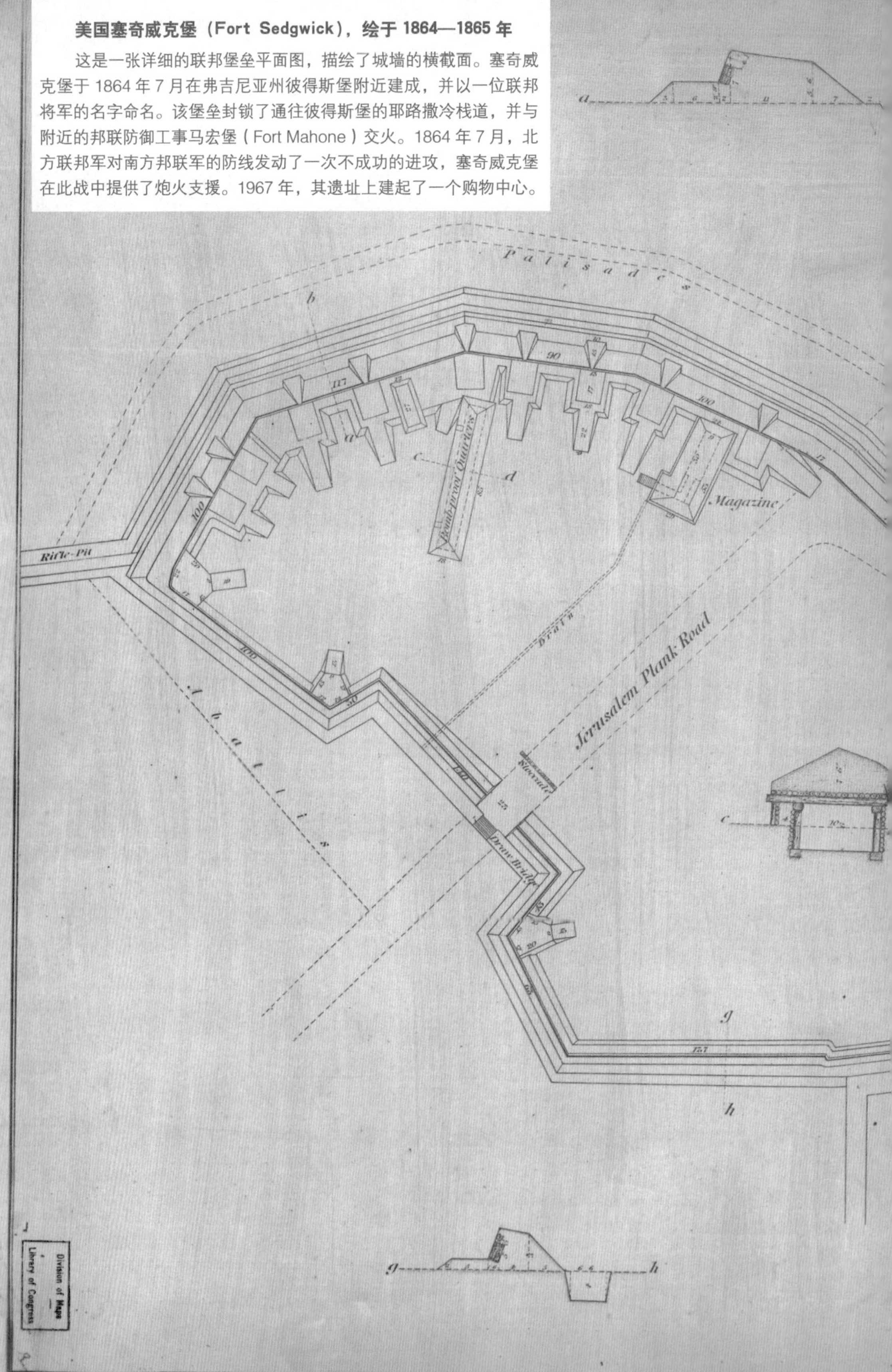

美国塞奇威克堡（Fort Sedgwick），绘于 1864—1865 年

这是一张详细的联邦堡垒平面图，描绘了城墙的横截面。塞奇威克堡于 1864 年 7 月在弗吉尼亚州彼得斯堡附近建成，并以一位联邦将军的名字命名。该堡垒封锁了通往彼得斯堡的耶路撒冷栈道，并与附近的邦联防御工事马宏堡（Fort Mahone）交火。1864 年 7 月，北方联邦军对南方邦联军的防线发动了一次不成功的进攻，塞奇威克堡在此战中提供了炮火支援。1967 年，其遗址上建起了一个购物中心。

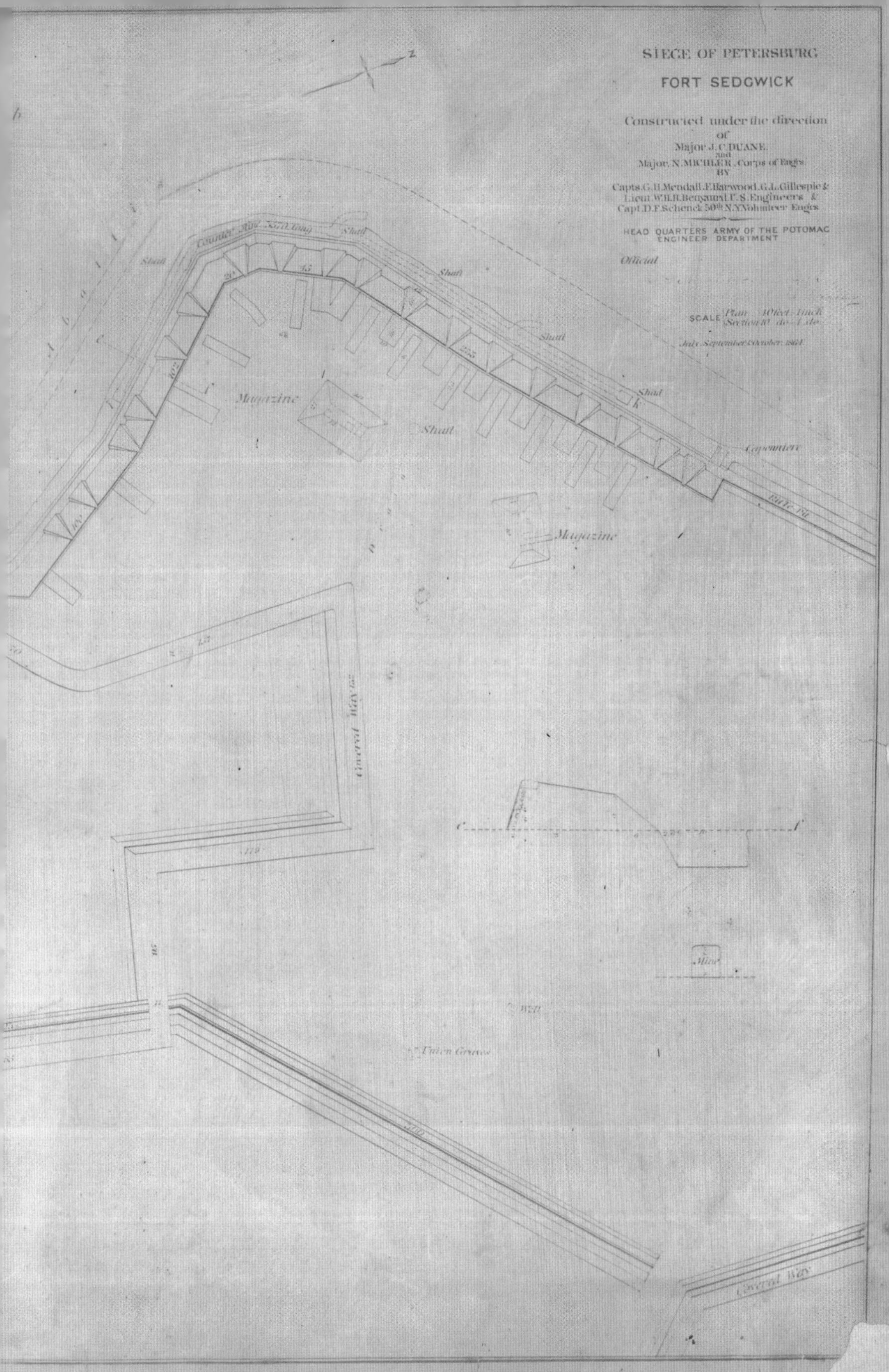
SIEGE OF PETERSBURG
FORT SEDGWICK
Constructed under the direction of
Major J. C. DUANE and
Major N. MICHLER, Corps of Engrs
BY
Capts. G. H. Mendall, F. Harwood, G. L. Gillespie &
Lieut. W. H. H. Benyaurd U. S. Engineers &
Capt. D. F. Schenck 50th N. Y. Volunteer Engrs
HEAD QUARTERS ARMY OF THE POTOMAC
ENGINEER DEPARTMENT
Official
SCALE Plan 10 feet 1 inch
Section 10 do 1 do
July, September & October 1864
Counter Mine
Shaft
Shaft
Shaft
Shaft
Shaft
Shaft
Magazine
Magazine
Caponniere
Covered Way
Covered Way
Mine
Well
Union Graves

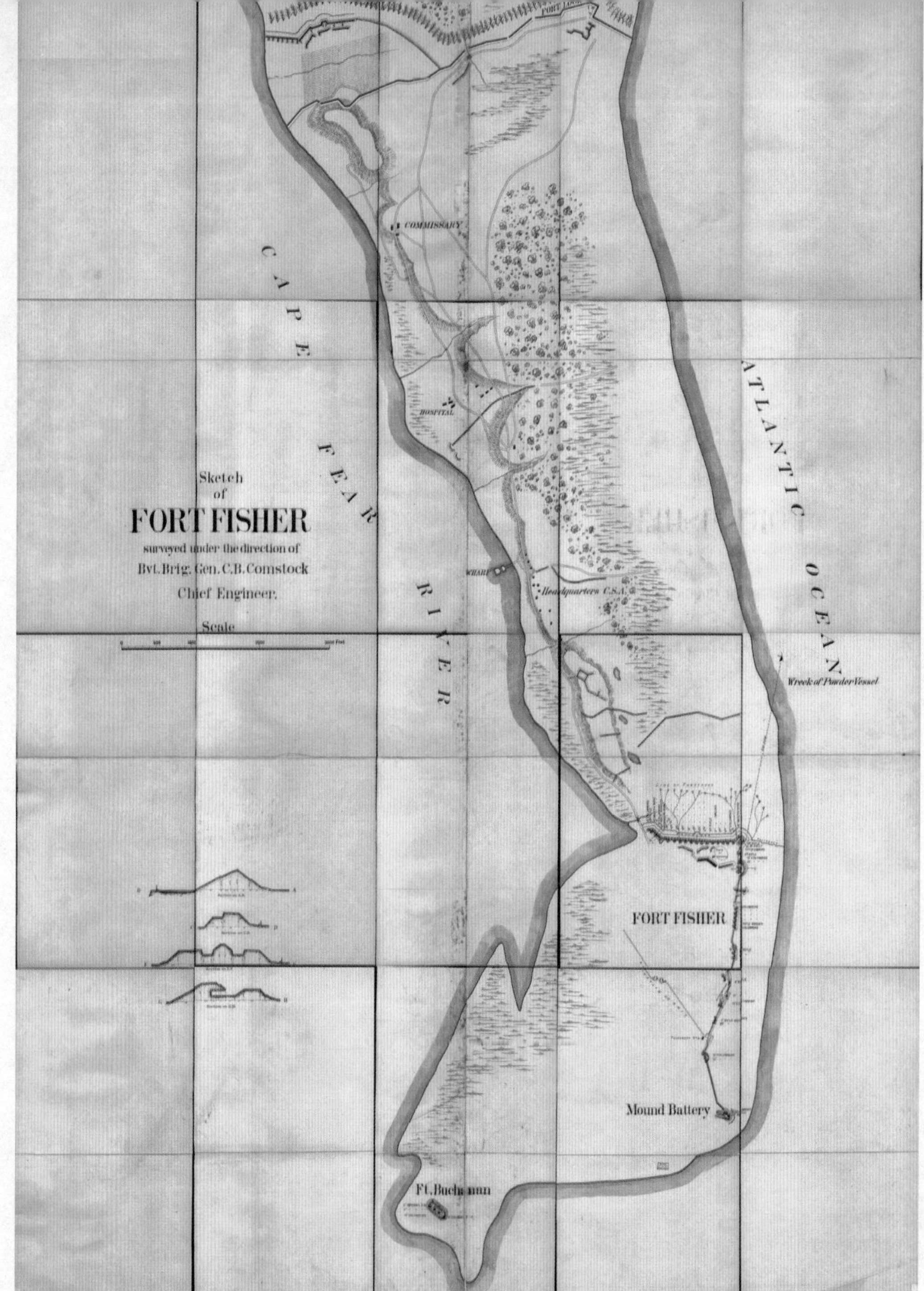

北卡罗来纳州费舍尔堡（Fort Fisher），绘于 1865 年

费舍尔堡修建于南北战争期间，是南方邦联为保卫威明顿港口而修建的一个据点，随着其他堡垒被攻占，费舍尔堡变得更加重要。这座堡垒主要用泥土建造，被实心炮弹击中后能有效地吸收其动能。堡垒上安装了 49 门大炮，可抵御来自海上和陆地的攻击。1864 年，在其所在半岛的最远端增建了布坎南堡（Fort Buchanan）。1864 年 12 月，北方联邦军发动了一次失败的远征，但在接下来的一个月里，在 56 艘舰艇的轰炸掩护下，1 万名联邦军士兵登陆，击败了人数较少的邦联军。塞勒斯 · 康斯托克（Cyrus Comstock）是一名工程师，也是格兰特 [33] 的高级副官，他被派去参加第二次远征。这幅图由他负责完成，图中包括四种土墙的横截面。

中国的防御工事

按照西方评论家的标准，中国的防御工事可能显得有些简陋，甚至是有些原始。然而，它们一般都能很好地为国家的统治者服务，尤其是在镇压人民起义时，如 1796—1805 年的白莲教起义。虽然在 1842 年第一次鸦片战争中，包括珠江沿岸堡垒在内的中国军队阵地落入了英国人之手，但在 1859 年第二次鸦片战争中，英国人发现位于海河河口的大沽炮台是一个难以对付的目标，英国人的炮弹无法对其土制防御工事造成大的破坏。1860 年，英法联军发动了新一轮更大规模进攻，大沽炮台最终沦陷。之后，这支部队进占了北京。

在 1851—1866 年的太平天国运动中，防御工事又发挥了重要作用。1853 年，约 75 万太平军攻占了中国的重要城市——南京。太平军用地雷爆破，在城墙上制造突破口，从而攻破了南京外城，随后通过人浪攻击攻入了内城。1860 年和 1862 年，太平军两次企图攻占上海，但被英法的火力所阻挡。1864 年，清政府将南京从太平军手中夺回。在整个 19 世纪，中国的防御工事没有发生重大变化。

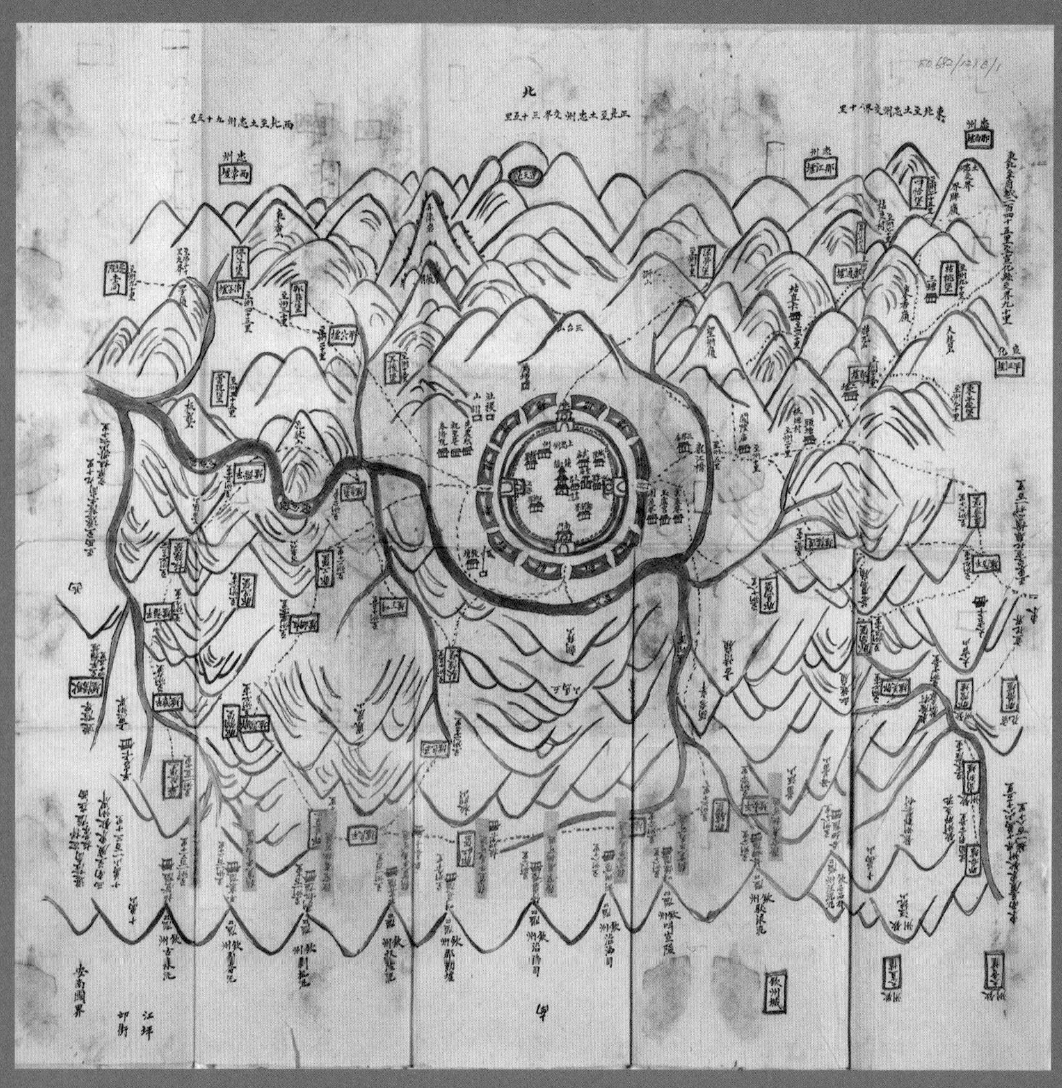

中国广西南部的上思州（今防城港市上思县），绘于 19 世纪 50 年代。

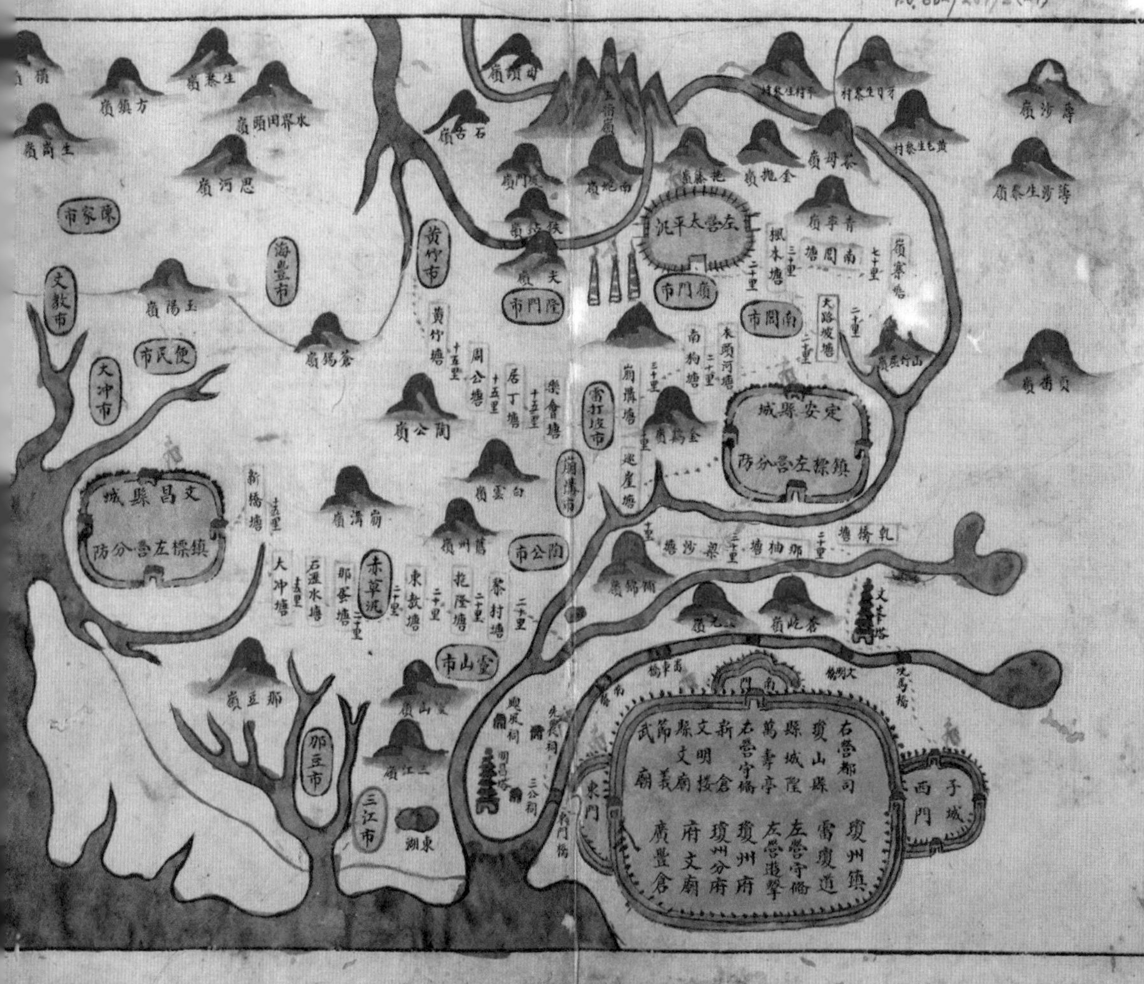

中国海南某沿海地区的军事驻防图，绘于 19 世纪 50 年代。

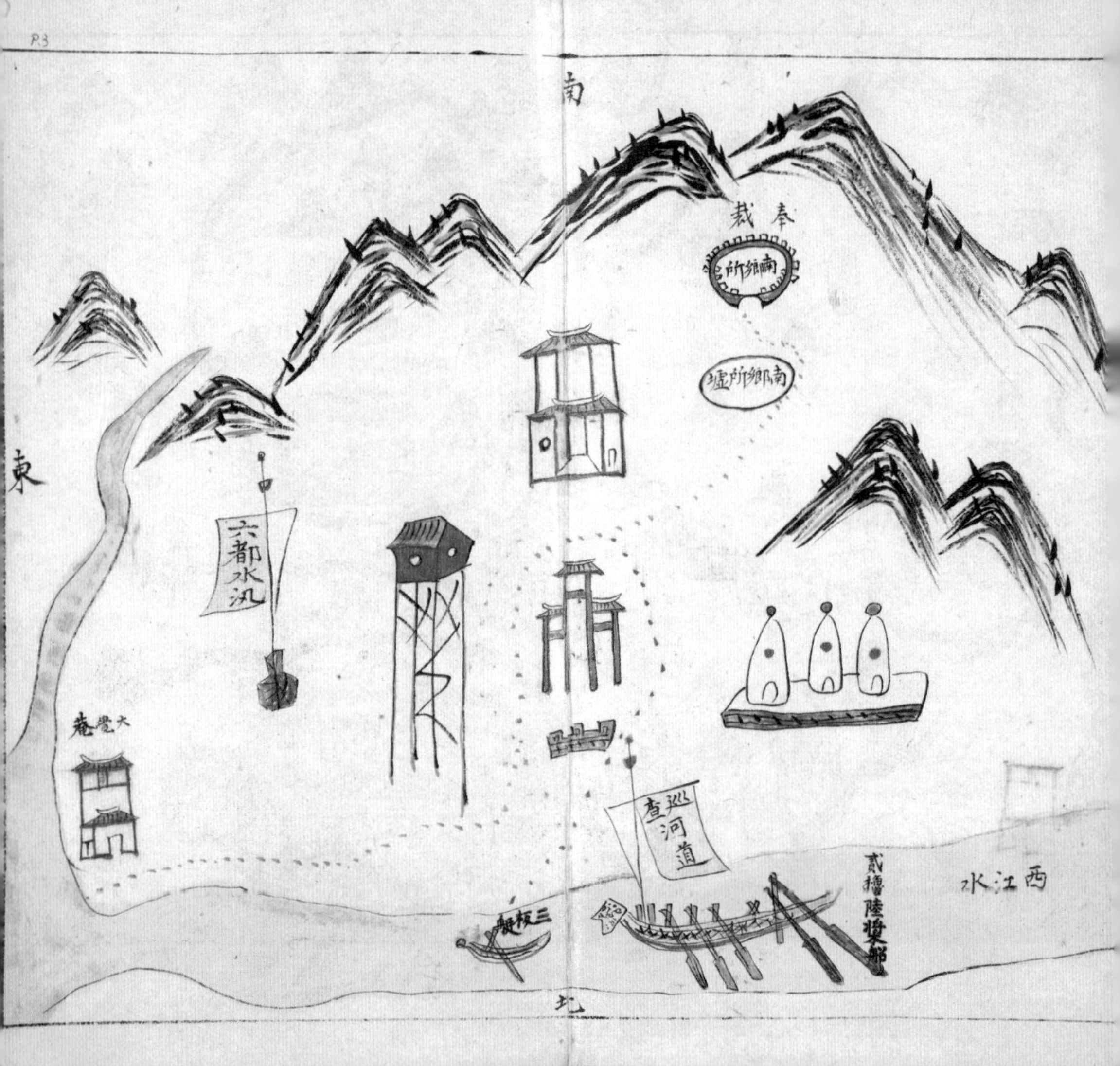

中国西江流域某军队哨所示意图，绘于 19 世纪 50 年代。

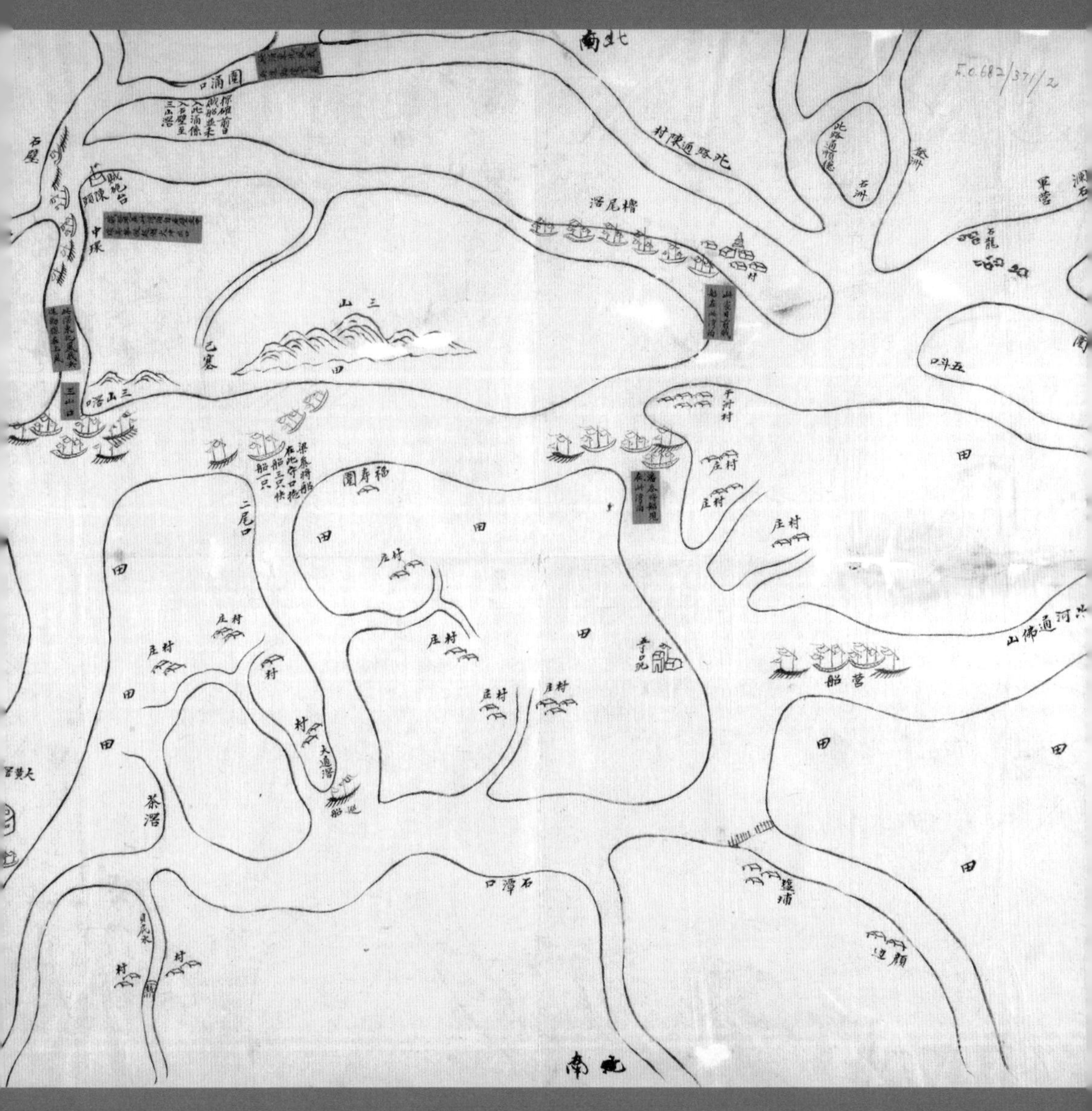

中国广州以南的珠江流域，图中标明了清军和起义军的阵地，绘于 19 世纪 50 年代。

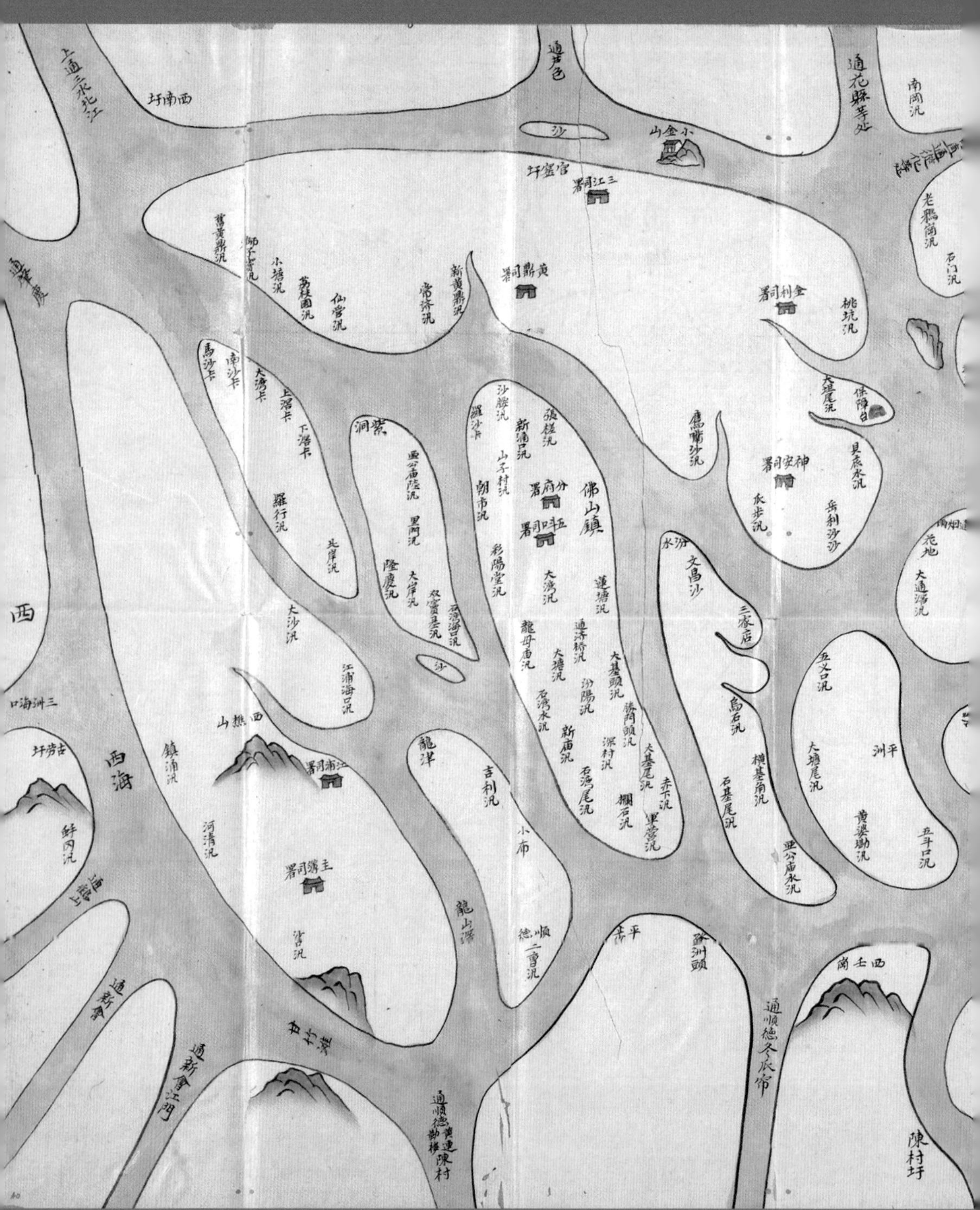

中国广州及周边地区的军事布防图，绘于 19 世纪 50 年代。

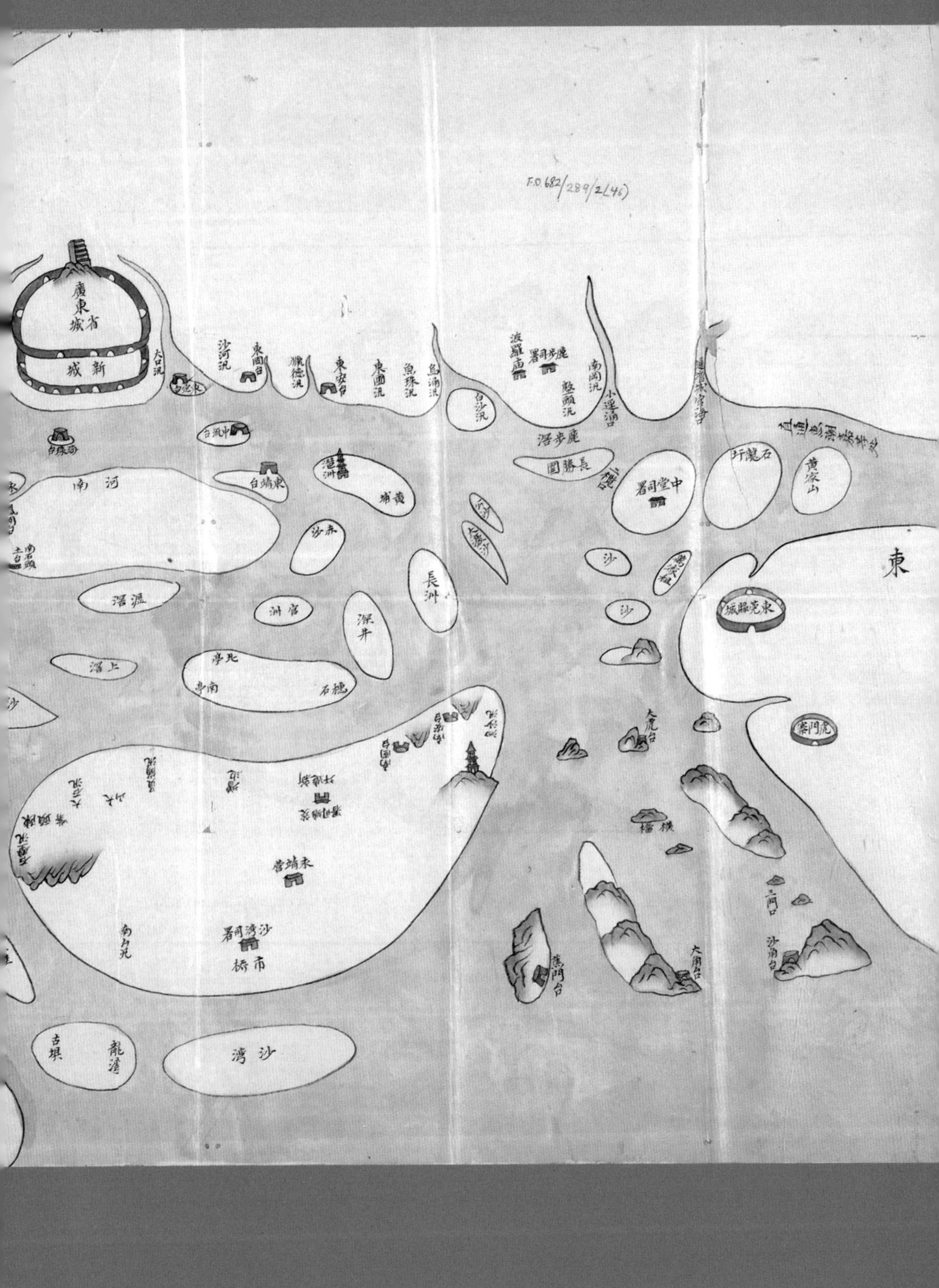
廣東省城
新城
大口汛
沙河汛
東岡台
獵德汛
東安台
東圃汛
魚珠汛
烏涌汛
白沙汛
鹿步司署
波羅廟
南岡汛
墊頭汛
小運河口
鹿步滘
長勝圍
中堂司署
石龍圩
黃家山
東
東莞縣城
河南
東靖台
黃埔
赤沙
長洲
溫滘
官洲
深井
上滘
北亭
南亭
礁石
沙
大虎台
虎門寨
橫檔
三門口
沙角台
大角台
蕉門台
沙灣司署
市橋
沙灣
龍潭
古埧

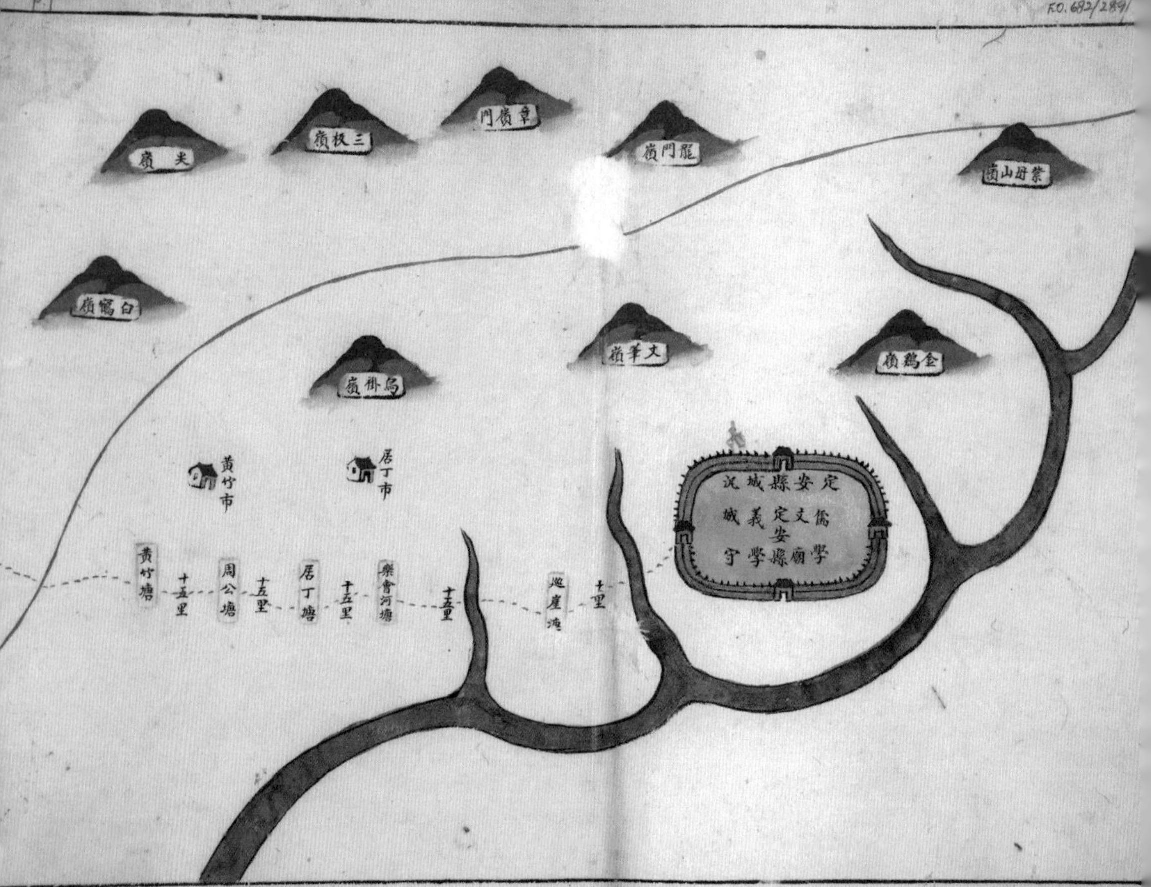

中国海南安定县及周边军事布防图。

中国南昌的军事据点，绘于道光十九年（1839 年）。

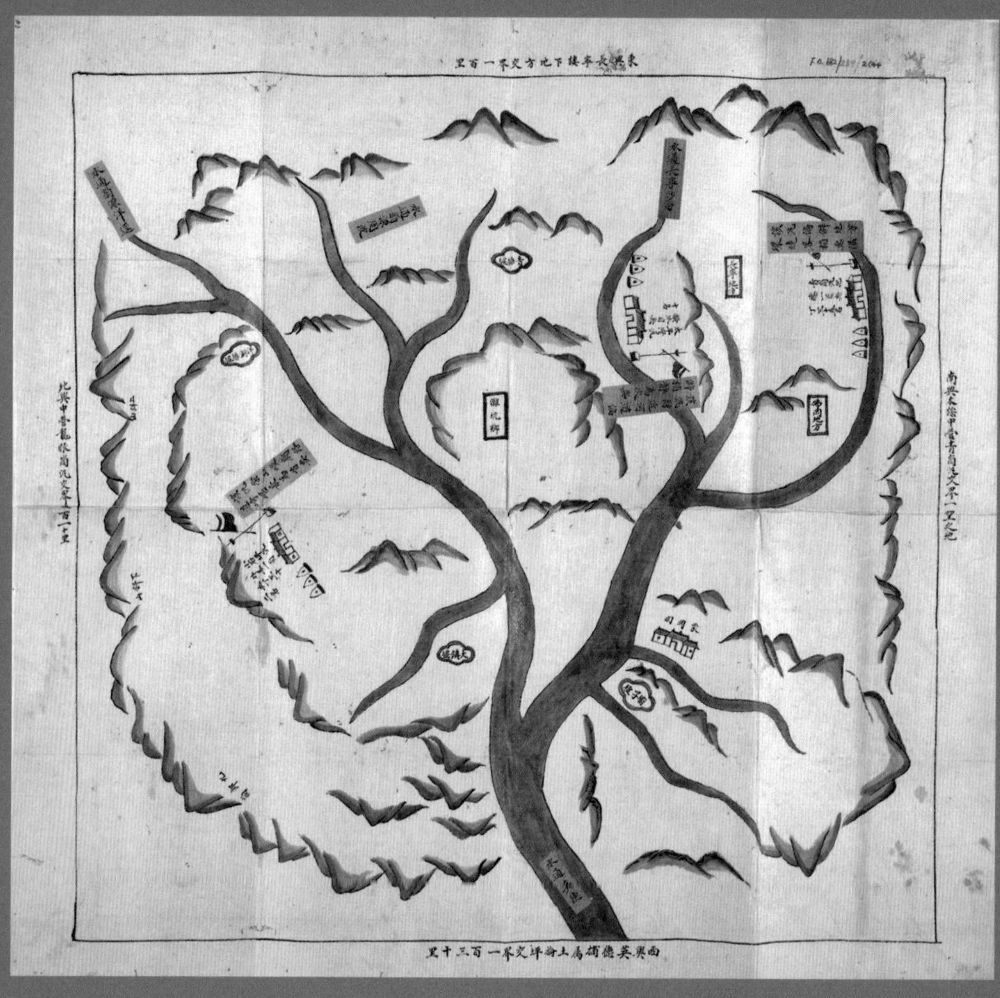

东江与珠江交汇处的军事布防图，此地由中国广东水师守卫，绘于 1857 年 3 月 10 日。

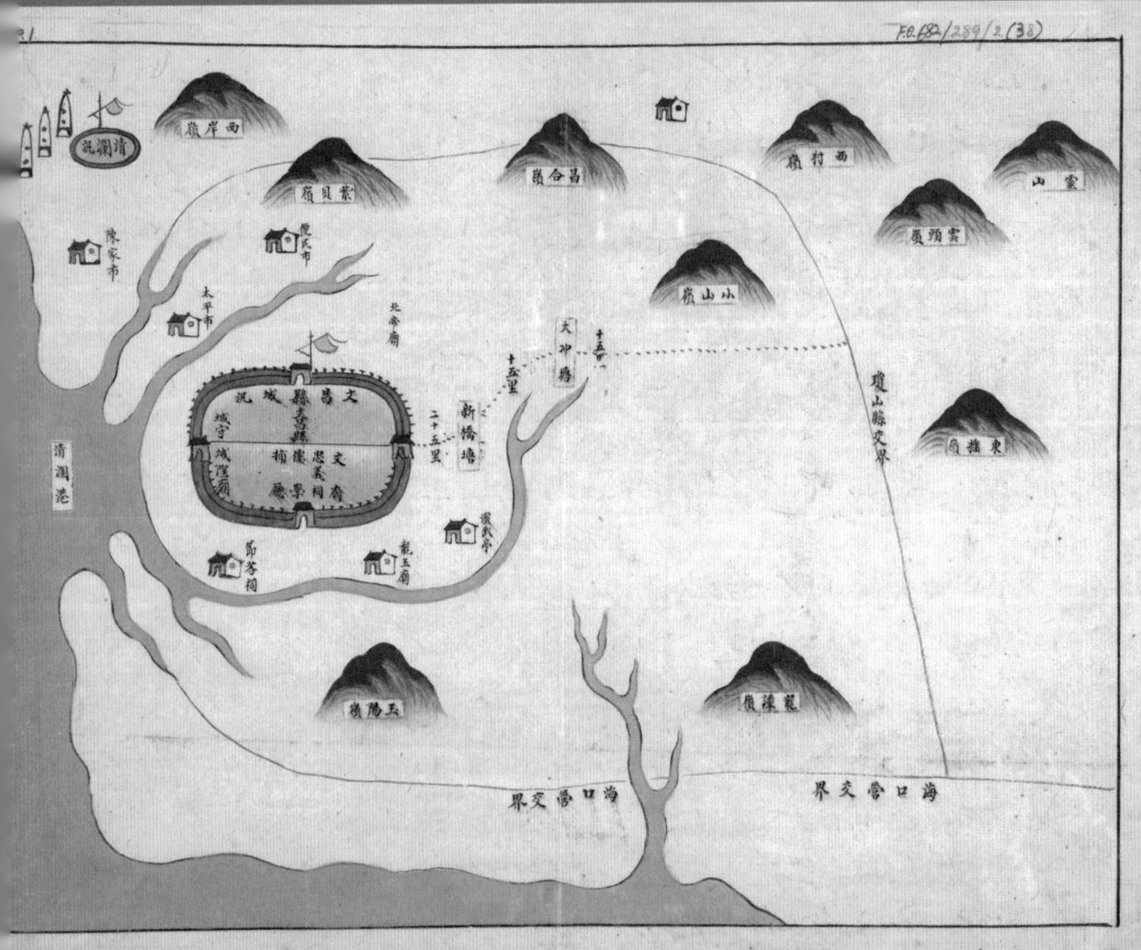

中国海南文昌县的军事据点，绘制时间不详。

英格兰帕默斯顿要塞
（Palmerston Follies）

1844 年，法国一位重要的海军上将，乔伊维尔亲王弗朗索瓦（François, Prince of Joinville）出版了《法国海军现状说明》一书。他在书中提出，蒸汽船是法国挑战英国的一种手段。英国人对法国海军日益强大的实力感到担忧，他们在 1858 年订购了 6 艘铁甲舰。英国人一方面加快自己的海军采购，在 1860 年建造了第一艘大型远洋铁甲战舰“勇士”号（HMS[34] Warrior），一方面斥巨资建造防御工事以保护自己的海军基地。帕默斯顿子爵在英国议会中提到一座横跨英吉利海峡的“蒸汽桥”，能够为法国入侵英国的目标服务。1869 年，英国军舰在多佛外海演示了如何对入侵部队实施火力覆盖，4 月 10 日的《伦敦新闻画报》展示了这一演习。

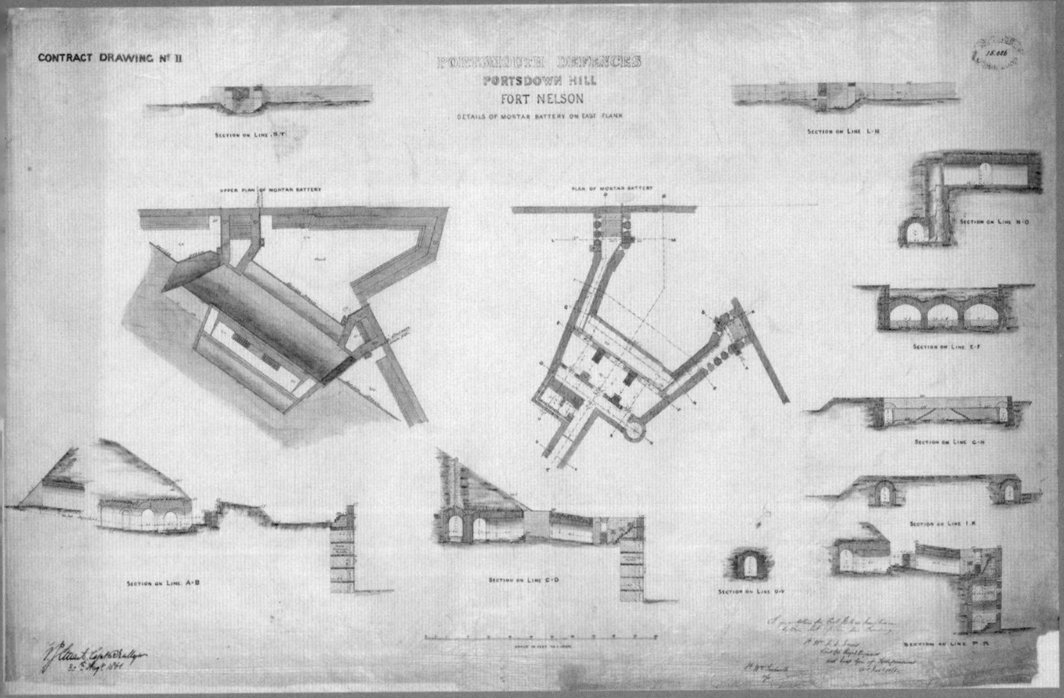

坐落于波特斯敦山并俯瞰索伦特的纳尔逊堡（Fort Nelson）平面图。此处展示的是陡坡（沟渠）和护坡（挡土墙）的细节。

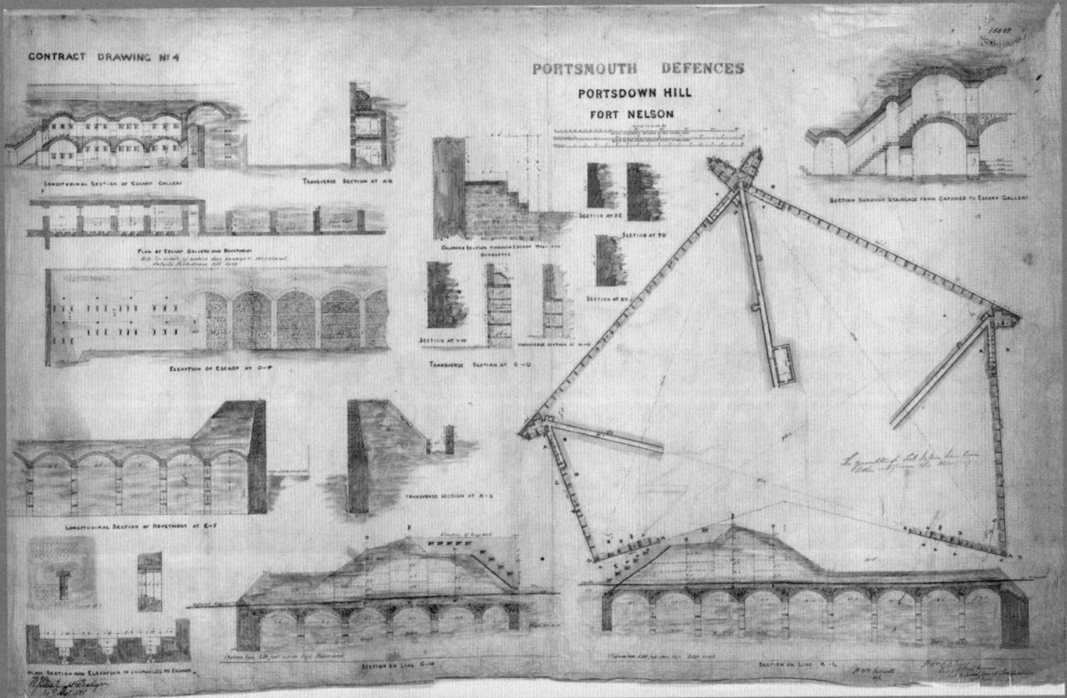

纳尔逊堡东侧的臼炮阵地平面图。

PORTSMOUTH DEFENC

PORTSDOWN HILL

FORT NELSON

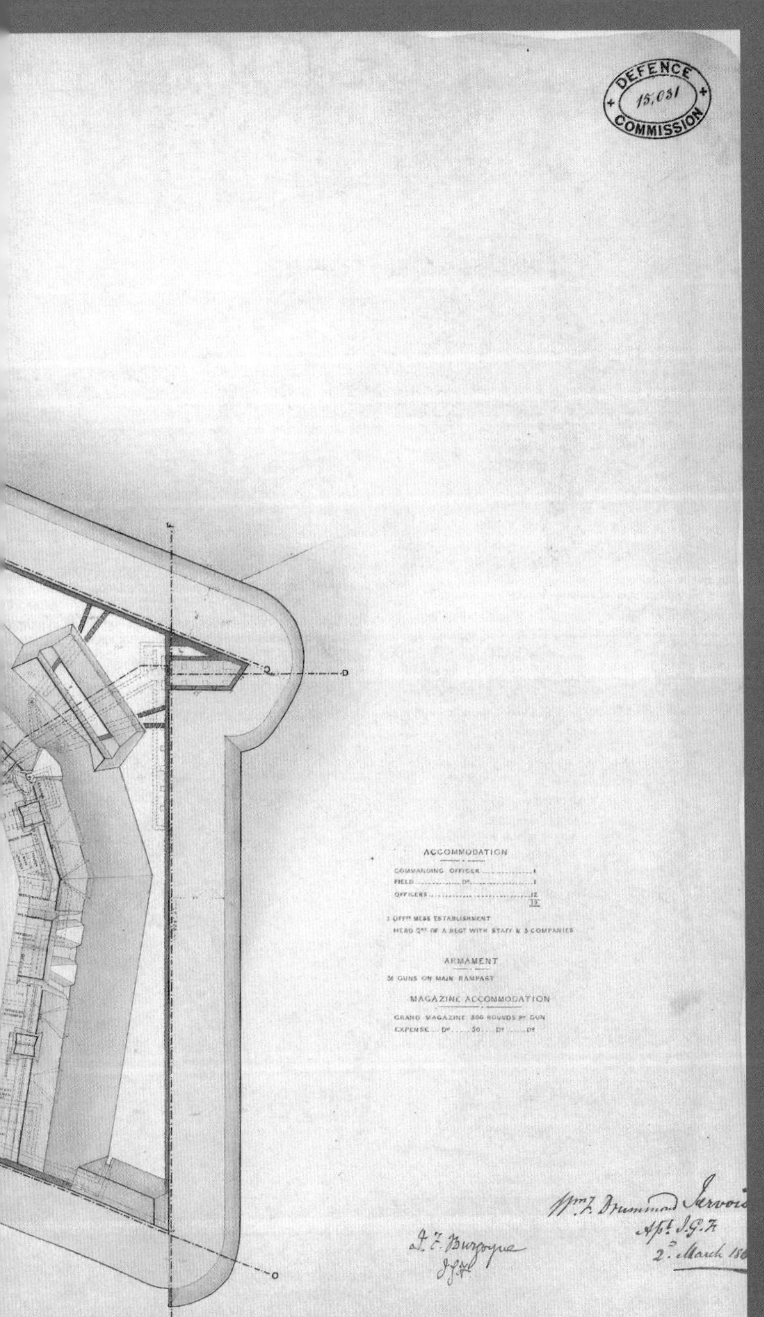

DEFENCE
15,031
COMMISSION
ACCOMMODATION
COMMANDING OFFICER ...1
FIELD ... Do ...1
OFFICERS ...12
14
1 OFFrs MESS ESTABLISHMENT
HEAD Qrs OF A REGT WITH STAFF & 5 COMPANIES
ARMAMENT
31 GUNS ON MAIN RAMPART
MAGAZINE ACCOMMODATION
GRAND MAGAZINE 300 ROUNDS Pr GUN
EXPENSE ... Do ... 50 ... Do ... Do
2d March 186

纳尔逊堡的平面图，展示了指挥官和其他军官的住处、食堂和主城墙上31门火炮的位置。

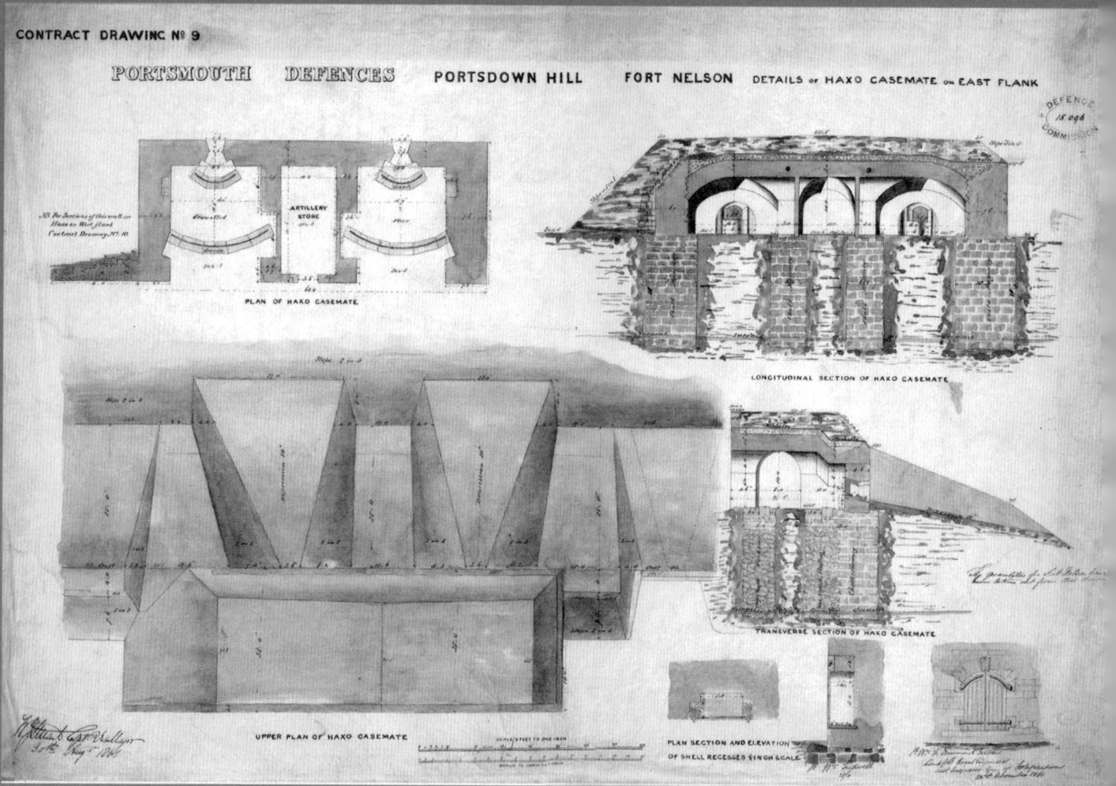

纳尔逊堡东侧的哈克索炮台（一座防御得到加强的炮台）的详情图。

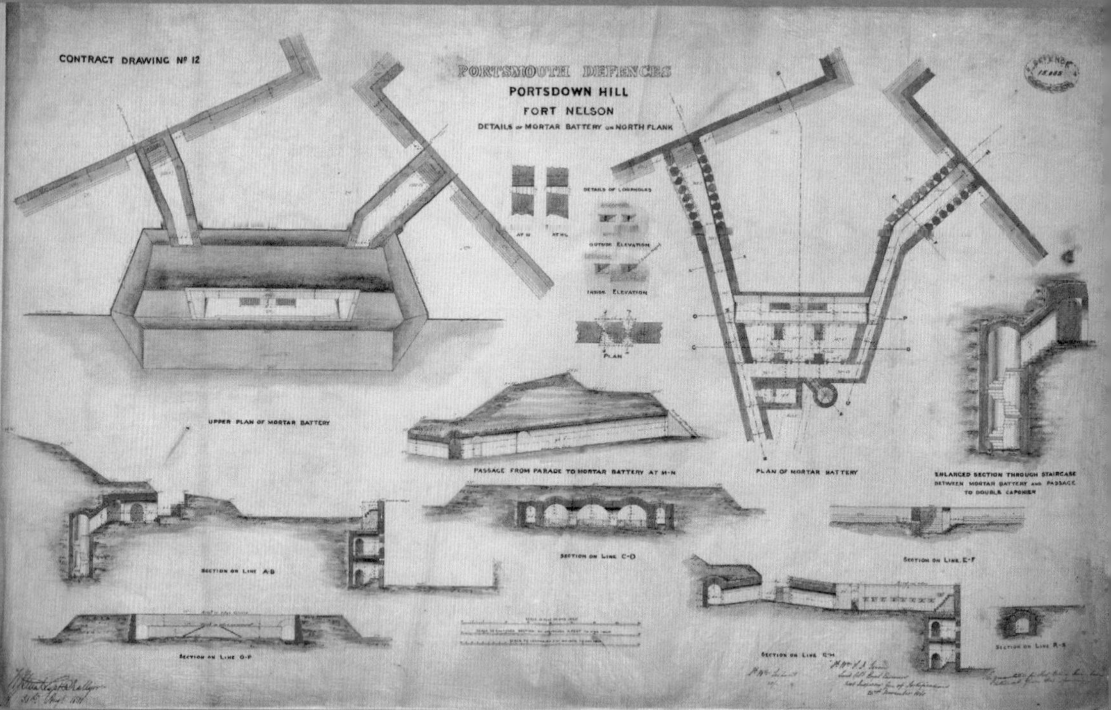

纳尔逊堡北侧的臼炮阵地平面图。

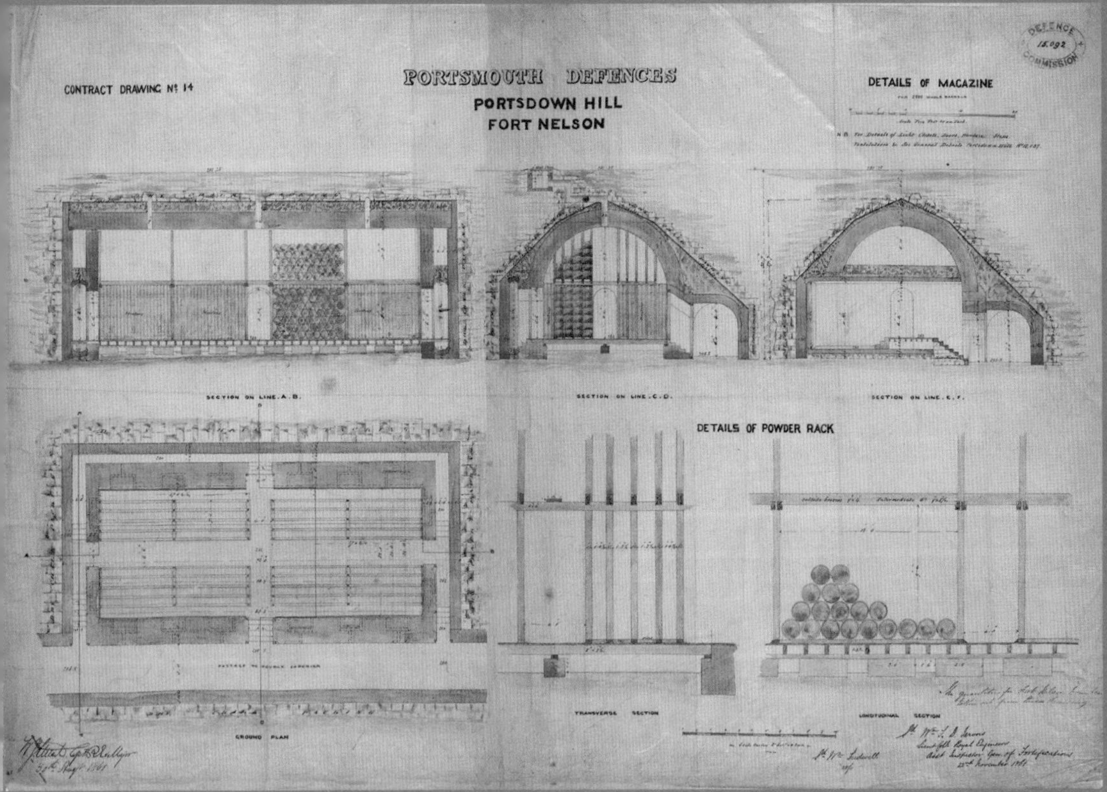

CONTRACT DRAWING Nº 14

PORTSMOUTH DEFENCES

PORTSDOWN HILL

FORT NELSON

DETAILS OF MAGAZINE

DEFENCE 15.092 COMMISSION

SECTION ON LINE A.B.

SECTION ON LINE C.D.

SECTION ON LINE E.F.

DETAILS OF POWDER RACK

GROUND PLAN

TRANSVERSE SECTION

LONGITUDINAL SECTION

纳尔逊堡的弹药库（整整 2880 桶）和火药架详情图。

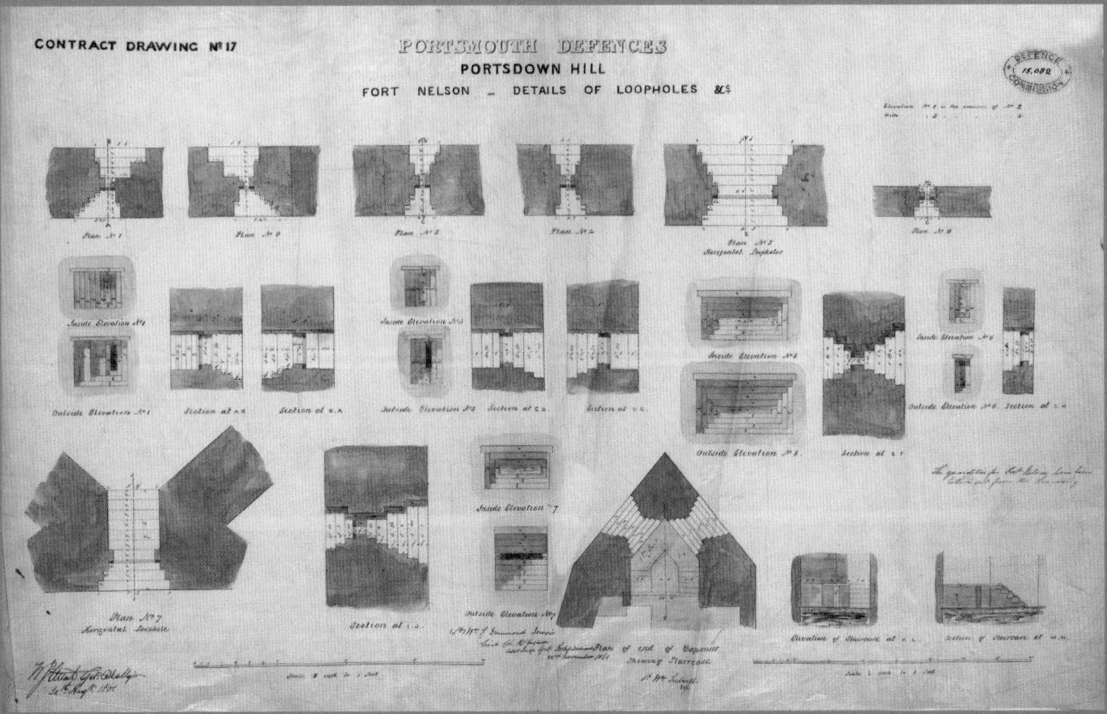

CONTRACT DRAWING Nº 17

PORTSMOUTH DEFENCES

PORTSDOWN HILL

FORT NELSON _ DETAILS OF LOOPHOLES &c

DEFENCE 15.092 COMMISSION

纳尔逊堡的射击孔详情图。

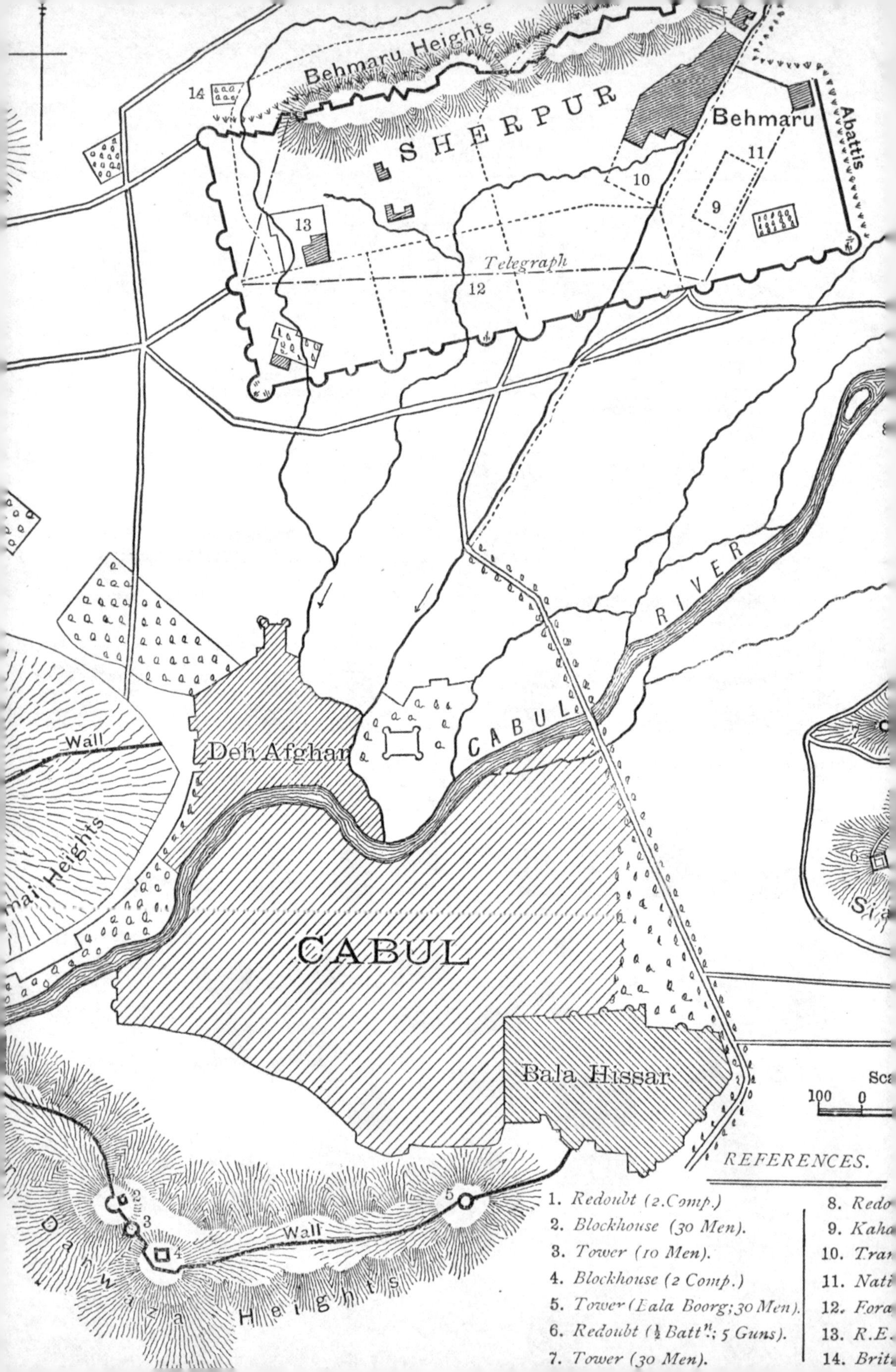

Behmaru Heights
SHERPUR
Behmaru
Abattis
Telegraph
14
13
12
11
10
9
CABUL RIVER
Deh Afghan
Wall
Heights
CABUL
Bala Hissar
Wall
Heights
REFERENCES.
1. Redoubt (2 Comp.)
2. Blockhouse (30 Men).
3. Tower (10 Men).
4. Blockhouse (2 Comp.)
5. Tower (Bala Boorg; 30 Men).
6. Redoubt (½ Batt.; 5 Guns).
7. Tower (30 Men).
8.
9.
10.
11.
12.
13.
14.
100 0

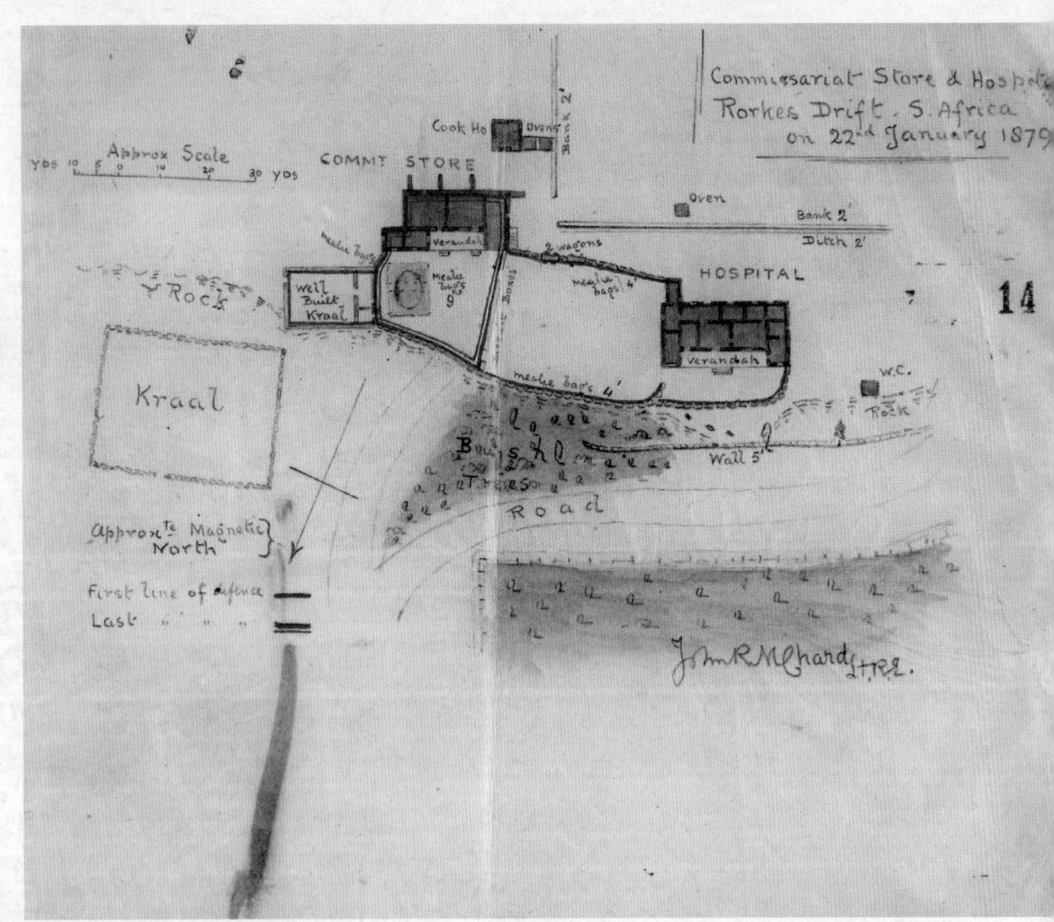

1879 年，约翰·查德（John Chard）中尉从南非罗克渡口（Rorke's Drift）寄来的信件，上面有罗克渡口的平面图（上图）

罗克渡口之战发生于 1879 年 1 月 22 至 23 日，是英国—祖鲁战争（Anglo-Zulu War）中的一场战役。在这场战役之前，祖鲁人打垮了伊桑德瓦纳附近的一支英国部队。驻守罗克渡口的英军士兵有 139 人，指挥官是约翰·查德，他们击败了人数达三四千的祖鲁军队，约翰·查德因此获得维多利亚十字勋章。罗克渡口是一座孤立的传教站，位于布法罗河的一个交叉点附近。它包含两栋用作仓库和医院的茅草平房，外围有一道用玉米粉袋构筑的防线，最后一道防线用饼干盒搭建，英军最终撤退到这条防线之后。此战，英军有 17 人战死，祖鲁人则至少损失了 351 人。

阿富汗谢尔普尔军营（Sherpur Cantonment），绘于 1879 年（左图）

19 世纪晚期，新闻媒体的发展，让国内的民众能很快地收到国外的战争资讯。1879 年年底，在第二次英阿战争期间，少将弗雷德里克·罗伯茨爵士率领英军在喀布尔附近的谢尔普尔安营扎寨。从 12 月 15 日开始，穆罕默德·扬·汗·瓦尔代克（Mohammad Jan Khan Wardek）率领阿富汗军队围攻谢尔普尔军营。12 月 23 日，在得知英国人派来援军的消息后，阿富汗人放弃了强攻计划。最终，阿富汗人被击退，伤亡惨重。

BRADSHAW'S
PLAN OF PARIS,
AND
MAP OF THE ENVIRONS.
COURCELLES
VILLIERS
BATIGNOLLES MONCEAUX
MONTMARTRE
CEMETERY MONTMARTRE
CHAMP PERAY
MONCEAUX
LES THERNES
PARC DE MONCEAUX
Barr. de la Réforme
B. Montmartre
ARC DE TRIOMPHE
HIPPODROME
AVENUE DE NEUILLY
AVENUE DES CHAMPS ELYSÉES
RUE ST HONORÉ
RUE DE RIVOLI
COURS LA REINE
QUAI DE LA CONFERENCE
Tuileries Gardens
PLACE DU CAROUSEL
LOUVRE
QUAI DES TUILERIES
QUAI DU LOUVRE
QUAI D'ORSAY
RIVER SEINE
GRANDE RUE DE PASSY
PASSY
AUTEUIL
ROUTE DE VERSAILLES
CHAMP DE MARS
HOTEL DES INVALIDES
ECOLE MILITAIRE
B. de l'Ecole Militaire
GRENELLE
B. de Sevres
B. de Vaugirard
ROUTE DE VAUGIRARD
VAUGIRARD
B. du Maine
B. du Mt. Parnasse
BOULEVART DES INVALIDES
R. DE BABYLONE
RUE DE VARENNES
RUE DE GRENELLE
RUE DE VAUGIRARD
SENAT
PAL. DU LUXEMBOURG
Luxembourg Gardens
CEMETERY DU SUD
B. d'Enfer
B. de la Santé
ROUTE D'ORLEANS
R. DES CATACOMBES
1094 Yards - 1 Kilometre or 1000 Metres (Fr. Me
ARGENTEUIL
ST. DENIS
S. GERMAIN
COURBEVOIE
NEUILLY
PARIS
VINCENNES
SEVRES
CHARENTON
VILLEJUIF
SCEAUX
PALAISEAU
LONJUMEAU

法国巴黎的防御工事，大约绘制于 1860 年

从 19 世纪 30 年代开始，法国人为巴黎打造了纵深防御体系。1870 年 9 月，普法战争期间，德国人围攻巴黎，但他们没有试图强攻，而是想利用饥饿来使法国人屈服。围城时间过长，给双方带来了很大的补给问题，导致德军从 1871 年 1 月 5 日开始对巴黎进行轰炸。法国人的救援尝试失败，巴黎的粮食耗尽，炮击造成的伤亡、破坏及民众对战争的厌倦，这些综合因素导致双方于 1 月 28 日签订了停战协议。巴黎公社随即控制了巴黎，却在当年 5 月被共和军击溃。巴黎公社社员设置的路障也被攻克。1871 年后，法国非常重视对德国的防御。1914 年，法军在马恩河战役（Battle of the Marne）中成功地进行了反击，巴黎作为法军的防御基地，为这场战役的准备工作发挥了积极作用。1841 至 1844 年修建的巴黎城墙直到 1919—1929 年才被摧毁。

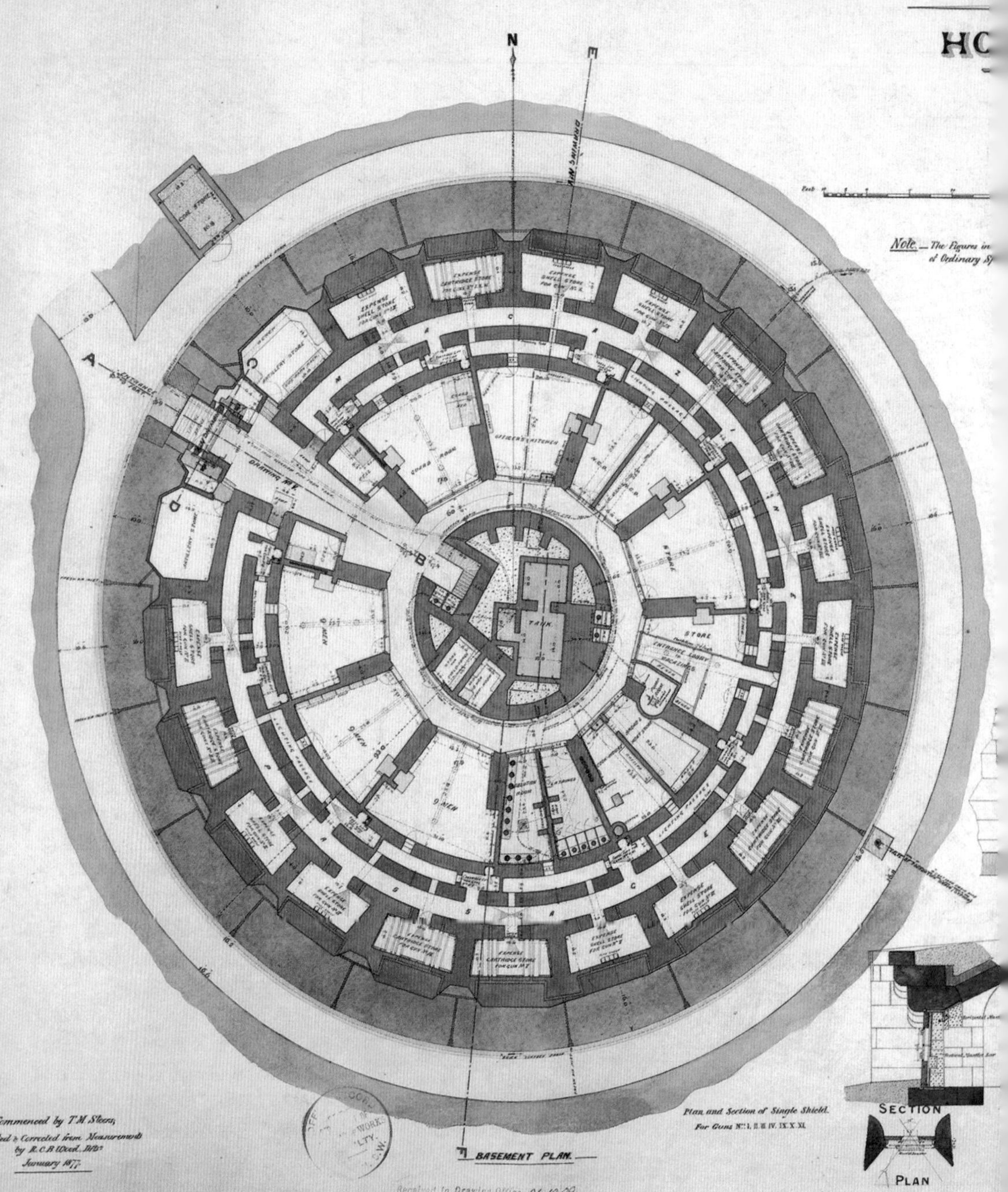

英格兰胡堡（Hoo Fort），绘于 1877 年

法国大力发展蒸汽动力铁甲战舰，引起了英国对其防御能力的担忧，而胡堡正是这一担忧的产物。它是根据 1859 年英国皇家委员会的建议建造的，目的是保护梅德威河和查塔姆船坞。与许多防御工事一样（例如，那些保卫着通往墨尔本道路的防御工事），胡堡是作为防御体系的一部分而设计的。胡堡与梅德威河中另一座岛屿上的达尼特堡（Fort Darnet），一起保卫着横跨梅

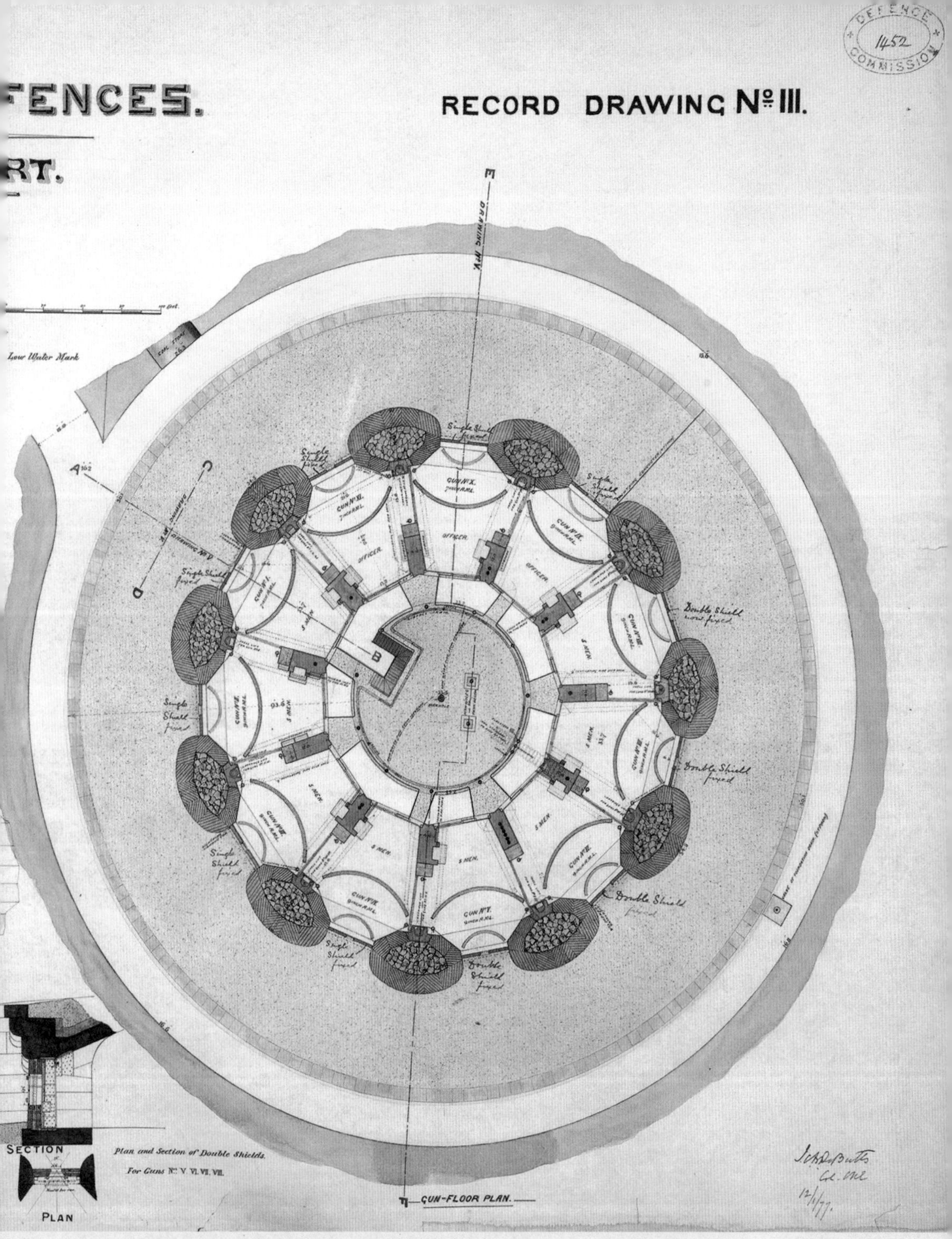

FENCES. RECORD DRAWING №III.

RT.

Low Water Mark

Single Shield fixed

Double Shield now fixed

Double Shield fixed

SECTION

PLAN

Plan and Section of Double Shields.

For Guns Nos. V. VI. VII. VIII.

GUN-FLOOR PLAN.

德威河的水栅[35]。最初，这两座堡垒被设计成两层的圆形建筑，里面安装多门火炮，呈圆形分布。1861 年开始按设计图动工修建，但由于地基下沉和成本超支等问题，在 1867 年又重新设计，1871 年完工。完工后的堡垒只有一层，安装了 11 门 9 英寸（229 毫米）口径前装式线膛炮，而且没有设置水栅。防御体系中还包括一条未注水的壕沟。这两座堡垒从未用于实战。索伦特海峡周围和海峡群岛上的防御工事也得到了改善。

阿富汗达卡堡（Dakka Fort），摄于 1879 年

1878 年 11 月，在第二次英阿战争的第一阶段，英国白沙瓦山谷野战军攻入阿富汗，攻占了开伯尔山口阿富汗一侧的阿里清真寺和达卡堡。达卡堡成为英军补给线上的一座重要据点。这张照片是由随军摄影师约翰·伯克（John Burke）拍摄的，它展示了驻扎在达卡堡中一个印度团的帐篷和马匹，远处背景是兴都库什山脉，前景是耕地。堡垒四周为石墙，中央有马厩，里面建有营房。1879 年 4 月 22 日，一支人数众多的阿富汗部队袭击了驻扎在附近卡姆达卡村的英军部队。后者受到敌人的猛烈攻击，但他们最终从达卡堡被解救出来。

巴基斯坦吉德拉尔战役（Chitral Campaign）中的要塞，摄于1895年

传统形式的防御工事在世界许多地方仍然很重要。吉德拉尔远征军是英国人派来解救吉德拉尔堡的，这座堡垒在当地的争斗中被围困，受英国庇护的人在争斗中被谋杀。一支343人的英军被围困在这座用泥土、石头和木材修筑的堡垒中，直到在马拉坎德山口（Malakand Pass）发生严重冲突后，才被大部队解救。由于缺乏食物，守军一个个骨瘦如柴，被描述为“行走的骷髅”。

英国人在南非拉迪斯密斯的防御工事

拉迪斯密斯是纳塔尔北部的一个城镇，英国人在此有军队驻守。1899 年 11 月 2 日至 1900 年 2 月 28 日，布尔人对其发动围攻。拉迪斯密斯的英国驻军出动，企图夺取布尔人的大炮，但以失败告终，布尔人随后包围了这座城镇。1899 年 12 月 15 日，在科伦索战役中，布尔人击败了英国人派来的第一支援军。为了进行防御，英国人在拉迪斯密斯南面的山脊——普拉特兰的背面构筑了由堡垒和堑壕组成的防线。1900 年 1 月 6 日，布尔人试图强攻这些阵地，但被守军击退。守军缺乏水和食物，还遭受疾病的折磨，一支英国救援部队于 2 月 27 日突破了布尔人的阵地，并在第二天晚上骑马进入拉迪斯密斯。和以往一样，救援行动对围城战的成功至关重要。

布尔战争中挖掘防御工事的英国军队

他们用锹和鹤嘴锄挖出土石并堆放起来。

注释

[1] 曼图亚（Mantua）位于意大利北部，是欧洲著名的军事要塞。

[2] 四国同盟战争（War of the Quadruple Alliance），是英国、荷兰共和国、法国和奥地利对西班牙的战争。

[3] 波兰王位继承战争（War of Polish Succession），是欧洲诸强国以帮助波兰确立国王为名，而满足自身利益的战争。其肇始于波兰国王奥古斯特二世驾崩后，波兰王位空悬所致的王位争夺战。最终演变为统治法国、西班牙及两西西里王国的波旁王朝，与统治神圣罗马帝国的哈布斯堡王朝之间的战争。

[4] 指 1848 年主要发生在法兰西、德意志、奥地利、意大利、匈牙利等欧洲国家的资产阶级民主、民族革命。

[5] 加里波第（Garibaldi，1807—1882 年），是一位意大利爱国志士及军人。他献身于意大利统一运动，亲自领导了许多军事战役，是意大利建国三杰之一。

[6] 奥利文萨（西班牙语 Olivenza），是西班牙埃斯特雷马杜拉自治区巴达霍斯省的一个市镇。目前西班牙与葡萄牙对该地区有领土争议。

[7] 葡萄弹（grapeshot），由许多小圆球（通常为铁丸）组成的炮弹，18 世纪至 19 世纪在欧洲使用，主要用作杀伤武器。

[8] 维也纳会议，是从 1814 年 9 月 18 日到 1815 年 6 月 9 日在奥地利维也纳召开的一次欧洲列强的外交会议。这次会议是由奥地利政治家克莱门斯・文策尔・冯・梅特涅提议和组织的。会议的主要目的是：恢复拿破仑战争时期被推翻的各国旧王朝及欧洲封建秩序，战胜国重新分割欧洲的领土和领地。

[9] 卡洛斯战争（Carlist War），是西班牙波旁王朝内部争夺王位继承权的战争。1833 年斐迪南七世死后，因无男嗣，由 3 岁长女

伊莎贝拉继位。斐迪南七世之弟卡洛斯根据禁止女性为王的《撒利克法》争夺王位，自称卡洛斯五世。拥护卡洛斯的正统派与拥护伊莎贝拉的自由派发生了战争，最后自由派取胜。

[10] 1826 年 3 月葡萄牙国王若奥六世去世后，其长子佩德罗与另一子米格尔争夺王位，拥护米格尔的为米格尔派。

[11] 皮埃蒙特（意大利语 Piemonte）是意大利西北的一个大区，首府是都灵，与法国、瑞士及意大利伦巴第、利古里亚等相邻。

[12] 哈德逊湾公司（Hudson's Bay Company）是北美最早的商业股份公司，也是全世界最早的公司之一。它曾拥有北美洲的大片土地，控制了绝大部分英占北美地区的皮毛贸易，同时也承担了北美大陆早期的开发探索，从而在大移民潮到来前成为当地实际上的政府。

[13] 泰尔豪特（Terre Haute），是美国印第安纳州维戈县的一座城市。

[14] 莫米（Maumee），是美国俄亥俄州卢卡斯县的一座城市。

[15] 弗里蒙特（Fremont），是加利福尼亚州旧金山湾区的一座城市。

[16] 第二次塞米诺尔战争（Second Seminole War），也被称为佛罗里达战争，是美国同美洲原住民塞米诺尔人发生的三次塞米诺尔战争之一。战争于 1835 到 1842 年发生在佛罗里达，是美国与印第安人之间战争中时间最长、代价最大的一次。

[17] 爪哇战争（Java War），也称爪哇人民起义，是 19 世纪初期印度尼西亚爪哇岛爆发的，由蒂博・尼哥罗领导的反对荷兰殖民统治、争取民族独立的解放战争。

[18] 圣达菲小道（Santa Fé Trail）是 19 世纪穿越北美中部的一条路线，连接密苏里州的富兰克林和新墨西哥州的圣达菲。1821 年，威廉・贝克内尔从密苏里河沿岸的布恩斯利克地区出发，开辟了这条小道。在 1880 年到达圣达菲的铁路建成之前，它一直是一条重要的商业通道。

[19] 康斯坦丁（Constantine），阿尔及利亚东北部城市。

[20] 马格达拉（Magdala），位于埃塞俄比亚境内。

[21] 瓦尔纳（Varna），位于保加利亚东北部，黑海西岸。

[22] “帕”（Pa）是毛利人修建在山顶上的一种防御工事。

[23] 图库洛尔（Tukulor）帝国于 19 世纪中叶由图库洛尔族的哈迪・乌玛・塔尔建立，位于当今非洲马里。

[24] 南美太平洋战争（War of the Pacific）发生于 1879 至 1883 年，是南美的智利、秘鲁和玻利维亚三国之间为争夺硝石资源而爆发的一场激烈战争，又被称之为“硝石战争”。

[25] 查尔斯·戈登（Charles Gordon），近代著名的殖民主义者，曾参加第二次鸦片战争，1863 年成为洋枪队的第三任统帅，帮助清政府镇压太平军。

[26] 布尔人最早是指 17 世纪到南部非洲殖民的荷兰人后裔。后来随着欧洲其他国家移民的涌入，布尔人便开始泛指非洲的欧洲白人民族。布尔战争是英国人和布尔人之间为争夺南非领土和资源而进行的战争，历史上一共有两次。

[27] 隐显炮塔（disappearing cupola）是指在射击后可以降到炮台以下致使敌军无法观察到的炮塔。

[28] 高爆弹（high explosive shell）是近现代炮兵最常用的弹种，可以对各种敌方目标造成有效杀伤。高爆弹多为钢质外壳内填装高爆炸药（high explosive）与引信。炸药被引信引爆后，炸裂的外壳变成许多高温、锐利的破片以高速四散。

[29] 俄勒冈问题（Oregon question）是指 19 世纪初以来，美国和英属北美在如今美加边境西部的边境争议。

[30] 奉天（Mukden），今中国沈阳。

[31] 美国南北战争期间发生在美国和英国之间的外交事件。1861 年 11 月，美国威尔克斯舰长命令英国邮轮“特伦特”号停航，并从船上带走了两名南方邦联政府代表，把他们拘留在波士顿。对此英国反应强烈，曾一度试图通过承认南方邦联或对美宣战以对美进行报复。

[32] 开伯尔山口（Khyber Pass）是兴都库什山脉最大和最重要的山口。在巴基斯坦与阿富汗之间，穿行开伯尔山，东口距巴基斯坦白沙瓦 16 千米。历史上为连接南亚与西亚、中亚的最重要通道。

[33] 尤里西斯·辛普森·格兰特（Ulysses Simpson Grant），美国军事家、陆军上将，第 18 任美国总统（1869—1877 年），是美国历史上第一位从西点军校毕业的总统。在美国南北战争后期任联邦军总司令，屡建奇功。

[34] 此处的 HMS 为“Her/His Majesty’s Ship”的缩写，意为“女王（或国王）陛下之舰船”。

[35] 水栅（boom），又称浮木挡栅，指放置在河流或港口入口处的浮动障碍物，用来防止船只或其他物体进出。

二战期间英国的海上堡垒。

第七章 20—21世纪的防御工事

从许多方面来讲，防御工事在第一次世界大战（1914—1918 年）中发挥的作用，远远超过了其在前面 19 个世纪几场主要战争中发挥的作用。1914 年年底修建的堑壕系统，标志着堑壕防御工事成为一种有效的防御形式，它既能抵御正面进攻，同时也能防止侧翼包抄。

然而，一战初期的实战表明，要塞似乎缺乏生存能力。比利时要塞群在战前专门生产的 305 毫米和 420 毫米重型榴弹炮的轰炸下，于 1914 年全部沦陷。后者发射的 2052 磅（931.77 千克）高爆炮弹，可以穿透 10 英尺（3.05 米）的混凝土。

不过也有例外，德军最初预计，攻陷列日需要 2 天时间，但实际上花了 11 天时间，比预期时间要长得多。而且，这次作战行动对德军的后勤补给工作造成了延误，从而影响了德军向比利时全境推进。1914 年 8 月 5 日，德军对列日的首次进攻被击退，但比利时的防御体系仍然依赖于一支强大的部队来填补 12 座装甲堡垒之间的空隙。由于比利时没有派军队来防守这些空隙，尽管这些堡垒继续抵抗，有的一直抵抗到 8 月 16 日，但德军仍然能够通过这些空隙。那慕尔和安特卫普也相继沦陷，其中那慕尔在轰炸中只坚持了 4 天，从此，德军再也不用担心堡垒的问题，可以放心大胆地前进了。

堑壕战

然而，在 1914 年的战场上，特别是在马恩河战役中，以及后来的第一次伊普尔战役（Battle of Ypres）中，德军接连受挫，其通过机动战取胜的计划失败了。取而代之的是堑壕系统的建立，以保护部队免受机枪的攻击，减少火炮对部队的杀伤，并坚守领土。事实上，第一次世界大战延续了之前已有的作战方式，在很大程度上是一场持续的堑壕战。19 世纪，随着轻武器和火炮的威力越来越大，堑壕的保护作用也越来越大。此外，以前在围攻要塞时，为了保护进攻者，就已经使用堑壕，例如 1854—1855 年的塞瓦斯托波尔。而在 1904—1905 年的日俄战争中，日军在进攻掘壕固守的俄军时，也使用了堑壕，这引起了各军事强国的注意。特别是在 1904—1905 年进攻中国旅顺港的战役中，由于俄军防御火力强大，日本人用了 5 个月的时间才占领旅顺港。日军的 11 英寸（279.4 毫米）攻城榴弹炮无法压制防守方的火力。

堑壕战在一战中变得更加重要，堑壕阵地的强大在很大程度上归功于可提供保护的武器装备，尤其是速射炮和机枪，其射程之远和射速之快令人印象深刻。带刺铁丝网和混凝土工事加强了快速构筑的防御阵地，而预备队则提供了纵深防御。除了堑壕之外，还有一些特殊的堡垒，如奥地利控制的波兰南部的普泽米斯尔，洛林的梅兹（当时属于德意志帝国），以及法国的凡尔登。

普泽米斯尔由 12.7 万人的军队守卫，但被 6 个俄国师围困。1914 年 9 月，在没有攻城炮的情况下，俄国人发动了一次不成功且代价高昂的进攻。1914 年 11 月，俄军开始了第二次围攻，采用轰炸与饥饿相结合的方

FIRTH OF CLYDE

RECORD PLAN OF PORTKIL BA

TWO 6 MK VII B L & TWO 47 Q F

GENERAL PLAN OF BATTERY

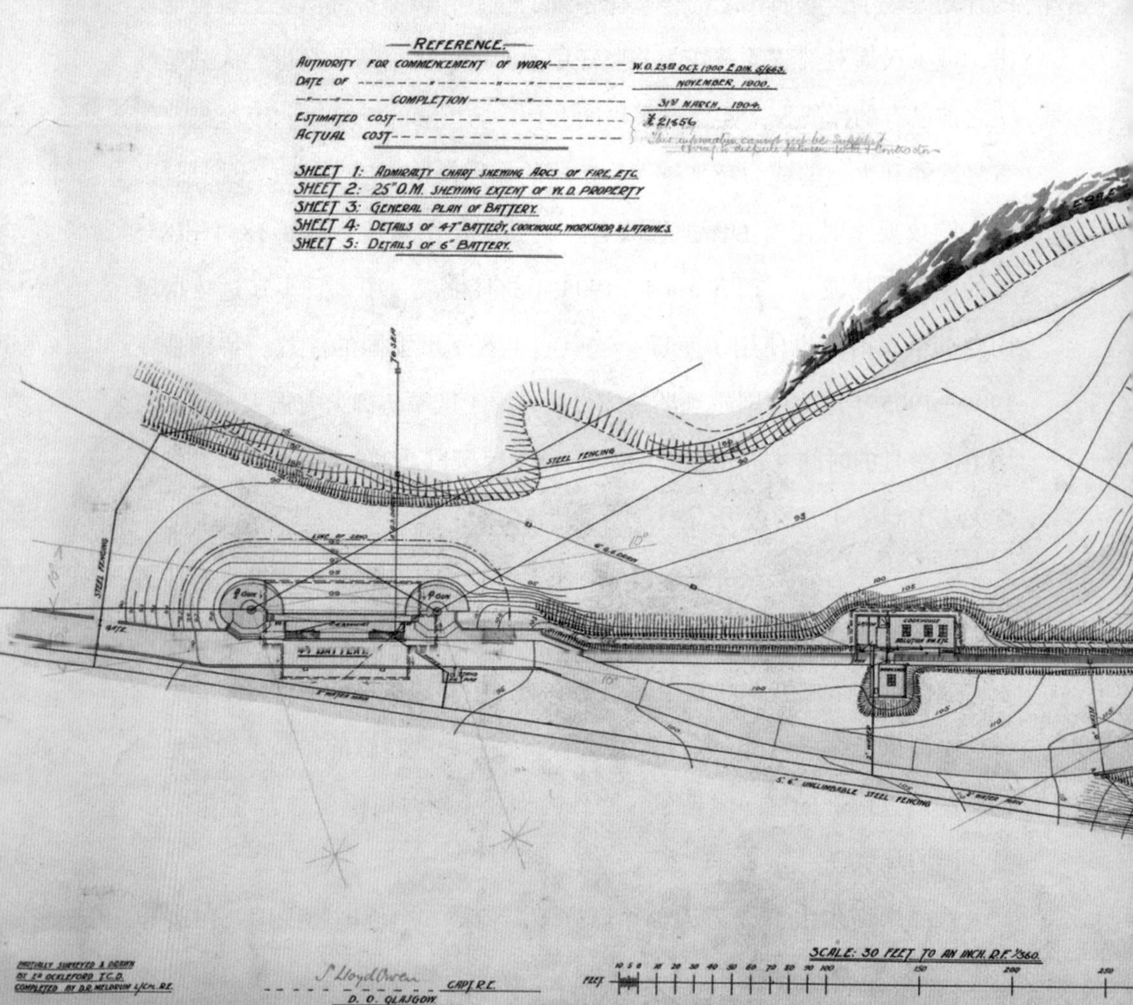

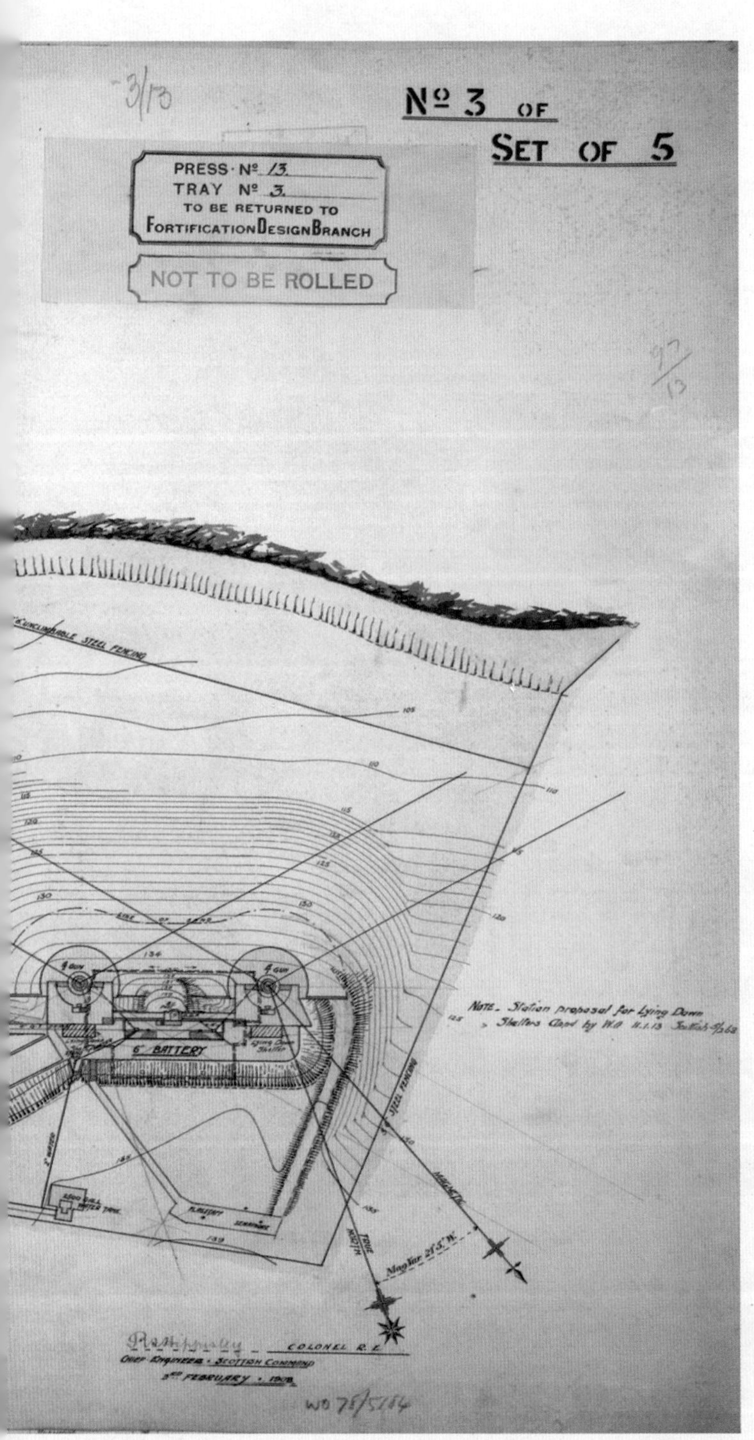

苏格兰克莱德湾的波特基尔炮台（图 1）

这是一座位于罗斯奈斯半岛波特基尔的海岸炮台，从维多利亚时代中期开始规划，用来保卫克莱德河，这片区域是英国主要的造船和贸易中心。1899 年，英国人决定为炮台安装 2 门 6 英寸（152.4 毫米）和 2 门 4.7 英寸（119.38 毫米）速射炮。这处阵地包括多座探照灯平台以及掩体、碉堡和堑壕，旨在防御来自陆地方向的攻击。波特基尔炮台于 1928—1929 年退役。

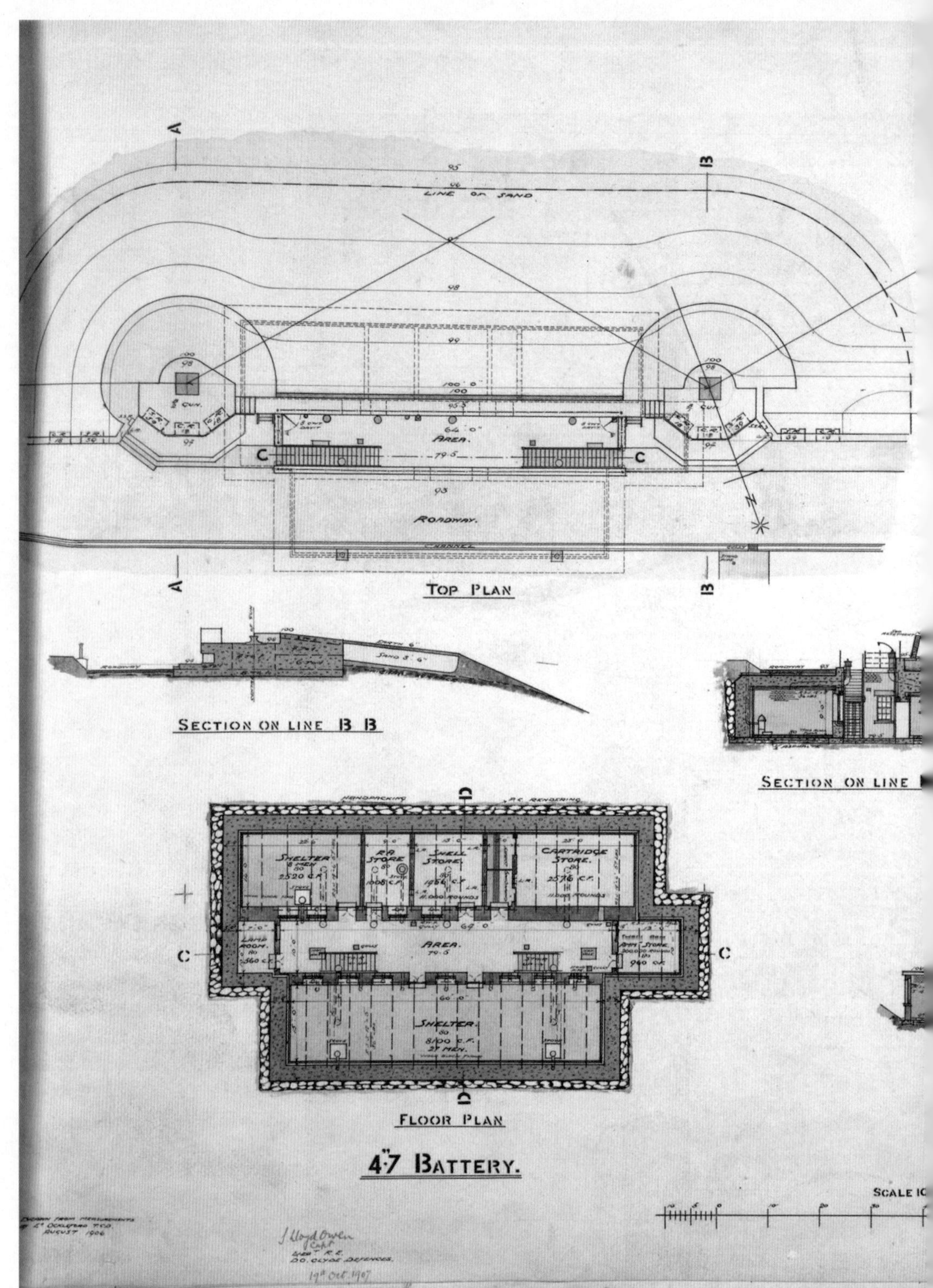

苏格兰克莱德湾的波特基尔炮台（图 2）

PRESS·Nº 13.
TRAY Nº 3.
TO BE RETURNED TO
FORTIFICATION DESIGN BRANCH

Nº 4 OF
SET OF 5

FIRTH OF CLYDE.

RD PLAN OF PORTKIL BATTERY
Mk VII B.L. & TWO 4"7 Q.F. GUNS.

NOT TO BE ROLLED

4"·7 BATTERY

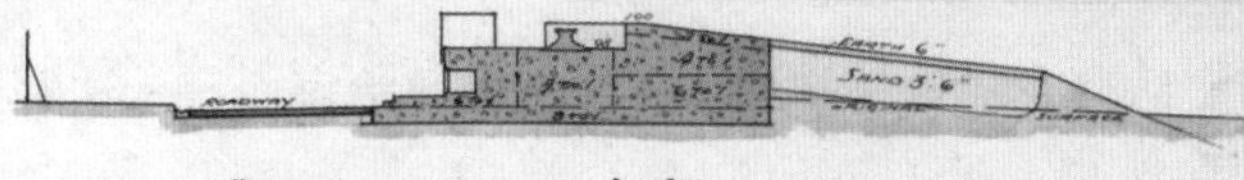

SECTION ON LINE A.A.

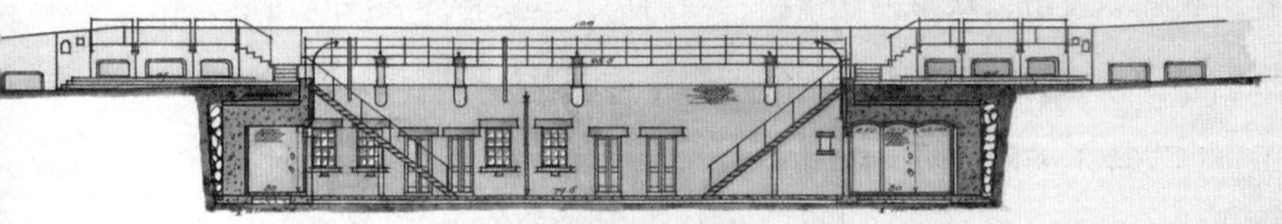

SECTION ON LINE C.C.

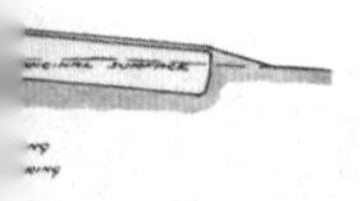

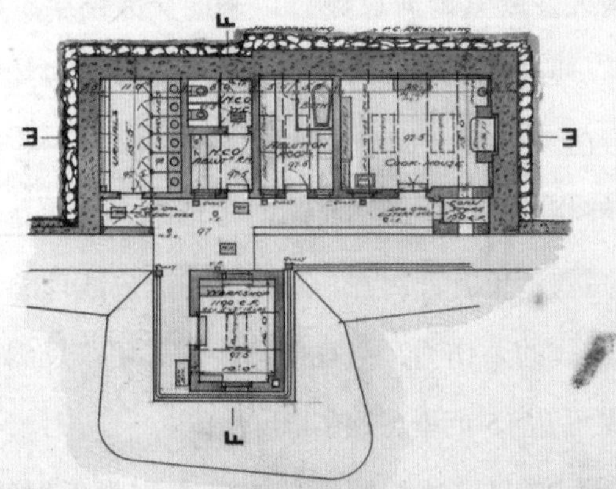

FLOOR PLAN

COOKHOUSE WORKSHOP LATRINES ETC.

LINE F.F.

SECTION ON LINE E.E.

COLONEL R.E.
CHIEF ENGINEER · SCOTTISH COMMAND
3RD FEBRUARY · 1908.

WO 78/5184

式，而奥地利人的救援尝试和突围都失败了。1915 年 3 月，该城守军投降，这对奥地利人的士气是一次沉重打击。

凡尔登对法国人来说有着巨大的象征意义，尤其是对那些坚决将国家荣誉与军队自我牺牲精神联系在一起的政治家而言。法军还认为，凡尔登具有重要的战略价值，能够保卫巴黎不受来自东北方向的攻击。1916 年，凡尔登遭到猛烈攻击，众多独立堡垒，特别是杜奥蒙特堡和沃克斯堡为凡尔登提供保护，它们的混凝土结构和钢制穹顶可以抵御轰炸，不过，野战防御工事也发挥了关键的防护作用。

1917 年，德国人从他们的前线（这条线的位置反映了开战以来，尤其是 1916 年英国人发起索姆河攻势 [1] 以来的交战结果）撤退，退到一条较短的新防线，以便进行更有效的防御。这条防线（协约国军队称之为兴登堡防线），用混凝土地堡取代了地下掩体和挤满步兵的连绵堑壕线，这些混凝土地堡能够相互支援，四周有障碍带环绕。这一新的防御体系还包括纵深防御，更高效、更有针对性，对传统的围攻战理念形成了挑战。为了减少对方火炮造成的杀伤力，兴登堡防线还采用了反斜面阵地 [2]，并且有 3 道防线，纵深可达 15 英里（24.14 千米）。

1918 年 9 月 27 日，协约国军队在康布雷附近对兴登堡防线发动了进攻，并取得胜利，迫使德军将领迅速走向停战。这次进攻反映了炮兵和步兵战术的进步，实践了纵深战这一新的军事理论，该理论主张对前线以外的目标（如敌方指挥部）进行轰炸。在空中侦察的帮助下，堑壕战演变为纵深战。协约国军队还完善了作战机制，大大改善了后勤，并部署了必要的资源，特别是大量的火炮，以便在面对敌方持续抵抗时以及在广阔的战线上为他们的推进和进攻提供支持。澳大利亚军官托马斯·布莱米（Thomas Blamey）指出，此次战役与以前的作战行动不同，协约国军队在前线 2000 码（1828.8 米）范围内部署了大量的火炮，这使得敌方 4000 码（3657.6 米）的纵深地带被炮火有效覆盖，从而掩护了我军的推进。

体系化的防御工事

在第二次世界大战之前，各国对防御工事体系进行了大量投资，主要有法国的马奇诺防线、芬兰的曼纳海姆防线、荷兰的水线、德国的西墙[3]以及美国为保护马尼拉湾而修建的防御工事，尤其是在“太平洋的直布罗陀”科雷吉多岛上修建的防御工事。在塞瓦斯托波尔，苏联海军将战列舰上的舰炮安装在带有装甲炮塔的钢筋混凝土工事中，它们能够向陆地和海上目标开火。上述防御工事的战绩，以及二战期间修建防御工事的战绩参差不齐，而且这些体系化的防御工事都不可避免地走向失败。

法国的马奇诺防线（以 1922—1924 年和 1928—1930 年在任的陆军部长安德烈·马奇诺的名字命名）就是一项不合时宜，至少是不怎么成功的防御计划。马奇诺防线于 1930 年开始动工，旨在抵消德军在数量上的优势，修建这条防线既可以节约兵力，又可以创造就业机会。法国人将马奇诺防线视作武装力量架构的一个方面，可以支持其进攻或防御战略。修建这一要塞群的目的是限制德国人的进攻，它们也确实做到了这一点。观察敏锐的（英国）帝国总参谋长阿奇博尔德·蒙哥马利 – 马辛伯德爵士（Sir Archibald Montgomery-Massingberd）认为，马奇诺防线为机动作战提供了支持：

土耳其阿德里安堡（埃迪尔内）

在 1912 至 1913 年的巴尔干战争[4]中，拥有炮兵支持的堑壕阵地充分展示了威力，前提是防守方的炮兵和堑壕阵地都没被进攻方的优势炮兵火力压制。被保加利亚人围困的土耳其要塞阿德里安堡（埃迪尔内）坚持抵抗了几个月，直到 1913 年才投降。

战争期间我们多次对这条坚固防线发动攻击，甚至动用了大量的重炮和坦克。这些记忆让我认为，未来三四年内这条防线在实战中是坚不可摧的。当然，前提是法国人保持目前的驻军数量，并将一切都维持在现有标准。修建马奇诺防线的基本理念是节约人力，以便为机动部队腾出尽可能多的兵力。

他还评论了法国为应对意大利入侵而修建的防御工事："他们在岩石下 40 或 50 英尺（12 或 15 米）深的地方开凿隧道，隧道中有射击孔，火炮和机枪透过这些射击孔可以封锁每一条通道。"

在二战爆发后的 1940 年，事实证明，法国人无法制定和实施有效的机动作战计划。马奇诺防线迫使德军绕道比利时在防线以北发动进攻，德军在推进过程中非常高明地取得并保持了主动权。

火炮也可将防御工事轰破，1940 年苏军攻打曼纳海姆防线时就是这样做的。这次胜利为他们与芬兰的冬季战争画上了圆满的句号，但由于人们通常只关注芬兰在战争初期的胜利，所以一般都忽略了这一点。1942 年，日军的空中轰炸和炮击削弱了科雷吉多的防御，为两栖攻击的成功和迅速占领该岛铺平了道路。

1944 年，德国人为抵御盟军入侵而在法国沿海修建大西洋防线，这表明，钢筋混凝土对高爆炸药有很强的抵抗力。但 6 月 6 日，该防线上的防御工事有的遭到破坏，有的被盟军迅速迂回包抄。大西洋防线既没有阻止盟军的登陆，也没有对登陆造成大的阻碍，不过，美军还是在奥马哈海湾遭遇苦战。虽然在那里受挫，盟军仍能在数小时内上岸并向内陆推进。

二战中的联合武器战略

这些不同的战役表明，与其他武器系统一样，防御工事作为联合武力的一部分时是最有效的，而联合的程度则取决于制订一项适当的计划。防御工事需要一个灵活的、支持性的、反击性的防御体系，因为掩体和其他单个的防御阵地很容易受到攻击，一旦遭遇攻击，里面的人员（防御工事经常遇到这种情况）就会被困在里面；要避免这种情况，需要趁进攻方被掩体挡住时进行反击。所有的碉堡和暗堡都有射击孔、人员进出通道和通风口。进攻方只要运用正确的战术和武器（爆破炸药、火焰喷射器、手榴弹和坦克），就可以通过这些孔洞攻击里面的人员，从而攻克大部分防御工事，不过这样做非常耗时耗力。1944 年，盟军在 D 日（D-Day）[5] 对诺曼底的海岸固定防御工事发起进攻，德军在诺曼底前线缺乏足够的机动部队，无法与这些防御工事相互配合。随后，德军利用其他此类防御工事来延迟盟军对港口的占领，特别是在瑟堡，德国人摧毁了那里的大部分港口，但盟军有能力通过海滩对其部队进行补给。

同样，由于需要顾及防御工事的作用，1944 年末，美国人对保护德国边境的西墙发动了进攻，但遭遇失败。除了防御工事的原因外，地形和天气也在一定程度上帮助了防守方。此外，当时美军在法国和比利时各地快速推进，并没有为这样的攻坚战做好准备，尤其是因为美军的后勤系统当时已不堪重负。

二战期间，有个别要塞对战争的进程非常重要，特别是北非的托布鲁克，对它的占领延缓了德军在尼罗河上的推进。克里米亚的塞瓦斯托波尔也很重要，德国人和苏联人分别在 1942 年和 1944 年将其占领。第一次

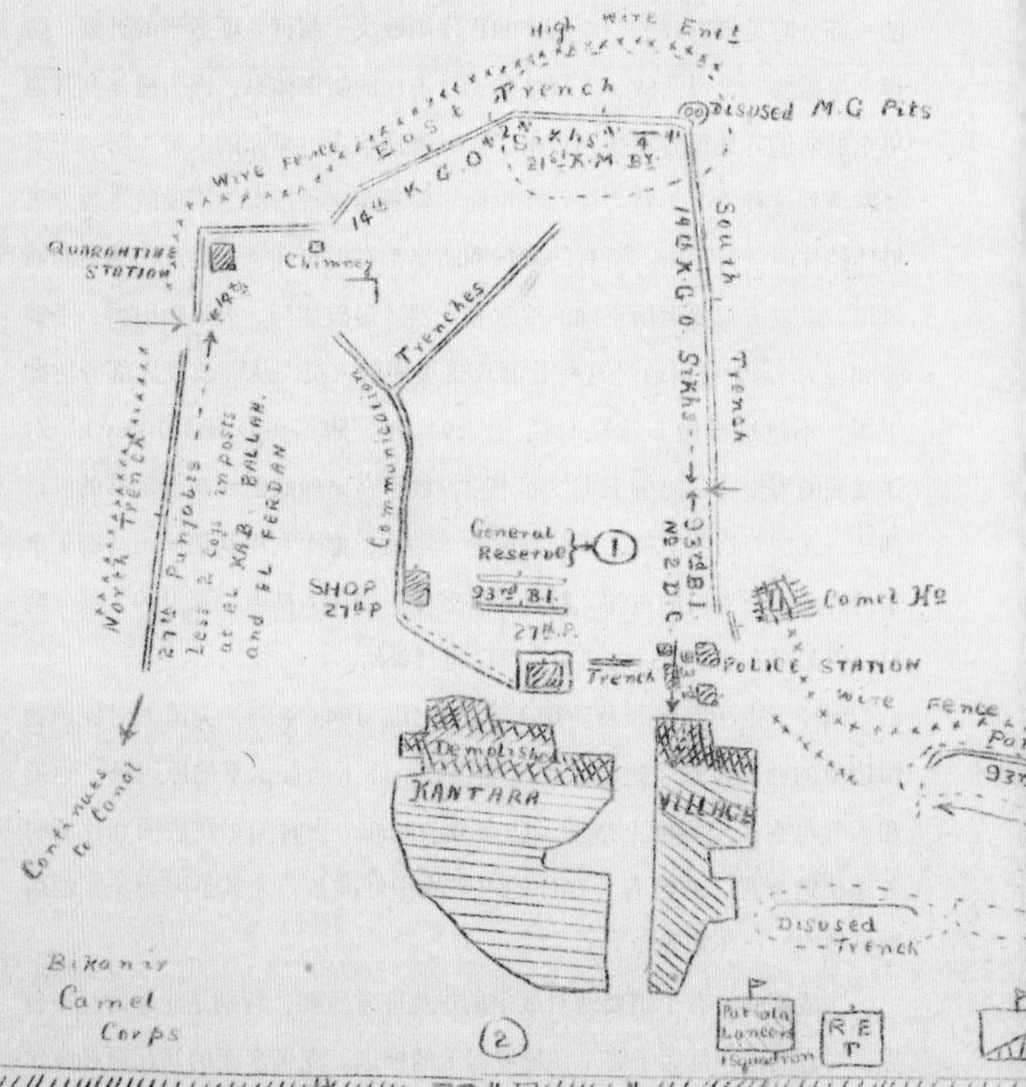

Sketch Showing positions occupied
by various units on 3-12-14
Yards 100
High wire Ent
Wire Fence
East Trench
Disused M.G Pits
14th K.G.O. 2nd Sikhs
21st K.M. By
Quarantine Station
Chimney
Trenches
South Trench
14th K.G.O. Sikhs
North Trench
27th Punjabis
Less 2 Coys in posts at EL KAB BALLAH and EL FERDAN
Communication
General Reserve
93rd B.I.
27th P.
No 2 D.C.
SHOP 27th P
Camel HQ
Trench
POLICE STATION
Wire Fence
Continues to Canal
Demolished
KANTARA
VILLAGE
Disused Trench
Bikanir Camel Corps
Patiala Lancers
1 Squadron
R E T
SUEZ CANAL

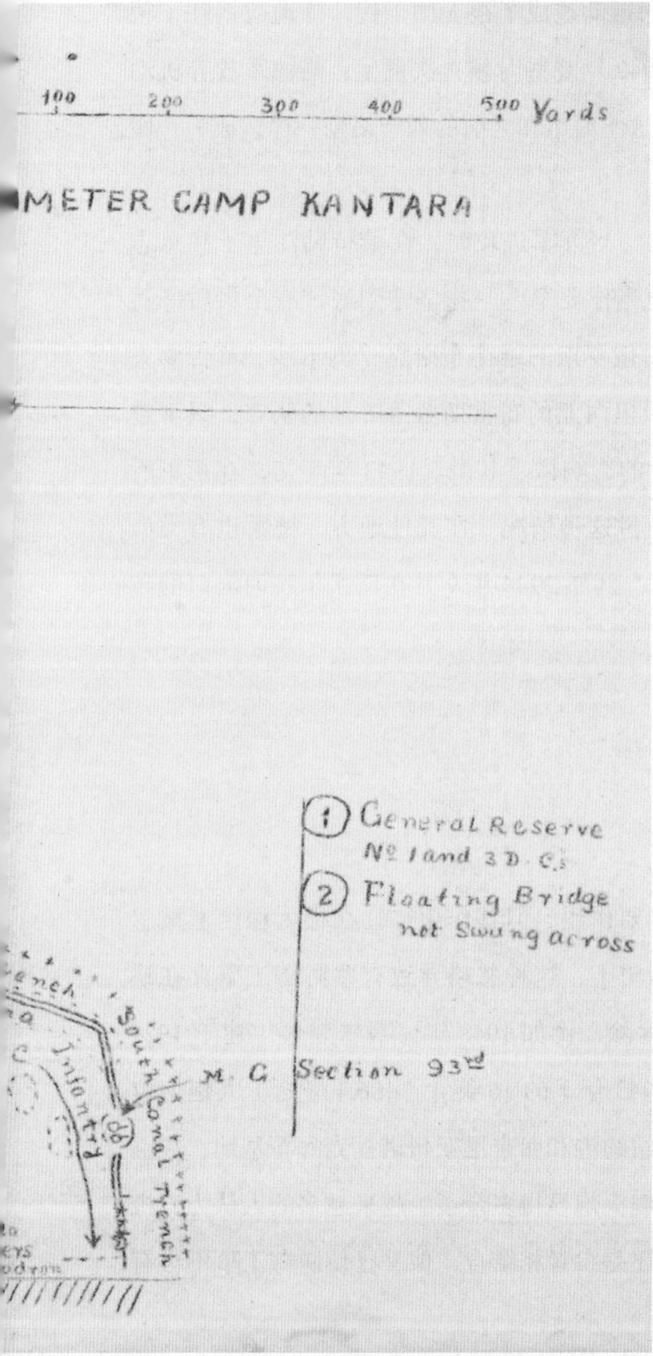

埃及坎塔拉附近的阵地，绘于 1914 年

一战爆发后，每个交战国都有了新的防御需求。对英国来说，这包括保卫其帝国的主要轴心苏伊士运河，抵御土耳其的陆上进攻；事实上，土耳其在 1915 年发动的陆上进攻没有成功。防卫工作包括部署军舰、飞机和部队。靠近运河北端的坎塔拉是防御指挥部的所在地，从 1916 年起，它成为进军西奈的主要补给站。坎塔拉周边是由步兵驻守的堑壕，堑壕有铁丝网保护。此外，预备队所在的阵地也有堑壕的保护。

战役在 1941—1942 年对德军的行动造成了很大的干扰，阵地战消耗了德军的有生力量。这种情况在 1942 年晚些时候再次发生，当德军放弃机动性，选择进攻斯大林格勒时，这座城市和之前的列宁格勒一样，成为一座临时武装起来的要塞。

反观德军这边，二战期间，当苏军进攻时，在希特勒注重士兵意志力的影响下，德军多次将阵地当作要塞，一味坚守到底，战至最后一兵一卒。例如，1944 年德军在白俄罗斯的维捷布斯克、奥尔沙、莫吉廖夫和博布鲁伊斯克，1945 年在西里西亚的布雷斯劳等阵地的坚守，只不过这些阵地被孤立起来，对战役的影响微乎其微。1943 年年初，在德军所占领的斯大林格勒地区就发生过这种情况。在其他地方，德军也有类似的将阵地当作要塞死守的做法，例如 1944 年 9 月在斯凯尔特河河口的布雷斯肯斯。

二战后堡垒的作用

二战后，堡垒继续发挥重要作用，但其作用往往在很大程度上被忽略。事实上，在防御工事的历史上，这种忽略导致有些防御工事存在缺陷。一些重要的防御工事被拆除，例如 1948 年，蒂尔登堡（建于 1924 年）和纳维辛克高地（建于 1943 年）的 16 英寸（406.4 毫米）大炮炮位被拆除，这些大炮曾用于保护纽约港和弗吉尼亚州诺福克海军基地。在空中力量占主导地位的时代，反舰火炮显得多余了。越来越多的人认为，机动性和火力，无论是单独而论还是二者相结合，似乎已使防御工事不再有存在的必要。

然而，实际情况恰恰相反。虽然防御工事可能是过于明显的目标，容易遭到敌方攻击，但它们既能为己方火力提供保护基地，又能对抗敌方机动能力造成的影响。印巴边境旁遮普的伊乔吉尔运河防线就是为了阻挠印度军队而修建的。印度的计划是利用其常规力量优势，沿拉合尔—卡苏尔一线发动大规模的坦克进攻。20 世纪 60 年代初，巴基斯坦在运河沿线构筑了河堤与深沟相结合的纵深防御工事。运河西岸被加高了 8—10 英尺（2.44—3.05 米），岸上部署了机枪、碉堡、火炮和反坦克炮。运河水深 10—15 英尺（3.05—4.57 米）。巴基斯坦的计划是，如果印军进攻，那么他们的部队就会到达东岸，到时便会遭到西岸较高处的火力攻击。此外，印度军队缺乏穿越纵深运河所需的工具。在 1965 年的印巴战争中，巴基斯坦的防御战略成功阻止了印度在这一地段发动的大规模坦克进攻。与此相反的是，1973 年以色列在苏伊士运河东侧修建的巴列夫防线，遭到埃及军队的攻击后迅速沦陷。

此外，从 1945 年开始，镇压叛乱的战争越来越多，这意味着防御工事对正规军来说非常重要，既要保护正规军不受非正规军的攻击（无论是否使用常规战术进行作战），又要保护正规军不受恐怖分子袭击。防御工事的重要性在一系列战争中都有体现，特别是在维护殖民统治的战争中，例如法国人在越南进行的战争。1951—1952 年，越盟[6]军队转变作战方式，在红河三角洲的开阔地带，例如在永安和冒溪，对法国人的“刺猬”阵地[7]发动大规模攻击，但遭遇失败。与此相反的是，1954 年法军在奠边府的据点被越军的炮火压制，然后在大规模步兵攻击下沦陷。

在后来的越南战争（Vietnam War）中，美国人建立了可发动军事行动的“火力基地”，并在其周围修筑了防御工事。而他们的对手，越共和北越则对那些看起来很脆弱的美军基地发起围攻，例如 1965 年围攻波莱梅

Instructions regarding War Diaries and Intelligence Summaries are contained in F. S. Regs., Part II, and the Staff Manual respectively. Title pages will be prepared in manuscript.

WAR DIARY

or

INTELLIGENCE SUMMARY.

(*Erase heading not required.*)

Hour, Date, Place.	Summary of Events and Information.
ERAPEUM. 13th Aug. 1915.	Capt. MCRAE, Bde Major, went out on the launch GOËLA at the S. end of the Great Bitter Lake – to explain a sent out last night from Deversoir, in case it shou out again.
14th Aug	The G.O.C. who has been on two days leave to CAIR to ISMAILIA and visited the lines of the Alwar I on the morning of the 14th – returning to Serapeum
15th Aug 10.30 AM	The G.O.C. received telephonic instructions from the G to proceed with one Staff Officer to SUEZ by the 2.3 to take over the command of No I. Section Canal Lt Col R. T. I. Ridgway, 33rd Punjabis, as orders from the 33rd Punjabis to proceed to France.
2.30 pm	The G.O.C. with Captain H. St G. M. MCRAE, Brigade by train to Port TEWFIK, SUEZ, leaving Lt Col C.I.E. DSO, S.S.O. Gwalior Infantry, in command of th Section with Captain R. C. G. Pollock, Staff Capta Officer. Arrived at Suez at 4.30pm. and put u Headquarters.
UEZ, PORT TEWFIK. 4.30pm	The Section consists of 5 Posts on the Suez Cana 1 to 5 – vide sketch as per margin with detachm and KABRIT. – for troops, dispositions etc see Combined Defence Scheme & Standing Orders by Cmdt No I. Section. Besides the Posts on the Ca two Camps at SUEZ and KUBRI west. The G in Suez, including Guards on Eastern Telegraph Compa Oil Refinery Tanks, etc. total 14 N.C.Os + 66 men

和 1968 年围攻溪山。然而，参与这些进攻的越军成为美军空袭的重点目标。

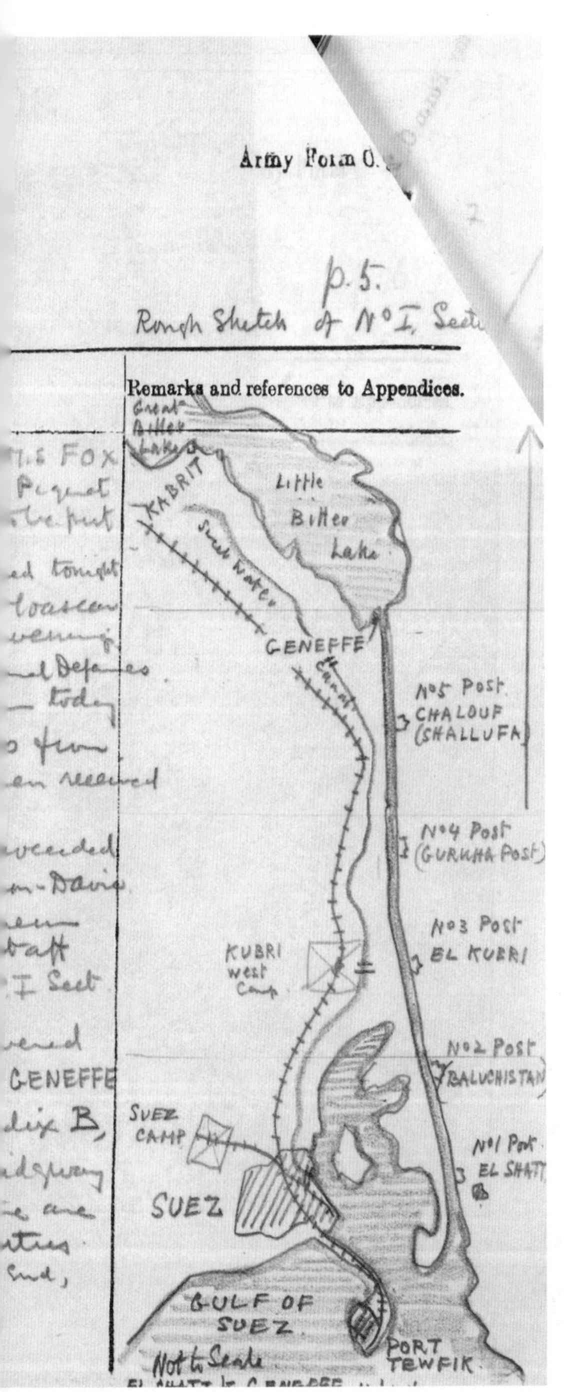

埃及苏伊士运河的防御工事，绘于一战期间

这张草图展示了苏伊士运河南部的防御工事，并附有战争日记。运河东侧有哨所，西侧有营地。

内战和镇压叛乱

在另一个不同的层面上，内战创造了对据点防御工事的需求。在大都市（本国而非殖民地）的叛乱中，部队的保护和警察的保护有所重叠。例如在北爱尔兰，20 世纪 60 年代末至 1998 年，激进的天主教分离主义运动组织爱尔兰共和军临时派 [8] 试图推翻政府。大多数设防哨所都是警察和军队的联合哨所。在贝尔法斯特的天主教地区和南阿马的边境地区，这些哨所都是针对普遍存在的威胁而设防的。这些威胁分为四种：狙击手对哨所的袭击，火箭推进榴弹[9]对瞭望塔的袭击，原始但有效的迫击炮袭击，以及汽车炸弹袭击。

作为应对措施，英国人在大多数哨所周围用瓦楞状铁板加上带刀片的铁丝网，构筑了防御墙，既可防止外界观察基地内人员的生活和工作，也可防止狙击手的攻击。安装在瞭望塔上并置于塔前数英尺处的铁丝网，能够有效地抵御火箭推进榴弹的攻击，因为火箭推进榴弹在击中塔身之前会在铁丝网上爆炸。在最容易遭受袭击的基地，生活区和控制与操作室都有双层屋顶，用来抵御迫击炮的攻击。为了防御汽车炸弹，基地入口处的减速弯道上被放置了大型混凝土块。

事实证明，在保护连级规模巡逻基地的人员方面，这些措施在大部分情况下都有效。到“麻烦”[10]结束时，许多警察局已得到重建，防御措施也被纳入。例如，位于西贝尔法斯特的伍德伯恩新警察局在其周围砌了一道21英尺（6.4米）高的砖墙。在《耶稣受难节协议》[11]签订之后，大多数巡逻基地快速地被拆除。

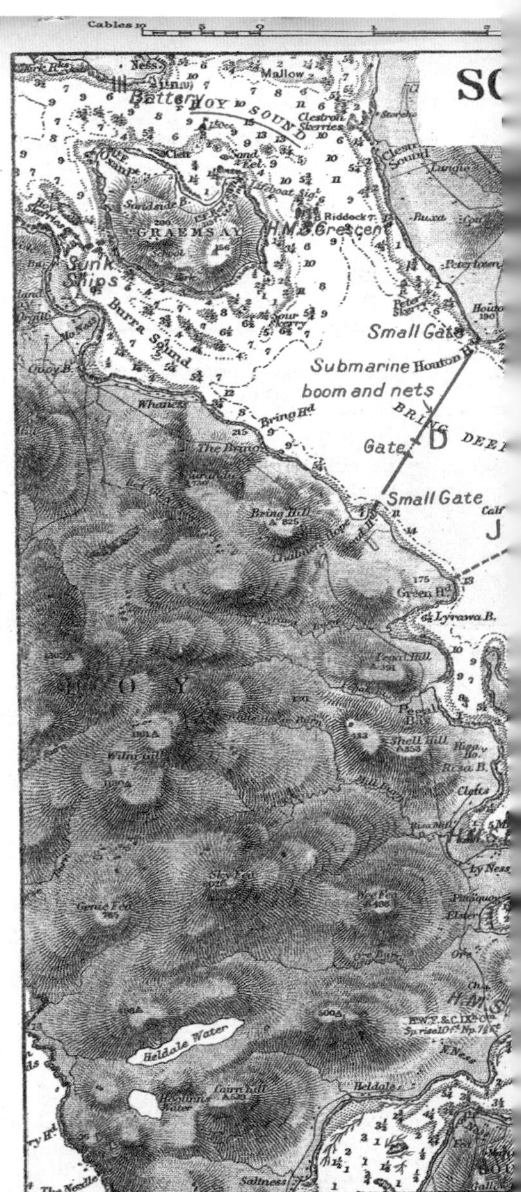

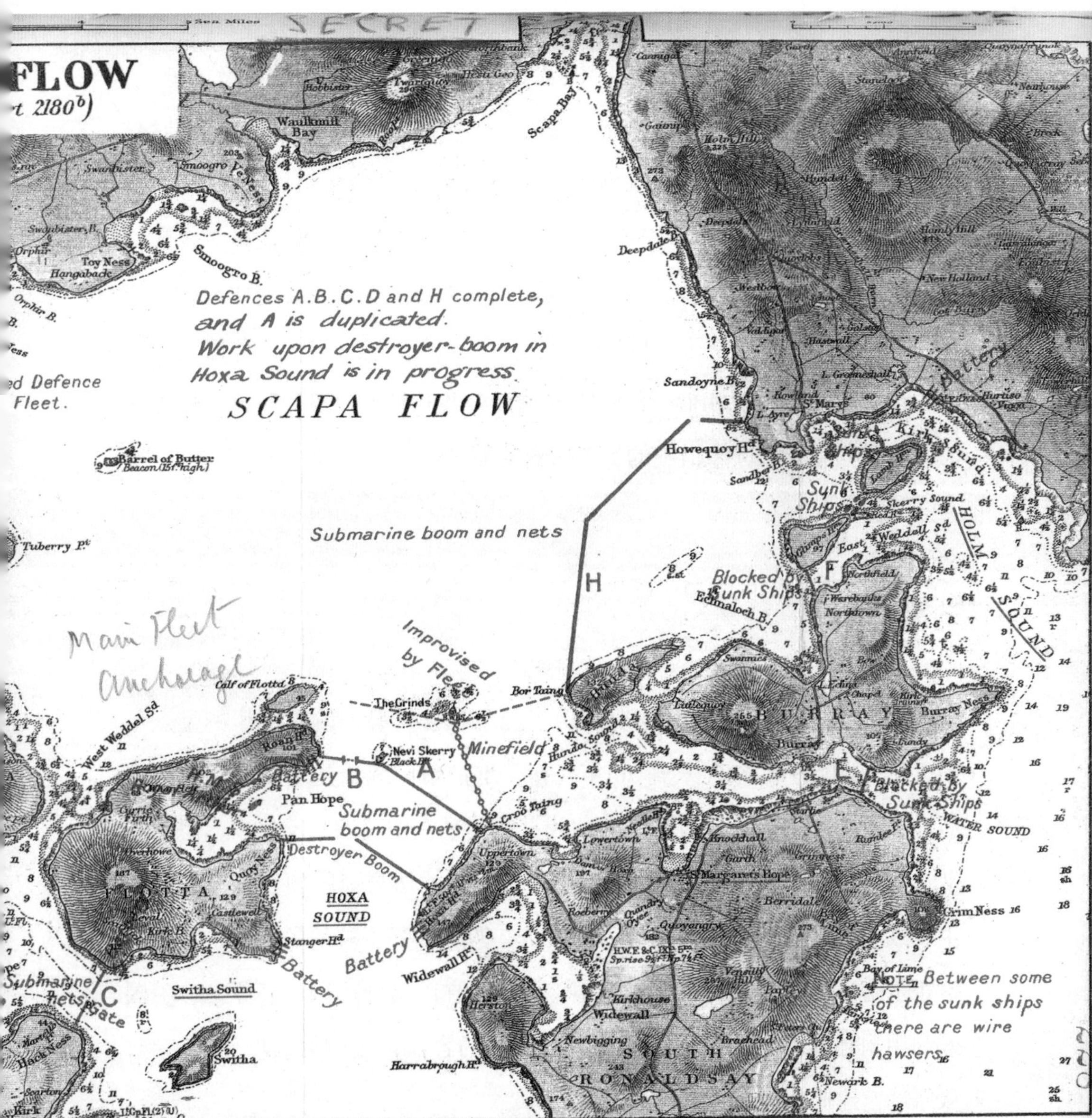

苏格兰斯卡帕湾的防御工事，绘于 1915 年

面对德国潜艇的威胁，英国当局认为，有必要在 1914 年将英国主力舰队（British Grand Fleet）从北海及其位于奥克尼群岛斯卡帕湾锚地的基地，撤回到苏格兰西北海岸的新基地。直到 1915 年，当斯卡帕湾基地的防御工事得到加强后，英国主力舰队才返回。防御工事的升级包括设置防止潜艇进入的围栏、铁网、水雷区，以及用沉船（沉船之间绑有钢缆）堵塞航道。

防爆墙、带钢化玻璃的窄缝式窗户、墙顶的带刺铁丝网、防止车辆直接或近距离接近的外部障碍物，以及受保护的大院等标准防护设施模式，在世界各地已变得司空见惯，而且适用于从军事基地、警察局到大使馆、法院大楼、银行等一系列建筑物。

在高度不稳定和高犯罪率的地区，这些防御措施对所有非宗教的行政管理中心都很重要，甚至对许多家庭也很重要。例如，在南非约翰内斯堡，许多家庭设有内部保护室或“笼子”，以防窃贼闯入。这种情况显然与中世纪时期的情况相似，当时需要加强公共和私人建筑的防御，而加强防御是公共和私人保障措施的一个重要方面。

关键的改变

从 1945 年开始，这种情况经历了几个相互重叠的阶段，但侧重点不同。从 20 世纪 40 年代末到 70 年代初，维护殖民统治是重要主题，但随后被国家内部的暴力反对浪潮所取代，尤其是在中美洲。反过来，恐怖主义又成了更大的关切，而在 21 世纪初，这种关切与美国领导盟军的干涉主义战争相结合。为了抵御敌人的攻击，盟军加强了基地的防御，特别是喀布尔附近的巴格拉姆等空军基地。此外，在阿富汗广阔的高原上，美国人利用当地的泥土和沙子填充事先准备好的容器，然后将其堆放在一起，从而迅速建造基地。

导弹和无人机为进攻方创造了更多的机会，这可能影响到未来防御工事的性质。无人机和卫星使空中侦察变得非常便利，从而使这些机会变得更多。事实上，由于这些威胁的存在，堡垒将具有野战部队的一些特点。为了在远距离摧毁攻击平台、武器和射弹，堡垒必须能够提供主动防御。在这方面，独立的作战单位将把过去的固定防御工事和野战部队结合在一起。

同时，反政府人士也将防御工事（尽管其类型非常不同）作为其开展斗争的工具，特别是在试图争取平民的支持并将居民区变成“禁区”的过程中；19 世纪，反政府人士在城市与当局开展斗争时通常都会在街道上设置路障。这是在城市发动叛乱和进行抵抗的一种特别方式。爱尔兰共和军在北爱尔兰开展活动的早期阶段，就曾在贝尔法斯特和伦敦德里采取过这种方式，直到 1972 年英国军队在“司机行动”（Operation Motorman）中攻克了他们的阵地。

在农村地区也是一样，人们不仅在单独的建筑和村庄里设置防御工事，也在洞穴等自然地貌中设置防御工事。1937 年，英国退役少将富勒（JFC Fuller）在西班牙内战期间访问了西班牙，他向英国军事情报局（British Military Intelligence）报告说：“这里的战线与一战中的战线完全不同……绝不是连续的……村庄通常都是天然的堡垒，一般都是四面围墙，哪一方守住了，就把中间的缺口也‘守住’了。”1999 年，当俄罗斯人威胁高加索地区分裂的车臣共和国时，车臣总统马斯哈多夫号召所有的人都动员起来，并宣布：“必须把每个村庄都变成堡垒。”2002 年，阿富汗的“基地”组织依托阿富汗东部的托拉博拉洞穴群进行了巧妙的防御。

这些例子突出表明，在军事事务中，乃至在各种机构（包括政府及其对手）行使权力和使用武力的过程中，防御工事在很大程度上仍然是关键手段、方法、目标和事项。没有任何迹象表明这种情况会改变，关于未来战争的技术讨论需要更多地关注这个问题。正如 20 世纪 90 年代关于军事革命的讨论和21世纪初关于转型的讨论一样，由于普遍强调进攻，特别是强调进攻的有效性，人们关注的技术重点大不相同。因此，人们更关注坦克和飞机，对未来战争的讨论主要集中在坦克和飞机将如何被取代，而不是以防御工事为中心的战争分析和叙述。

战乱地区的大多数实战表明，对防御工事的轻视是不可取的。防御工事的物理外观可能会继续改变，正如它们在不同历史时期所发生的改变那样，但防御工事具有重要性这一基本事实仍然不变。除了技术、军事和政治背景的变化外，在讨论防御工事的价值时，还必须评估其设计目的。防御工事设计的主要目的到底是为了阻止敌方进攻、延缓敌方推进速度，还

是为了让敌方付出高昂的代价？事实证明哪种标准最合适？如果将防御工事的范围扩大到包括对网络攻击的防御，上述要点都是有效的。虽然防御工事的性质和背景发生了变化，但它仍然具有至关重要的作用。

阿富汗贾姆鲁德堡（Jamrud Fort），摄于约 1915—1919 年

这幅照片大概摄于 1915—1919 年，图中展示的是位于开伯尔山口东端的贾姆鲁德堡。信奉锡克教的将军哈里·辛格·纳尔瓦（Hari Singh Nalwa）从当地部落手中征服该地区后，于 1836—1837 年修建了这座拥有厚实城墙的堡垒。1837 年，由于防守不力，这座堡垒被阿富汗人攻占。贾姆鲁德堡后来成为英国的基地，特别是在 1878—1879 年的阿富汗战争和 1897—1898 年的提拉战役（Tirah Campaign）中。贾姆鲁德堡既是开伯尔山口通行费的征收站，也是开伯尔来复枪军团的基地；开伯尔来复枪军团是一支由当地部落成员组成的辅助部队。

土耳其加里波利，绘于1915年

这几幅战场示意图是根据航空照片绘制的，展示了根据1915年6月1日下午之前的资料绘制的土耳其预设堑壕阵地的细节。协约国军队于1915年4月25日发起登陆行动，但失败了，部分原因是未能利用初始优势向前推进，结果将制高点留给了土耳其人，居高临下的土耳其人挡住了进攻部队的前进之路。6月，中将威廉·伯德伍德爵士（Sir William Birdwood）报告说："我们应该在彼此的10码（9.14米）范围内，但我却无法进入他们的战壕，这似乎很可笑。"5月，他曾提到"围困状态"。澳大利亚旅指挥官约翰·莫纳什（John Monash）评论道："我们现在已经把我们的战斗程序彻底组织好了，对一个陌生人来说，它可能看起来像一个混乱的蚂蚁堆，每个人都在以不同的方式奔跑，但这件事确实是组织的胜利……尽管空气中充斥着喧嚣、子弹、爆炸的炮弹、炸弹和照明弹。"

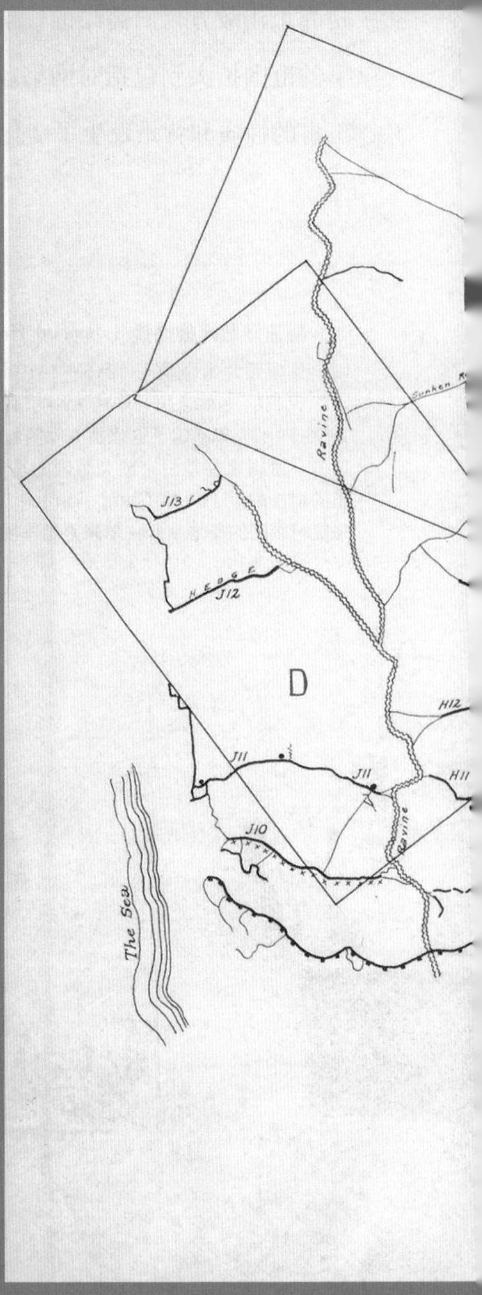

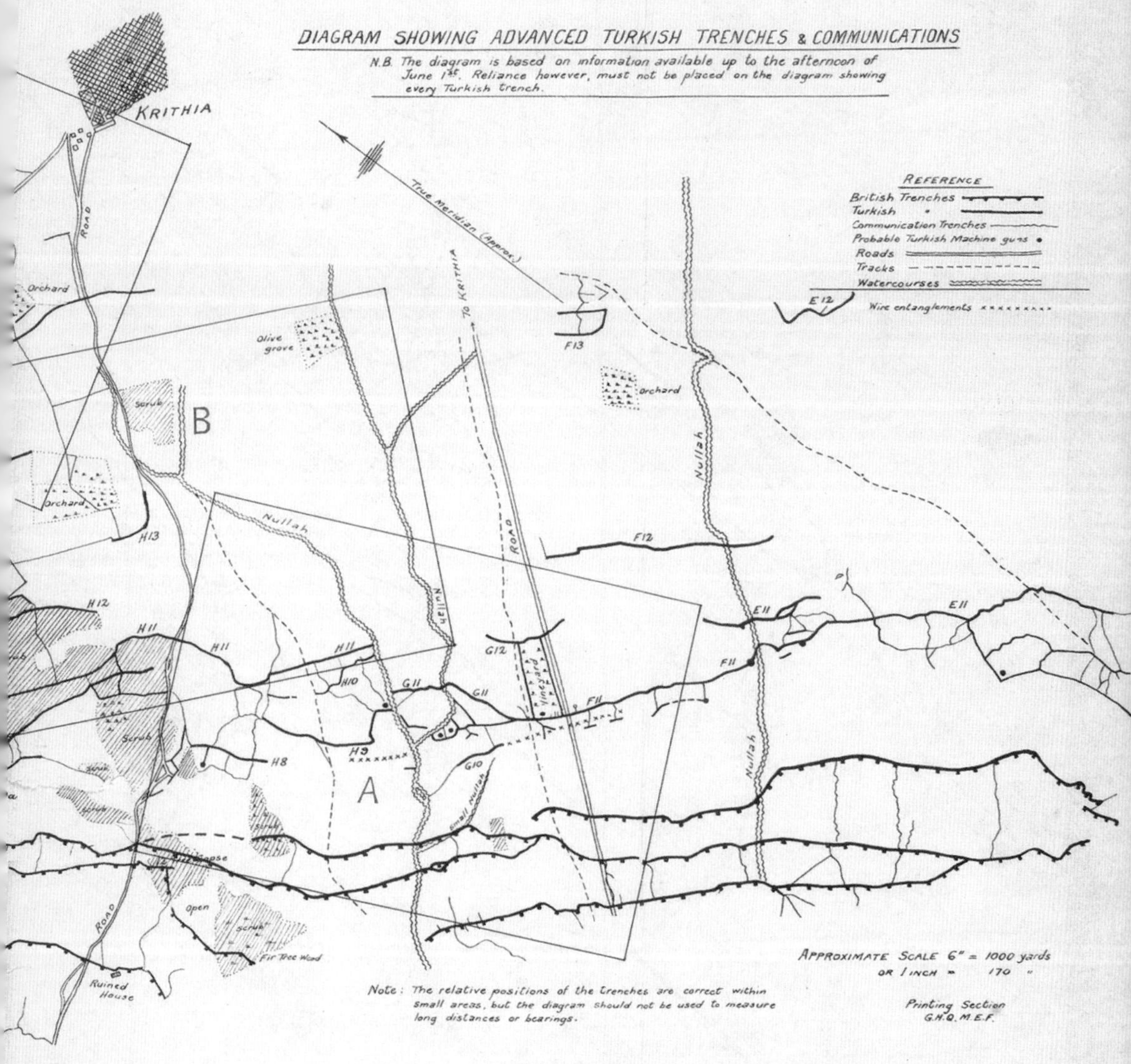

截至 1915 年 6 月 1 日的土耳其预设堑壕阵地和交通图。在土耳其堑壕阵地的不同位置用字母和数字标明了铁丝网。

Krithia
Kereves Dere
De Tott's Battery (ruined)
S.M. Observing station (disused)
Eski Hissarlik
Morto Bay
Rocky Bank
Old Castle
Hospital
Sedd-el-Bahr
(Sitil)
Cape Helles
L.H.
Cable to Imbros 1906
(Turkish)
183
184
175
176
168
169
163
A
B
C
D

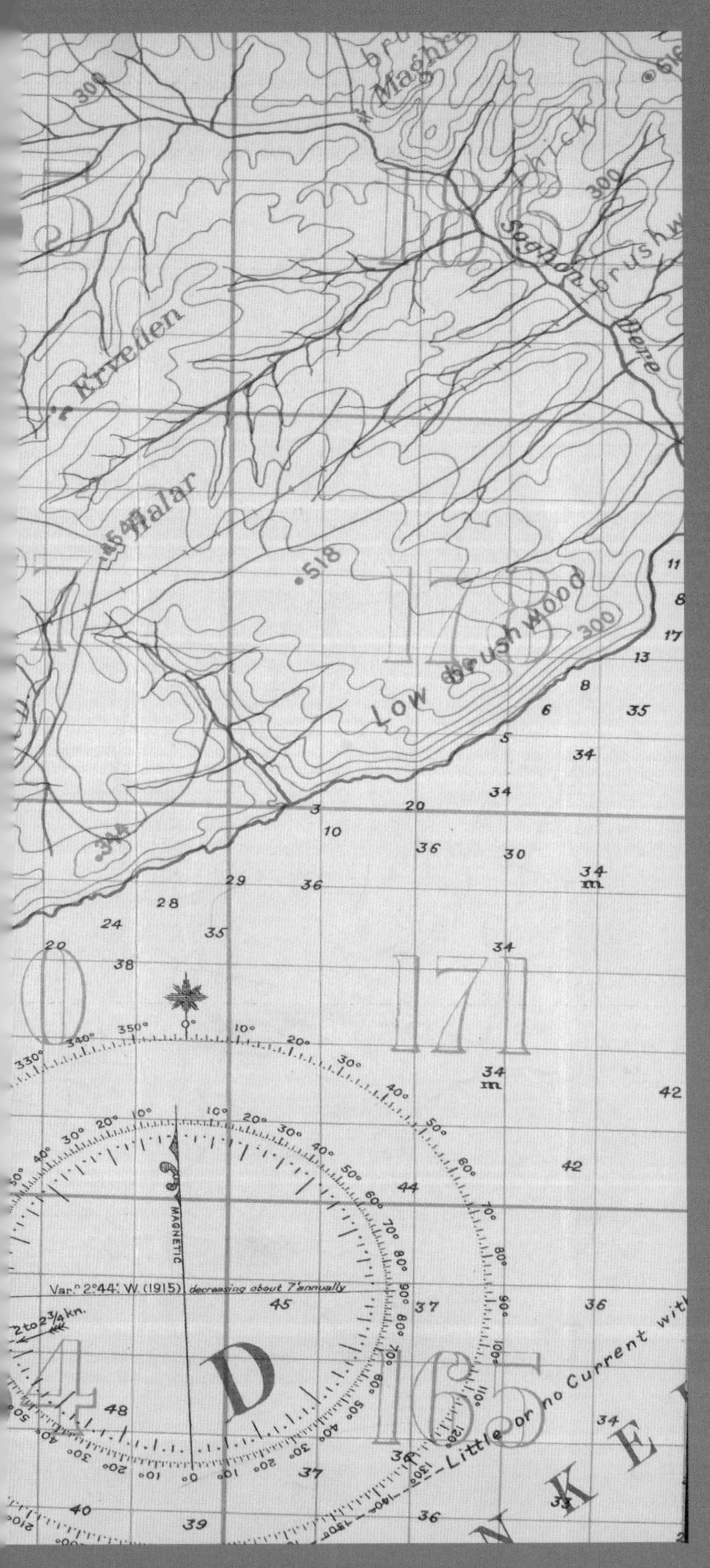

这张加里波利军事示意图是根据航拍照片绘制的，图中主要展示了当地的地貌，以及多座炮兵阵地的位置（包括使用中的和已废弃的）。

截至 1915 年 7 月 22 日的土耳其预设堑壕阵地平面图。

ATIONS.

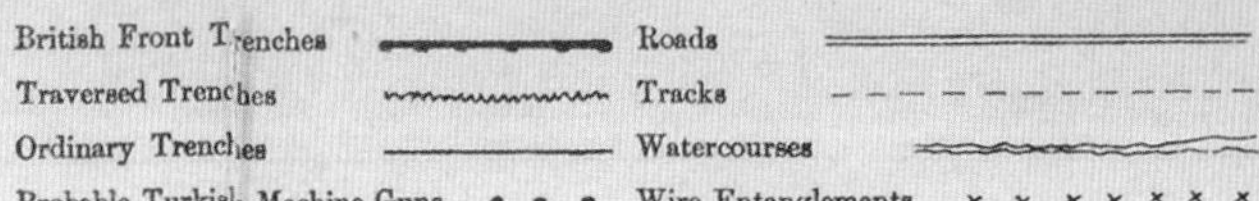

KRITHIA

Windmill

Olive Grove

ORCHARDS

KRITHIA ROAD

KRITHIA NULLAH

EAST KRITHIA NULLAH

WEST KRITHIA NULLAH

VINEYARDS

B

A

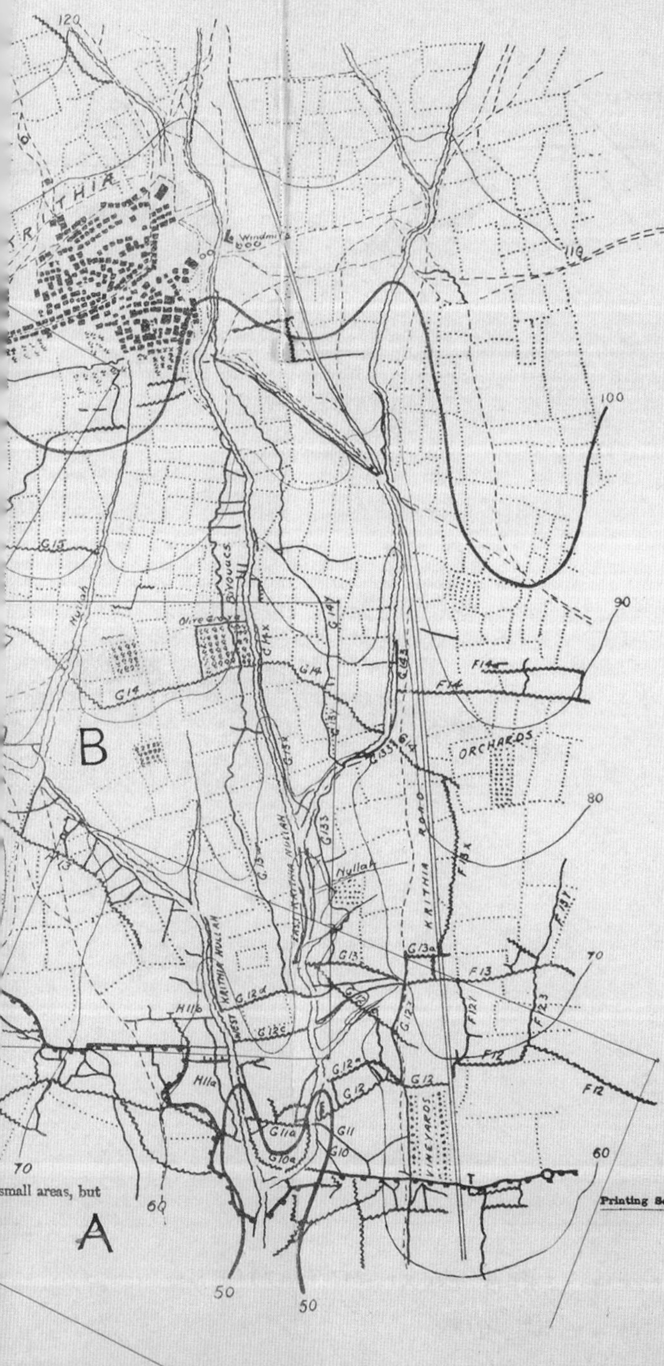

small areas, but

Printing Section, G.H.Q.

加里波利 21 号 MT 炮兵阵地位置全景图，绘于 1915 年。

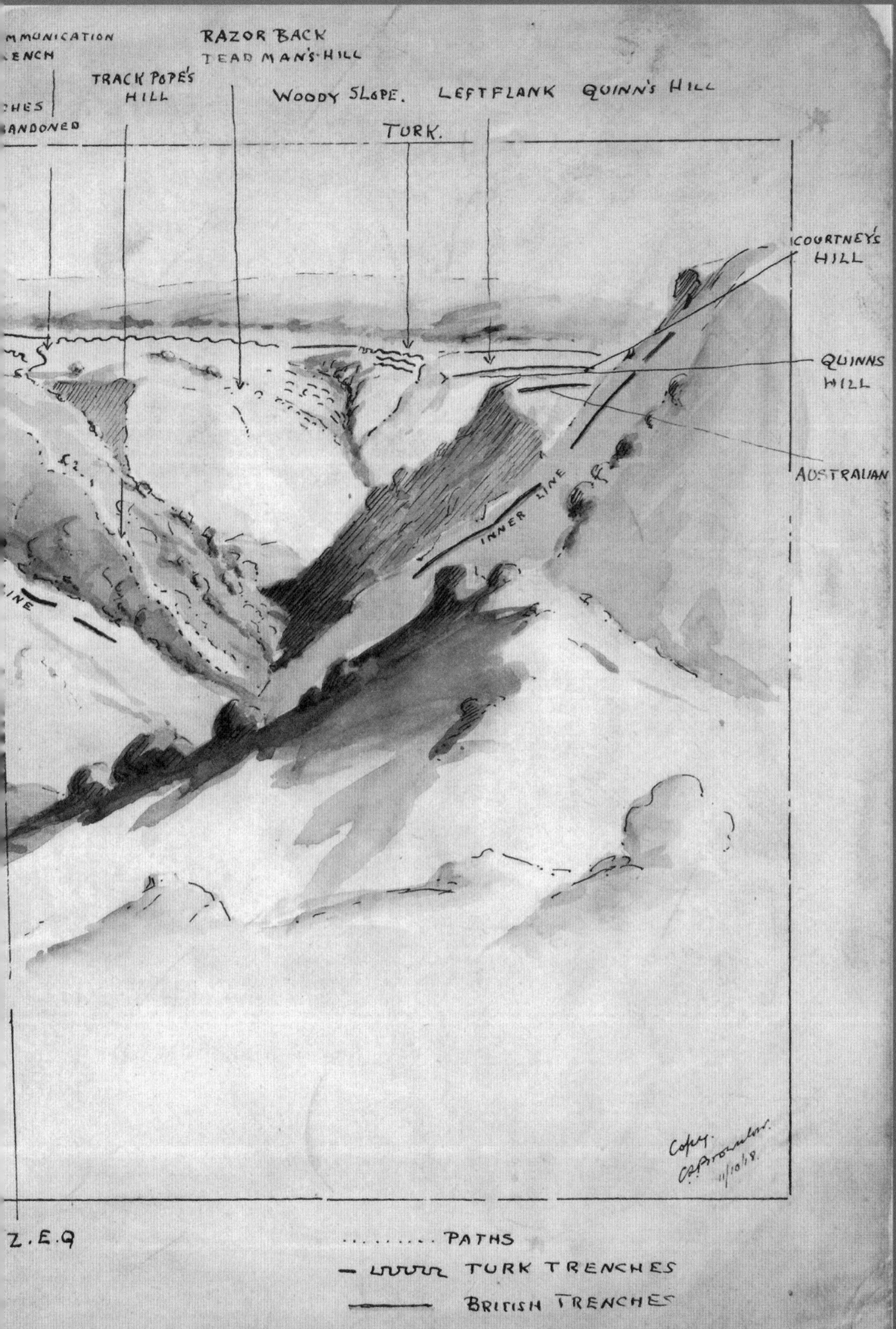

MMUNICATION
RENCH

RAZOR BACK
DEAD MAN'S HILL

TRACK POPE'S
HILL

CHES
BANDONED

WOODY SLOPE. LEFTFLANK QUINN'S HILL

TURK.

COURTNEY'S
HILL

QUINNS
HILL

AUSTRALIAN

INNER LINE

LINE

Copy.
C.S. Brownlow.
11/10/18.

Z.E.Q

.... PATHS
— ᴗᴗᴗᴗ TURK TRENCHES
——— BRITISH TRENCHES

1:10.000

BEAUMONT

Auchonvillers

Mailly-Maillet

Beaumont-Hamel

Hawthorn Ridge

The Bowery

One Tree Hill

Apple Trees

Cemetery

Vitermont Mill (Site of)

Vitermont

Englebelmer

Hill 142

Hamel

Mesnil

Cemetery

Aveluy Wood

G.S.G.S. 3062.

REFERENCE.

Enemy: Any trench apparently organised for fire. Other trenches. Disused trenches.

British front line trench.

Entanglement or other obstacle.

Ground cut up by Artillery fire.

Enemy's tracks.

Buried pipe line or cable.

Trench railway.

Supply dumps. Observation posts.

Dug-outs. Earthworks.

Mine craters. Mine craters fortified.

Hedge, fence or ditch. (Unknown which)

Hedge.

Ditch with permanent water.

Conspicuous points. (Position of point is centre of circle. Dot shows that point is trigonometrically fixed.) Church. Any trig point. Mill.

Roads: 1st Class. 2nd Class. 3rd Class. Footpaths, Cart tracks. Fenced. Unfenced.

Railways: Double. Single. Light or Tramway.

All heights in metres.

Scale 1:10,000

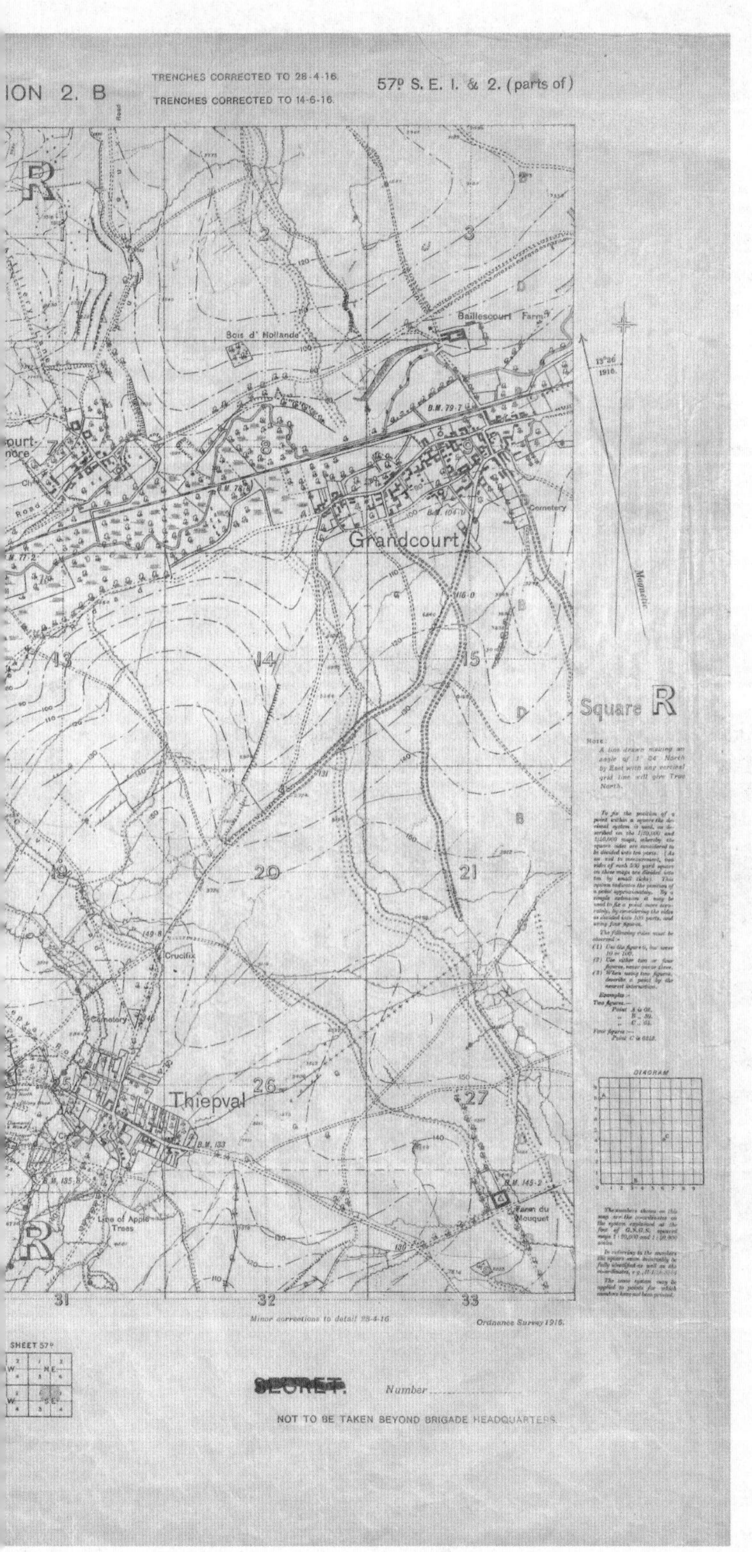

法国博蒙特－哈梅尔(Beaumont-Hamel)，截至1916年6月14日的堑壕阵地

博蒙特－哈梅尔位于德军战线的北端附近，协约国军队在1916年7月1日发起的索姆河攻势中遭遇失败。德军挖掘的防御工事令人印象深刻，其中包括非常深的地下掩体，它能保护部队免遭炮火的杀伤，部队还可以从这里随时转移到前线战壕的射击线上。7月1日，纽芬兰军团（Newfoundland Regiment）在那里遭受了特别惨重的伤亡。

爱尔兰复活节起义（Easter Rising），摄于 1916 年

这张照片展示的是都柏林塔尔博特街的英军防御阵地。事实证明，对于在 20 世纪更为常见的城市战斗而言，这种临时性的防御工事非常重要。1916 年 4 月 24 日复活节，星期一，约

1200 人在都柏林起义。起义军占领了一些地方，并宣布成立独立的爱尔兰共和国。由于缺乏广泛的支持，计划不周密、战术拙劣，以及英国人强有力的回应，起义军损失惨重。起义于 4 月 29 日结束。

FIRECLAY PIPES
FLOOR
Irish Rebellion, May, 1916.
ot Street, Dublin, held against a rebel charge.
Picture taken under fire.

SCOTTISH COMMAND

SECRET

SECOND EDITION, 1897

INVERKEITHING PH.
FIFE. XLIII. N.W.

FIFESHIRE WESTERN DIVISION

REFERENCE TO SWITCH BOARD.

1. CARLINGNOSE EXCHANGE VIZ P.O. 54.
2. RED COTTAGE BLOCKHOUSE.
3. RAILWAY GOODS LINE BLOCKHOUSE.
4. BRIDGE BLOCKHOUSE.
5. POLICE STATION BLOCKHOUSE.
6. S.W. OF DALMENY STATION.
7. MONS HILL NO TELEPHONE.
8. BANKHEAD COTTAGES.
9. EDINBURGH ROAD BLOCKHOUSE.
10. LONG RIB BLOCKHOUSE.
11. OFFICERS ROOM DALMENY BATTERY.

WOOD & FELT ROOF
VENTILATOR

TYPICAL BLOCKHOUSE AT DALMENY & HOUND POINT

Coast Guard Station
Pier
Lamps
Lighthouse
Pier Fort
Castle
Inch Garvie (Dalmeny Ph.)

FORTH BRIDGE

FORTH BRIDGE RAILWAY

TO CARLINGNOSE EX. VIZ P.O. 54

TO HOUND B.C. & E.L.D. TEL. RT. 39 S. QUEENSFERRY

TO CARLINGNOSE EX. & POLICE STN. & 21 S. QUEENSFERRY

P.O. OFFICE S. QUEENSFERRY

Suspended Signals
Long Rib
LONG CRAIG PIER
Long Craig Gate
Whitehouse Point
Whitehouse Bay
Sand
Low Water Mark of Ordinary Spring Tides
Hound Point
Peatdraught Bay
St. Margaret's Well
The W...
BLOCKHOUSE No. 5
BLOCKHOUSE No. 4
Earl Cairnie (Remains)
Old Quarry
Leuchold
Leuchold Wood
Mons Hill
MONS HILL
NEWHALLS PIER
Lighthouse
Port Neuk
The Craig
DALMENY BATTERY
Newhalls
Newhalls Gate
Bankhead
Butter Well
Old Quarry
Leuchold Gate
Cross (Remains of)
Shepherds Bog
Dunter Hill
Queensferry 2 / Edinburgh 7
Chapel Gate
Easter Dalmeny
Dickson's Craig
D A L
Police Burgh Bdy.
Parly. Bdy.
Reservoirs (Queensferry)
Rosshill
New Gardens
Dalmeny Station
Bankhead Cottages
Hospital
TO EDINBURGH CENTRAL
N.B.R. QUEENSFERRY BRANCH
Gasometer
Manse
Church
Old Quarry
Dalmeny
Smithy
Cock Hill
Barnbougle

FIELD DEFENCES.
SURVEYED BY MR E. KING C.D.
COPIED BY
2ND. CPL. MURCHISON. R.E.(T.)

LINLITHGOW II. S.E.

Surveyed in 1854. Revised in 1895.
Reprint 75/14.

LINLITHGOWSHIRE

DALMENY P...

CHARACTERISTICS AND SYMBOLS.

County Boundary	Antiquities, Site of	Trigonometrical Station
Parish Boundary	Arrow, showing direction of flow of water	
Contours: Instrumental 200; Sketched 225	For other information see Characteristic Sheet.	

Price 1/- net.

Heliozincographed from 1/2500 Plans and Published by the Director General at the Ordnance ...

The Altitudes are given in Feet above the assumed Mean Level of the Sea at Liverpool, which is 0.650 of a Foo...
Altitudes indicated thus (+ B.M. 64.7) refer to Bench Marks on Buildings, Walls, &c. those marked thus ... pre...

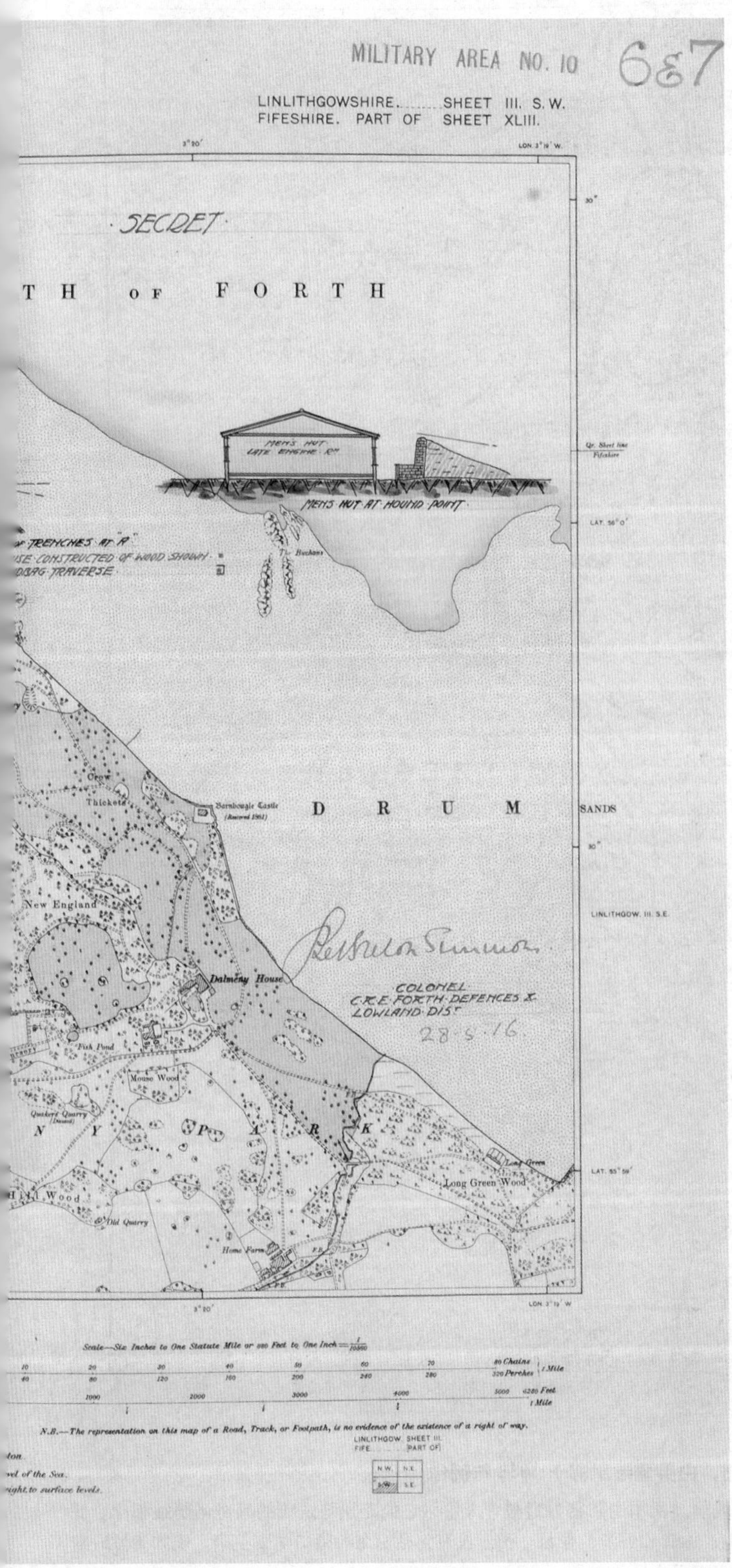

苏格兰英军炮台的陆上防御工事，绘于 1916 年

对德国人突袭能力的担忧，促使英国人更加重视沿海地区的防御。位于福斯湾的罗西斯海军基地使这个地区变得特别敏感。实际上，德国人并不打算从沿海轰炸转向登陆。防火线是决定防御位置的关键因素。

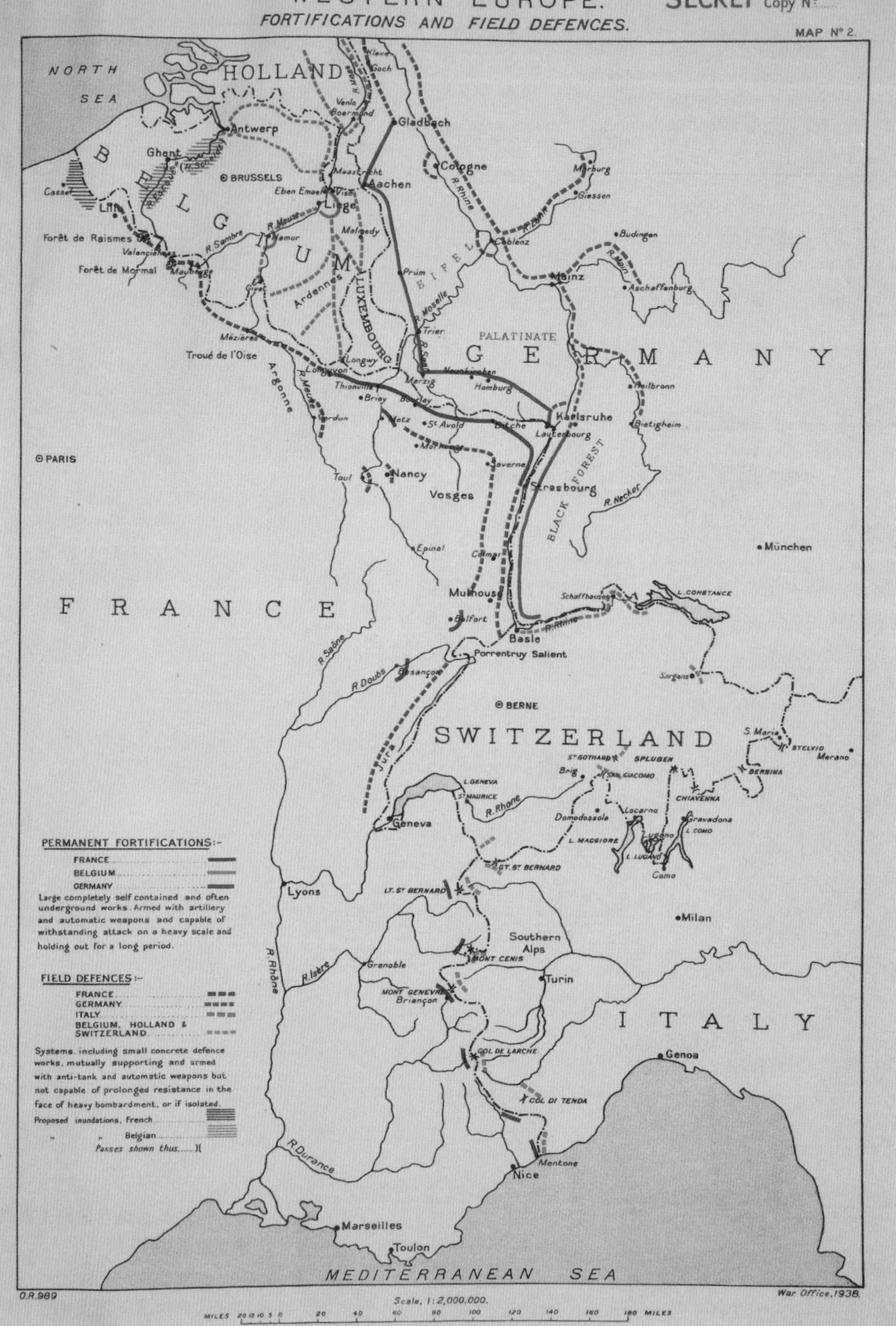

西欧防御工事和野战防御工事图，由英国陆军部于 1938 年制作

这幅军事示意图评估了德军入侵风险。德军的防御力量被夸大了：它们无法与法国的马奇诺防线相比。此外，示意图低估了地形的作用，如山地、山口和河流的形状。图上没有包括沿海和港口防御工事，例如普罗旺斯的防御工事。1940 年，人们发现野战防御工事严重不足。

齐格菲防线

为了对抗马奇诺防线，德国人从 1936 年开始规划长达 391 英里（629 千米）的西墙，但直到 1938 年才开始修建。德国人并不打算让齐格菲防线像马奇诺防线那样坚固，只是为了延缓进攻方的推进速度，以便为后备军的调动赢得时间，而这正是防御体系中很容易被忽视的一个方面。齐格菲防线的建设重点是相互支援的碉堡和混凝土反坦克防御工事，如图所示。1944 年，升级后的齐格菲防线抵挡住了美军的进攻，复杂的地形和当年秋天恶劣的天气也助了德国人一臂之力。而一旦盟军重整旗鼓并于 1945 年重新发起进攻，结果证明齐格菲防线并非固若金汤，特别是在集中和机动火力面前。坦克步兵小队在火炮和爆破部队的支援下，对个别阵地造成了毁灭性的打击。

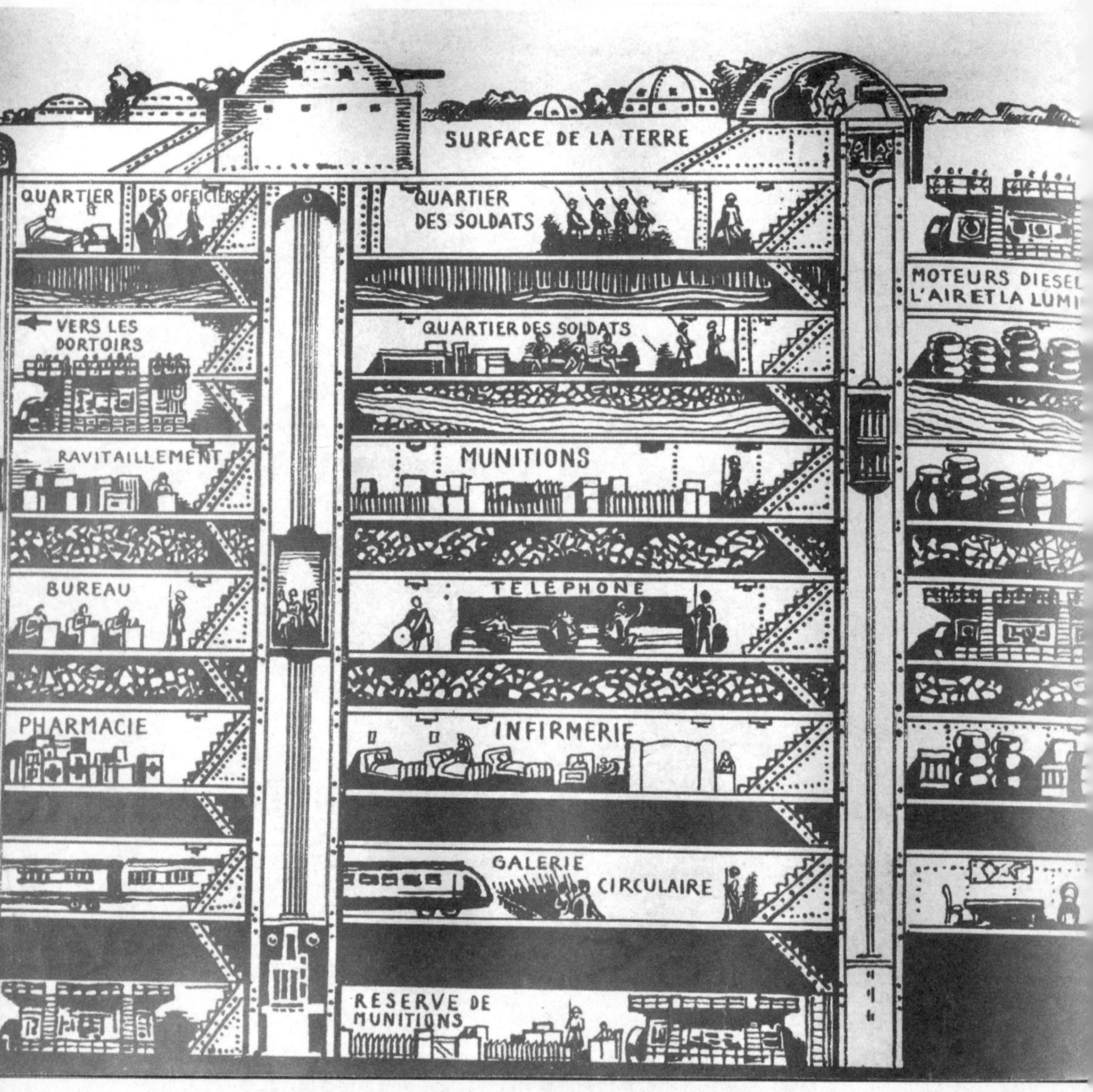

法国马奇诺防线（左图为防御工事内部示意图，右图摄于 1940 年）

马奇诺防线的失败仍然是一个被广泛引用的例子，说明防御工事和防御战略作为一个整体的局限性，尤其是法国人的防御工事和防御战略在 1940 年的局限性。这种失败常常被认为是安于

防守所导致的结果。但事实上，马奇诺防线将德军的进攻方向引导至北边。法军之所以失败，一是由于他们把机动预备队投入到向荷兰推进的行动中，二是由于德军能够突破该防线未能覆盖的默兹河中游的法军阵地。

Photograph No. 39

Interior of a "Castle" Fighting Truck, showing Bullet-Proofing. (Serial No. 4.)

Photograph No. 40

The "Hillmen's Pride" Fighting Truck. (Serial No. 5.)

Photograph No. 41

The "Noah's Ark" Fighting Truck—Shown before completion of roof. (Serial No. 6.)

巴勒斯坦阿拉伯人起义期间的设防火车（左侧 3 图），**摄于 1937—1939 年**

起初，阿拉伯人起义给英国人带来了一个严重的问题，后者无法维持对大部分农村地区的控制。英国人必须保护公路和铁路连接，使其免受阿拉伯人的攻击。最终，英国的大规模增援部队镇压了起义，并通过积极巡逻和集体惩罚相结合的方式来削弱游击队获得的支持。

苏联塞瓦斯托波尔的堡垒废墟，摄于 1942 年

在塞瓦斯托波尔，苏军的防御工事包括掩体、机枪暗堡、布雷区和带刺铁丝网障碍带。德国人除使用常规部队外，还使用履带式采矿车来摧毁防御工事，另出动了 3 门 600 毫米自行迫击炮，1 门 800 毫米火炮（收效甚微），以及火箭发射器。德军以反复的猛烈空袭支援其炮兵。苏联的防御虽然没有成功，但却分散了德军的兵力。

美国旧金山普雷西迪奥

普雷西迪奥是一处绝佳的防御阵地，俯瞰着旧金山湾主要锚地的入口。1776 年，为了控制此地，阻止英国和俄国在北美沿海的扩张，西班牙人在这里修建了一座堡垒。1846 年，美国人从墨西哥手中夺取了普雷西迪奥，并把它变为一座基地，旨在保护旧金山免受英国可能发起的攻击。后来，随着美国在太平洋地区的军力不断发展，普雷西迪奥成为一处战略基础设施。因此，1941 至 1942 年间，普雷西迪奥成为一处防御日本入侵的重要基地。它一直是美军基地，直到 1994 年关闭。

巴列夫防线实景图

在 1967 年从埃及手中夺取西奈半岛之后，以色列在苏伊士运河以东修建了长达 150 千米的巴列夫防线。巴列夫防线不仅包括运河本身，还包括一堵高高的沙墙，提供支持的混凝土堡垒和据点，其中包括掩体、战壕和布雷区，并在后方为坦克准备了射击阵地。1973 年，它在埃

及人的进攻下迅速失守，主要是因为埃及军队出其不意，打了以色列人一个措手不及。埃及军队对以色列军队的防御工事进行了猛烈的炮击，并派工兵部队巧妙地扫除了障碍，其中就包括使用水泵清除沙子。埃及人的防空部队装备了苏联人提供的地对空导弹，有效地挫败了以色列人的空中掩护。

注释

[1] 索姆河攻势（Somme Offensive），是一战中规模最大的一次会战，发生在 1916 年 7 月 1 日到 11 月 18 日间，英、法两国联军为突破德军防御并将其击退到法德边境，于是在位于法国北方的索姆河区域实施作战。双方伤亡共 130 万人，是一战中最惨烈的阵地战，也是人类历史上第一次于实战中使用坦克。

[2] 反斜面阵地（Reverse Slope Position），也称反斜坡阵地。反斜面是山地攻防战斗中背向敌方、面向我方的一侧山坡。这是一个军事地形学术语，在军事上有重要作用。

[3] 西墙，也称齐格菲防线，是二战开始前纳粹德国在其西部边境地区构筑的对抗法国马奇诺防线的筑垒体系。

[4] 巴尔干战争（Balkan Wars），是指 1912 至 1913 年间，在欧洲东南部巴尔干半岛发生的两次战争。第一次巴尔干战争是巴尔干同盟反对土耳其的控制和压迫所进行的战争。结果以土耳其战败、丧失欧洲大片领土而告终。第二次巴尔干战争则是保加利亚为一方，塞尔维亚、希腊、门的内哥罗（黑山）、罗马尼亚和奥斯曼帝国为另一方，因瓜分领土不均而进行的战争。结果以保加利亚战败，失掉了在第一次巴尔干战争中所得的大部分土地而告终。

[5] 在军事术语中，D 日（D-day）经常用作表示一次作战或行动发起的那天。迄今为止，最著名的 D 日是 1944 年 6 月 6 日诺曼底战役打响之日。

[6] 越南独立同盟会，简称越盟，于 1941 年成立，是争取越南民族解放的统一战线组织。

[7] “刺猬（法语 hérisson）”阵地，即环形防御据点。

[8] 爱尔兰共和军是 1919 年由爱尔兰民族主义分子建立的一支反英准军事游击队，目的是与驻爱尔兰的英军作战，促进爱尔兰与北爱尔兰的统一，分为正统派和临时派。

[9] 火箭推进榴弹（rocket-propelled grenade，简称 RPG），是苏联研制的反坦克及一般支援武器。

[10] “麻烦”，指 1922 至 1923 年的爱尔兰内战（Irish Civil War），是《英爱条约》的支持者与反对者之间的一场战争。

[11] 《耶稣受难节协议》(Good Friday Agreement)，亦称《贝尔法斯特协议》，由英国和爱尔兰政府于 1998 年 4 月 10 日(耶稣受难节)在北爱尔兰首府贝尔法斯特签署，并得到多数北爱尔兰政党支持，是北爱尔兰和平进程的一个重要里程碑。

译名对照表

人名（含军衔、贵族头衔等）	
Abraham Shipman	亚伯拉罕·希普曼
Adam Freitag	亚当·弗雷塔格
Admiral Sir Edward Montagu, 1st Earl of Sandwich	第一代桑威奇伯爵、海军上将爱德华·蒙塔古
Agung of Mataram, Sultan	马塔兰的苏丹阿贡
Ahmad bin Said al-Busaidi	艾哈迈德·本·赛义德·布赛迪
Akbar	阿克巴
Alauddin Khalji	阿拉丁·哈尔吉
Albrecht Dürer	阿尔布雷特·丢勒
Alessandro Farnese, Duke of Parma	帕尔马公爵亚历山德罗·法尔内塞
Alexander the Great of Macedon	马其顿的亚历山大大帝
Alfred Cane	阿尔弗雷德·凯恩
Alfred, King of Wessex	韦塞克斯国王阿尔弗雷德
Antoine de Ville	安托万·德·维尔
Aurangzeb	奥朗泽布
Babur	巴布尔
Bahadur Shah, Sultan of Gujarat	古吉拉特苏丹巴哈杜尔·沙阿
Baldwin I of Jerusalem	耶路撒冷的鲍德温一世
Baybars	拜巴尔斯
Benjamin Lincoln	本杰明·林肯
Bikramjeet Singh	比克拉姆吉特·辛格
Captain James Horsburgh	姆斯·霍斯伯格上尉
Carlos de Grunenbergh	卡洛斯·德·格鲁恩伯格
Carlos II	卡洛斯二世
Catherine of Braganza	布拉干萨的凯瑟琳
Charles Edward Stuart	查理·爱德华·斯图亚特
Charles Gordon	查尔斯·戈登
Charles II	查理二世
Charles, 2nd Earl Cornwallis	第二代康沃利斯伯爵查尔斯
Colonel George Monson	乔治·蒙森上校
Count of Tripoli	的黎波里伯爵
Cyrus Comstock	塞勒斯·康斯托克
Daniel Hailes	丹尼尔·海尔斯
Diego Hurtado de Mendoza, 1st Duke of the Infantado	第一代英凡塔多公爵迭戈·乌尔塔多·德·门多萨
Don Garcia of Toledo	托莱多的唐·加西亚
Duke Charles V of Lorraine	洛林公爵查理五世
Duke of Wellington	威灵顿公爵
Earl of Lennox	伦诺克斯伯爵
Edmund Gaines	埃德蒙·盖恩斯
Edward Gibbon	爱德华·吉本
Edward I of England, King	英格兰国王爱德华一世
Edward II of England, King	英格兰国王爱德华二世
Edward Matthew	爱德华·马修
Edward Stafford, 3rd Duke of Buckingham	第三代白金汉公爵爱德华·斯塔福德
Edward the Confessor	“忏悔者”爱德华
Edward V of England, King	英格兰国王爱德华五世

Elizabeth I of England, Queen	英格兰女王伊丽莎白一世
Elizabeth Montagu	伊丽莎白·蒙塔古
Emperor Franz Joseph	弗朗茨·约瑟夫皇帝
Fazil Ahmet Pasha	法齐尔·艾哈迈德·帕夏
Francis I of France, King	法国国王弗朗西斯一世
Francis II of France, King	法国国王弗朗西斯二世
François Blondel	弗朗索瓦·布朗德尔
François, Prince of Joinville	乔伊维尔亲王弗朗索瓦
Frederick Roberts	弗雷德里克·罗伯茨
Frederick William, the Great Elector	大选帝侯腓特烈·威廉
Fynes Moryson	费恩斯·莫莱森
Garibaldi	加里波第
General Gerard Lake	杰勒德·莱克将军
George Frederick Koehler	乔治·弗雷德里克·科勒
George Gilpin	乔治·吉尔平
George III of Great Britain, King	英国国王乔治三世
George Monro	乔治·蒙罗
George Paterson	乔治·帕特森
Giovanni Battista Calvi	乔瓦尼·巴蒂斯塔·卡尔维
Great Condé	大孔代
Guidoriccio Da Fogliano	吉多里西奥·达·福格里亚诺
Guillaume Levasseur de Beauplan	纪尧姆·莱瓦瑟尔·德·博普兰
Hari Singh Nalwa	哈里·辛格·纳尔瓦
Henri Brialmont	亨利·布里亚蒙
Henry Conway	亨利·康威
Henry I of England, King	英格兰国王亨利一世
Henry II of France, King	英格兰国王亨利二世
Henry III of France, King	英格兰国王亨利三世
Henry of Blois	布卢瓦的亨利
Herman Moll	赫尔曼·莫尔

Howell Davis	豪威尔·戴维斯
Isabella	伊莎贝拉
Ivan IV	伊凡四世
Jacob van der Croos	雅各布·范德·克劳斯
James I of England, King	英格兰国王詹姆斯一世
James II of Great Britain, King	英国国王詹姆斯二世
James IV of Scotland, King	苏格兰国王詹姆斯四世
James Monroe	詹姆斯·门罗
James Montresor	詹姆斯·蒙特雷索
Jean de Giou de Caylus	让·德·吉乌·德·卡尤斯
Joan of Arc	圣女贞德
Joanna	乔安娜
Johannes van Walbeeck	约翰尼斯·范·瓦尔贝克
John Burke	约翰·伯克
John Chard	约翰·查德
John Churchill, 1st Earl of Marlborough	第一代马尔伯勒公爵约翰·丘吉尔
John Corneille	约翰·科内尔
John III Sobieski, King of Poland	波兰国王约翰三世·索比斯基
John Kanu	约翰·卡努
John Monash	约翰·莫纳什
John of Gaunt	冈特的约翰
John Speed	约翰·斯比德
John the Marshal	司法官约翰
Jonas Moore	乔纳斯·摩尔
Josef Radetzky	约瑟夫·拉德茨基
Juan de Garay	胡安·德·加雷
Justly Watson	贾斯利·沃森
King Stephen	英王斯蒂芬
Lieutenant-Colonel Henry Cosby	亨利·考斯比中校
Lord Cobham	科巴姆勋爵

Lord Glenorchy, John Campbell	格伦诺奇勋爵约翰·坎贝尔
Louis de Cormontaigne	路易·德·科蒙泰涅
Louis Faidherbe	路易·费德尔布
Louis XIII of France, King	法国国王路易十三
Louis XIV of France, King	法国国王路易十四
Louis XVI of France, King	法国国王路易十六
Louis-Joseph de Montcalm	路易-约瑟夫·德·蒙卡姆
Madog ap Llywelyn	马多格·阿普·卢埃林
Malik Ambar	马利克·安巴尔
Marc-René, Marquis de Montalembert	蒙塔伦伯特侯爵马克-雷内
Marshal Belle-Isle	贝勒–伊塞尔元帅
Marshal Saxe	萨克斯元帅
Marshal Soult	苏尔特元帅
Maskhadov	马斯哈多夫
Master James of St George	圣乔治的詹姆斯大师
Maurice of Nassau	拿骚的莫里斯
Mehmed II	穆罕默德二世
Melchor de Vera	梅尔乔·德·维拉
Mohammad Jan Khan Wardek	穆罕默德·扬·汗·瓦尔代克
Moulay Ismael	穆莱·伊斯梅尔
Nadir	纳迪尔
Nicholas I of Russia, Tsar	俄国沙皇尼古拉一世
Niklas von Salm	尼克拉斯·冯·萨尔姆
Oliver Cromwell	奥利弗·克伦威尔
Osman Pasha	奥斯曼·帕夏
Owen Glendower	欧文·格伦道尔
Patrick Henry	帕特里克·亨利
Pedro de Mendoza	佩德罗·德·门多萨
Peter Flötner	彼得·弗洛特纳
Peter the Great	彼得大帝
Philip V of Spain, King	西班牙国王菲利普五世

Quincy Adams Gillmore	昆西·亚当斯·吉尔摩
Rana Ratan Singh	拉坦·辛格拉纳
Ranjit Singh	兰吉特·辛格
Rear-Admiral John Dahlgren	海军少将约翰·达尔格伦
Richard Bartlett	理查德·巴特利特
Richard II of England, King	英格兰国王理查二世
Richard Lernoult	理查德·勒诺特
Richard, Duke of York	约克公爵理查德
Richelieu	黎塞留
Robert Clive	罗伯特·克莱夫
Robert Lythe	罗伯特·莱特
Robert Searles	罗伯特·塞尔斯
Robert Trevor	罗伯特·特雷弗
Robert, Duke of Normandy	诺曼底公爵罗伯特
Roger de Montgomery	罗杰·德·蒙哥马利
Saladin	萨拉丁
Sébastien Le Prestre de Vauban	塞巴斯蒂安·勒普雷斯特尔·德·沃邦
Selim I	赛利姆一世
Simon Bernard	西蒙·伯纳德
Simon de Montfort	西蒙·德·孟福尔
Sir Ambrose Cave	安布罗斯·凯夫爵士
Sir Archibald Montgomery-Massingberd	阿奇博尔德·蒙哥马利–马辛伯德爵士
Sir Francis Drake	弗朗西斯·德雷克爵士
Sir Francis Walsingham	弗朗西斯·沃尔辛汉姆爵士
Sir George Crichton	乔治·克莱顿爵士
Sir John Burgoyne	约翰·伯戈恩爵士
Sir William Birdwood	威廉·伯德伍德爵士
Stefano Della Bella	斯特凡诺·德拉贝拉
Stephen of England, King	英格兰国王斯蒂芬
Thomas Blamey	托马斯·布莱米
Thomas Goddard	托马斯·戈达德

Thomas Henry Browne	托马斯・亨利・布朗
Thomas, Earl of Lancaster	兰开斯特伯爵托马斯
Tomaso Moretti	托马索・莫雷蒂
Udai Singh	乌代・辛格
Vespasian	韦斯巴芗
Victor Amadeus II of Savoy-Piedmont	维克托・阿马德乌斯二世
Wallenstein	瓦伦斯坦
Walter Hermann Ryff	沃尔特・赫尔曼・瑞夫
William Cecil	威廉・塞西尔
William de Warenne, 2nd Earl of Surrey	第二代萨里伯爵威廉・德・沃恩
William Eden	威廉・伊登
William FitzOsbern	威廉・菲茨奥斯本
William III of Orange	奥兰治的威廉三世
William Moultrie	威廉・莫尔特里
William Sidney Smith	威廉・西德尼・史密斯
William, Duke of Cumberland	坎伯兰公爵威廉
地名	
Aberystwyth	阿伯里斯特威斯
Abyssinian	阿比西尼亚
Acre, Israel	以色列，阿克里
Adrianople, Turkey	土耳其，阿德里安堡
Afghanistan	阿富汗
Agra	阿格拉
Ahmedabad, India	印度，艾哈迈达巴德
Ajmer	阿杰默
Al Jalali Fort, Muscat, Oman	阿曼，马斯喀特，贾拉利堡
Alaska, North America	北美洲，阿拉斯加
Alessandria, Italy	意大利，亚历山德里亚
Algeria, North Africa	北非，阿尔及利亚
Ali Masjid, Afghanistan	阿富汗，阿里清真寺
Allahabad	阿拉哈巴德

Almeida	阿尔梅达
Alt-Breisach	阿尔特－布莱萨赫
Alte Veste	阿尔特维斯特
Amsterdam Fort, Ambon, Indonesia	印度尼西亚，安汶，阿姆斯特丹堡
Amsterdam, Curaçao	库拉索岛，阿姆斯特丹
Antioch, Turkey	土耳其，安提阿
Antwerp, Belgium	比利时，安特卫普
Aqaba	亚喀巴
Aragon, Spain	西班牙，阿拉贡
Arcot fortress, Carnatic, India	印度，卡纳提克的阿科特要塞
Ardersier Point	阿德西尔角
Arica	阿里卡
Arras	阿拉斯
Ashby de la Zouch Castle	阿什比–德拉祖奇城堡
Ath	阿斯
Athlone Castle	阿斯隆城堡
Atlantic Wall	大西洋防线
Attock	阿托克
Austria	奥地利
Badajoz	巴达霍斯
Bagram	巴格拉姆
Balaclava	巴拉克拉瓦
Banbury Castle	班伯里城堡
Barbados	巴巴多斯
Barcelona	巴塞罗那
Bar-Lev Line	巴列夫防线
Baskent	巴斯青特
Batavia	巴达维亚
Bavaria	巴伐利亚
Beaumaris Castle	博马里斯城堡
Beaumont-Hamel	博蒙特–哈梅尔
Bedford	贝德福德

Belfast	贝尔法斯特
Belfort	贝尔福特
Belgrade	贝尔格莱德
Belknap	贝尔克纳普
Belle-Île	贝勒岛
Belvoir Castle	贝尔沃城堡
Bender	本德
Bergen-op-Zoom	卑尔根奥普祖姆
Bermuda	百慕大
Berwick-on-Tweed	特威德河畔的贝里克
Besançon	贝桑松
Bharatpur	巴拉特普尔
Bijapur	比贾普尔
Bilbao	毕尔巴鄂
Bio Bio	比奥比奥
Blackness Castle	布莱克内斯城堡
Blaye	布拉耶
Bobruisk	博布鲁伊斯克
Boulogne	布洛涅
Bramber Castle	布兰博城堡
Brancaster	布兰卡斯特
Brandenburg-Prussia	勃兰登堡–普鲁士
Breda	布雷达
Breskens	布雷斯肯斯
Brest	布列斯特
Bristol	布里斯托尔
British Isles	不列颠群岛
Brittany	布列塔尼
Brussels	布鲁塞尔
Buchanan	布坎南
Bucharest	布加勒斯特
Buda	布达

Buenos Aires	布宜诺斯艾利斯
Buffalo River	布法罗河
Bulgaria	保加利亚
Burgos	布尔戈斯
Cadiz	加的斯
Caen	卡昂
Caerleon	卡利恩
Caernarfon Castle	卡那封城堡
Calais	加莱
Cambrai	康布雷
Camp Drum	德拉姆营
Camp Ringgold	林戈尔德营
Candia, Crete	克里特岛，坎迪亚
Cape Breton Island	布雷顿角岛
Carcassonne	卡尔卡松
Cardiff Castle	加的夫城堡
Carew	卡鲁
Carlisle Bay	卡莱尔湾
Caroline, Florida	佛罗里达，卡洛琳
Carrickfergus Castle	卡里克弗格斯城堡
Casale	卡萨莱
Castel Nuovo	新堡
Castillo de San Marcos	圣马科斯堡
Ceuta	休达
Chadbourne	查德本
Channel Islands	海峡群岛
Charleroi	夏勒罗伊
Charleston	查尔斯顿
Chataldzha	查塔尔扎
Chechnya	车臣
Chepstow	切普斯托
Cherbourg	瑟堡
Chittaurgarh (Chittor) Fort	吉多尔格尔（奇托尔）堡

Ciudad Rodrigo	罗德里戈城
Coleraine Castle	科尔雷恩城堡
Commewijne	科莫韦恩
Concentric Castle	同心城堡
Connacht	康诺特省
Constantine	康斯坦丁
Constantinople	君士坦丁堡
Conwy Castle	康威城堡
Cook Inlet	库克湾
Copenhagen	哥本哈根
Corfe Castle	科夫堡
Corregidor	科雷吉多
Cragside	克雷塞德
Dakka Fort	达卡堡
Danube	多瑙河
Danzig	但泽
Dardanelles	达达尼尔海峡
Dauphin Fort	多芬堡
Deal Castle	迪尔城堡
Deh Khoja	德赫霍贾
Denmark	丹麦
Detroit	底特律
Devon	德文郡
Dora Riparia	多拉里帕里亚
Dorset	多塞特郡
Douaumont	杜奥蒙特
Dover	多佛
Dresden	德累斯顿
Dryslwyn Castle	德里斯温城堡
Dudley	杜德利
Duncannon Fort	邓肯嫩堡
Dundalk Castle	邓多克城堡
Dunkirk	敦刻尔克

Dunstanburgh Castle	邓斯坦伯城堡
Dunster Castle	邓斯特城堡
Dutch Guiana	荷属圭亚那
East Midlands	东米德兰兹
Eburacum	伊布拉坎
Edinburgh	爱丁堡
Egypt	埃及
Elba	厄尔巴
Elmley	埃尔姆利城堡
Enislaghan	爱尼斯拉根
Esquimalt	埃斯奎莫尔特
Ewell	埃维尔
Exeter	埃克塞特
Finland	芬兰
Firth of Forth	福斯湾
Flanders	佛兰德斯
Flodden	弗洛登
Fort à la Corne	科恩堡
Fort Abercrombie	阿伯克隆比堡
Fort Atkinson	阿特金森堡
Fort Augustus	奥古斯都堡
Fort Bliss	布利斯堡
Fort Boise	博伊西堡
Fort Colville	科尔维尔堡
Fort Croghan	克罗汉堡
Fort Desaix, Martinique	马提尼克岛，德赛克斯堡
Fort Dixcove	迪克斯科夫堡
Fort Duncan	邓肯堡
Fort Fisher	费舍尔堡
Fort Flathead	弗拉特黑德堡
Fort Frederica	弗雷德里卡堡
Fort Gates	盖茨堡
Fort Graham	格雷厄姆堡

Fort Gratiot	格拉蒂奥特堡
Fort Hamilton	汉密尔顿堡
Fort Inge	英格堡
Fort Kenay	凯奈堡
Fort Kodiak	科迪亚克堡
Fort Leyden	莱登堡
Fort Lyon	莱昂堡
Fort Marcy	马西堡
Fort Maurepas	莫雷帕堡
Fort Martin Scott	马丁·斯科特堡
Fort Nez Percés	内兹佩尔塞堡
Fort Nisqually	尼斯夸利堡
Fort of the Fox (Mesquakie)	福克斯堡（梅斯夸基堡）
Fort Okanagan	奥坎纳根堡
Fort Ridgely	里德利堡
Fort Ripley	里普利堡
Fort Scott	斯科特堡
Fort Sedgwick	塞奇威克堡
Fort St Charles	圣查尔斯堡
Fort St David	圣大卫堡
Fort St Philip	圣菲利普堡
Fort Sullivan	沙利文堡
Fort Sumter	萨姆特堡
Fort Tilden	蒂尔登堡
Fort Tongass	汤加斯堡
Fort Umpqua	乌姆普夸堡
Fort Union	联合堡
Fort Wagner	瓦格纳堡
Fort Wilkins	威尔金斯堡
Fort Worth	沃斯堡
Fort Wrangell	弗兰格尔堡
Forte de São João	圣若昂堡
Forte del Santissimo Salvatore	圣西莫·萨尔瓦托雷堡

Forte San Giacomo	圣贾科莫堡
Fredrikshald	弗雷德里克斯哈尔德
Freiburg	弗莱堡
Friedlingen	弗里德林根
Gallipoli	加里波利
Gascony	加斯科尼
Ghent	根特
Gibraltar	直布罗陀
Gingindlovu	金德洛夫
Glehue	格列休
Gloucester	格洛斯特
Goa	果阿
Golconda	戈尔康达
Graz	格拉茨
Grenada	格林纳达
Grenoble	格勒诺布尔
Grosmont	格罗斯蒙特
Gross Friedrichsburg	格罗斯－弗里德里希斯堡
Guadeloupe	瓜德罗普岛
Gulnabad	古尔纳巴德
Gurkha	廓尔喀
Gwalior Fort	瓜廖尔堡
Halifax	哈利法克斯
Hamah	哈马
Hampshire	汉普郡
Harlech Castle	哈勒赫城堡
Hartlebury	哈特伯里
Harwich	哈威治
Hattin	哈廷
Haxo	哈克索
Hearst Castle	赫斯特城堡
Hertogenbosch	赫托根博施
Hol	霍尔特

Hougoumont	豪古蒙特
Huesca province	韦斯卡省
Hull	赫尔
Hulst	赫尔斯特
Hungary	匈牙利
Ichhogil Canal Line	伊乔吉尔运河防线
Ile de France	法兰西岛
Inisloughlin	伊尼斯鲁格林
Inkerman	因克曼
Inverness	因弗内斯
Inversnaid	因弗斯奈德
Irkutsk	伊尔库茨克
Isandlwana	伊桑德瓦纳
Isfahan	伊斯法罕
Isle of Sheppey	谢佩岛
Izmail	伊兹梅尔
Jam	贾姆
James Fort	詹姆斯堡
Jamrud Fort	贾姆鲁德堡
Johannesburg	约翰内斯堡
Josefstadt	约瑟夫施塔特
Kabul	喀布尔
Kam Dakka	卡姆达卡
Kandahar	坎大哈
Kano	卡诺
Kantara	坎塔拉
Kanua	卡努阿
Kazan	喀山
Kehl	凯尔
Kenilworth Castle	凯尼尔沃思城堡
Kerch	刻赤
Kers	克斯
Khambula	坎布拉

Khartoum	喀土穆
Khe Sanh	溪山
Khotin	霍廷
Kildare Castle	基尔代尔城堡
Kimberley	金伯利
Kinburn	金伯恩
Kirkuk	基尔库克
Kirman	基尔曼
Knaresborough Castle	纳尔斯伯勒城堡
Königgrätz	科尼格莱茨
Konkan	康坎
Kronstadt	喀琅施塔得
La Haye Sainte	拉海耶圣
La Rochelle	拉罗谢尔
Ladysmith	拉迪斯密斯
Lahore	拉合尔
Lake Champlain-Hudson Valley	尚普兰湖—哈德逊河谷
Landau	兰道
Landguard Fort	“陆地守望者”城堡
Le Havre	勒阿弗尔
Lebanon	黎巴嫩
Legnano	莱纳诺
Lernoult Fort	勒诺特堡
Liège	列日
Lille	里尔
Loarre Castle	洛阿雷城堡
Loch Lomond	洛蒙德湖
Loire	卢瓦尔
Londonderry	伦敦德里
Longwy	朗维
Louisbourg	路易斯堡
Maastricht	马斯特里赫特

Madras	马德拉斯
Mafeking	马费金
Magdala	马格达拉
Maginot Line	马奇诺防线
Maiden Castle	梅登堡
Malmaison Fort	马尔梅松堡
Manila Bay	马尼拉湾
Mannerheim Line	曼纳海姆防线
Mantua	曼图亚
Manzanares el Real	曼萨纳雷斯–埃尔雷亚尔
Mao Khe	冒溪
Maratha	马拉塔
Marion	马利恩
Marston Moor	马斯顿荒原
Massawa	马萨瓦
Maubeuge	莫布热
Mazagon	马萨贡
McHenry	麦克亨利
McKavett	麦卡维特
Melbourne Castle	墨尔本城堡
Melilla	梅利利亚
Menorca	梅诺卡岛
Merrill	梅里尔
Meselle River	梅塞勒河
Messina	墨西拿
Metz	梅兹
Michilimackinac	米奇利马基纳克
Middleham Castle	米德尔赫姆城堡
Mobile	莫比尔
Mogilev	莫吉廖夫
Molodi	莫洛季
Monmouth	蒙茅斯
Mons	蒙斯
Montauban	蒙托邦
Mont-Dauphin	蒙多芬
Montemassi	蒙特马西
Monterey	蒙特雷
MontLouis	蒙路易
Montmédy	蒙特梅迪
Montmelian	蒙梅利安
Moro	摩洛
Narva	纳尔瓦
Navesink Highlands	纳维辛克高地
Neuf-Brisach	新布莱萨赫
Neuschwanstein Castle	新天鹅堡
Newcastle Emlyn	纽卡斯尔埃姆林
Niagara	尼亚加拉
Northumbrian	诺森伯兰
Novara	诺瓦拉
Nundydroog	努迪德罗格
Ochakov	奥恰科夫
Offra	奥夫拉
Omaha Bay	奥马哈海湾
Omsk	鄂木斯克
Oran	奥兰
Orenburg	奥伦堡
Orkney Islands	奥克尼群岛
Ormuz	奥尔穆兹
Orsha	奥尔沙
Ostend	奥斯坦德
Oswego	奥斯维戈
Oswestry	奥斯沃斯特里
Paitan River	派坦河
Pamplona	潘普洛纳
Paramaribo	帕拉马里博
Pensacola	彭萨科拉

Peschiera	佩什凯拉
Peshawar	白沙瓦
Petersburg	彼得斯堡
Philippsburg	菲利普斯堡
Pinerolo	皮涅罗洛
Platrand	普拉特兰
Plei Me	波莱梅
Plevna	普列夫纳
Plymouth	普利茅斯
Pondicherry	本地治里
Pontefract Castle	庞蒂弗拉克特城堡
Portland Channel	波特兰海峡
Portsdown Hill	波特斯敦山
Powis	波伊斯
Przemyśl	普泽米斯尔
Punjab	旁遮普
Quitman	奎特曼
Raglan	拉格兰
Reval	雷瓦尔
Rheinfelden	莱茵费尔登
Rhotas Ridge	罗塔斯山脊
Riga	里加
River Cauvery	考弗里河
River Irtysh	额尔齐斯河
River Orwell	奥威尔河
River Yenisey	叶尼塞河
Rocroi	洛克罗伊
Rosyth	罗西斯
San Sebastian	圣塞巴斯蒂安
Sandal Castle	桑德尔城堡
Santa Rosa Island	圣罗莎岛
Saragossa	萨拉戈萨
Scapa Flow	斯卡帕湾

Schellenberg	舍伦堡
Seille River	塞耶河
Sekondi	塞康迪
Seneffe	塞内夫
Seringapatam	塞林伽巴丹
Sevendroog	塞文德罗格
Sewri	塞维
Sion	锡永
Skenfrith Castle	斯肯弗里斯城堡
South Armagh	南阿马
St Gotthard	圣戈特哈德
St Omer	圣奥梅尔
Stikine River	斯蒂金河
Stockton	斯托克顿
Strasbourg	斯特拉斯堡
Suakin	苏亚金
Sudak	苏达克
Surinam	苏里南
Sviiazhsk	斯维亚日斯克
Talbot	塔尔博特
Temesvár	特梅斯瓦尔
Terrett	特雷特
Theresienstadt	特雷西恩施塔特
Thionville	蒂翁维尔
Tobruk	托布鲁克
Tomar	托马尔
Tortona	托尔托纳
Toulon	土伦
Tournai	图尔奈
Trichinopoly	特里希诺波里
Tynemouth Castle	泰恩茅斯城堡
Ulster	阿尔斯特
Ulundi	乌伦迪

Ulya	乌里雅
Ust'-Kamenogorsk	乌斯特–卡米诺戈尔斯克
Valenza	瓦伦扎
Valmy	瓦尔米
Vaux	沃克斯
Venlo	文洛
Verona	维罗纳
Viborg	维堡
Villingen	维林根
Vinh Yen	永安
Vitebsk	维捷布斯克
Vitoria	维托利亚

Waikato River	怀卡托河
Wakefield	韦克菲尔德
Water Line	水线
Willemstad	威廉斯塔德
Woodbourne	伍德伯恩
Woodbury Castle	伍德伯里堡
Worcestershire	伍斯特郡
Worli	沃里
Yakutsk	雅库茨克
Zamboanga	三宝颜
Zashiversk	扎希维尔斯克

金城出版社
GOLD WALL PRESS

历史图文系列

用图片和文字记录人类文明轨迹

策划：朱策英
Email：gwpbooks@foxmail.com

空战图文史：1939—1945年的空中冲突

[英]杰里米・哈伍德/著　陈烨/译

本书是二战三部曲之一。通过丰富的图片和通俗的文字，全书详细讲述二战期间空战全过程，生动呈现各国军力、战争历程、重要战役、科技变革、军事创新等诸多历史细节，还涉及大量武器装备和历史人物，堪称一部全景式二战空中冲突史，也是一部近代航空技术发展史。

海战图文史：1939—1945年的海上冲突

[英] 杰里米・哈伍德/著　付广军/译

本书是二战三部曲之二。通过丰富的图片和通俗的文字，全书详细讲述二战期间海战全过程，生动呈现各国军力、战争历程、重要战役、科技变革、军事创新诸多历史细节，还涉及大量武器装备和历史人物，堪称一部全景式二战海上冲突史，也是一部近代航海技术发展史。

密战图文史：1939—1945年冲突背后的较量

[英] 加文・莫蒂默/著　付广军　施丽华/译

本书是二战三部曲之三。通过丰富的图片和通俗的文字，全书详细讲述二战背后隐秘斗争全过程，生动呈现各国概况、战争历程、重要事件、科技变革、军事创新等诸多历史细节，还涉及大量秘密组织和间谍人物及其对战争进程的影响，堪称一部全景式二战隐秘斗争史，也是一部二战情报战争史。

堡垒图文史：人类防御工事的起源与发展

[英]杰里米・布莱克/著　李驰/译

本书通过丰富的图片和生动的文字，详细描述了防御工事发展的恢弘历程及其对人类社会的深远影响，包括堡垒起源史、军事应用史、技术创新史、思想演变史、知识发展史等。这是一部人类防御发展史，也是一部军事技术进步史，还是一部战争思想演变史。

武士图文史：影响日本社会的700年

[日]吴光雄/著　陈烨/译

通过丰富的图片和详细的文字，本书生动讲述了公元12至19世纪日本武士阶层从诞生到消亡的过程，跨越了该国封建时代的最后700年。全书穿插了盔甲、兵器、防御工事、战术、习俗等各种历史知识，并呈现了数百幅彩照、古代图画、示意图、手绘图、组织架构图等等。本书堪称一部日本古代军事史，一部另类的日本冷兵器简史。

太平洋战争图文史：通往东京湾的胜利之路

[澳] 罗伯特・奥尼尔/主编　傅建一/译

本书精选了二战中太平洋战争的10场经典战役，讲述了各自的起因、双方指挥官、攻守对抗、经过、结局等等，生动刻画了盟军从珍珠港到冲绳岛的血战历程。全书由7位世界知名二战史学家共同撰稿，澳大利亚社科院院士、牛津大学战争史教授担纲主编，图片丰富，文字翔实，堪称一部立体全景式太平洋战争史。

纳粹兴亡图文史：希特勒帝国的毁灭

[英]保罗・罗兰/著　晋艳/译

本书以批判的视角讲述了纳粹运动在德国的发展过程，以及希特勒的人生浮沉轨迹。根据大量史料，作者试图从希特勒的家庭出身、成长经历等分析其心理与性格特点，描述了他及其党羽如何壮大纳粹组织，并最终与第三帝国一起走向灭亡的可悲命运。

潜艇图文史：无声杀手和水下战争

[美]詹姆斯・德尔加多/著　傅建一/译

本书讲述了从1578年人类首次提出潜艇的想法，到17世纪20年代初世界上第一艘潜水器诞生，再到1776年用于战争意图的潜艇出现，直至现代核潜艇时代的整个发展轨迹。它呈现了一场兼具视觉与思想的盛宴，一段不屈不挠的海洋开拓历程，一部妙趣横生的人类海战史。

狙击图文史：影响人类战争的400年

[英]帕特・法里　马克・斯派瑟/著　傅建一/译

本书讲述了自17至21世纪的狙击发展史。全书跨越近400年的历程，囊括了战争历史、武器装备、技术水平、战术战略、军事知识、枪手传奇以及趣闻逸事等等。本书堪称一部图文并茂的另类世界战争史，也是一部独具特色的人类武器演进史，还是一部通俗易懂的军事技术进化史。

战舰图文史（第1册）：从古代到1750年

[英]山姆·威利斯/著　朱鸿飞　泯然/译

本书以独特的视角，用图片和文字描绘了在征服海洋的过程中，人类武装船只的进化史，以及各种海洋强国的发展脉络。它不仅介绍了经典战舰、重要事件、关键战役、技术手段、建造图样和代表人物等细节，还囊括了航海知识、设计思想、武器装备和战术战略的沿革……第1册记录了从古代到公元1750年的海洋争霸历程。

战舰图文史（第2册）：从1750年到1850年

[英]山姆·威利斯/著　朱鸿飞　泯然/译

本书以独特的视角，用图片和文字描绘了在征服海洋的过程中，人类武装船只的进化史，以及各种海洋强国的发展脉络。它不仅介绍了经典战舰、重要事件、关键战役、技术手段、建造图样和代表人物等细节，还囊括了航海知识、设计思想、武器装备和战术战略的沿革……第2册记录了从公元1750年到1850年的海洋争霸历程。

战舰图文史（第3册）：从1850年到1950年

[英]山姆·威利斯/著　朱鸿飞　泯然/译

本书以独特的视角，用图片和文字描绘了在征服海洋的过程中，人类武装船只的进化史，以及各种海洋强国的发展脉络。它不仅介绍了经典战舰、重要事件、关键战役、技术手段、建造图样和代表人物等细节，还囊括了航海知识、设计思想、武器装备和战术战略的沿革……第3册记录了从公元1850年到1950年的海洋争霸历程。

医学图文史：改变人类历史的7000年（精、简装）

[英]玛丽·道布森/著　苏静静/译

本书运用通俗易懂的文字和丰富的配图，以医学技术的发展为线，穿插了大量医学小百科，着重讲述了重要历史事件和人物的故事，论述了医学怎样改变人类历史的进程。这不是一本科普书，而是一部别样的世界人文史。

疾病图文史：影响世界历史的7000年（精、简装）

[英]玛丽·道布森/著　苏静静/译

本书运用通俗易懂的文字和丰富的配图，以人类疾病史为线，着重讲述了30类重大疾病背后的故事和发展脉络，论述了疾病怎样影响人类历史的进程。这是一部生动刻画人类7000年的疾病抗争史，也是世界文明的发展史。

间谍图文史：世界情报战5000年

[美]欧内斯特·弗克曼/著　李智　李世标/译

本书叙述了从古埃及到"互联网+"时代的间谍活动的历史，包括重大谍报事件的经过，间谍机构的演变，间谍技术的发展过程等，文笔生动，详略得当，语言通俗，适合大众阅读。

二战图文史：战争历程完整实录（全2册）

[英]理查德·奥弗里/著　朱鸿飞/译

本书讲述了从战前各大国的政治角力，到1939年德国对波兰的闪电战，再到1945年日本遭原子弹轰炸后投降，直至战后国际大审判及全球政治格局。全书共分上下两册，展现了一部全景式的二战图文史。

第三帝国图文史：纳粹德国浮沉实录

[英]理查德·奥弗里/著　朱鸿飞/译

本书用图片和文字还原了纳粹德国真实的命运轨迹。这部编年体史学巨著通过简洁有力的叙述，辅以大量绝密的历史图片，珍贵的私人日记、权威的官方档案等资料，把第三帝国的发展历程（1933—1945）完整立体呈现出来。

世界战役史：还原50个历史大战场

[英]吉尔斯·麦克多诺/著　巩丽娟/译

人类的历史，某种意义上也是一部战争史。本书撷取了人类战争史中著名大战场，通过精练生动的文字，珍贵的图片资料，以及随处可见的战术思维、排兵布阵等智慧火花，细节性地展现了一部波澜壮阔的世界战役史。

希特勒的私人藏书：那些影响他一生的图书

[美]提摩西·赖贝克/著　孙韬　王砚/译

本书通过潜心研究希特勒在藏书中留下的各类痕迹，批判分析其言行与读书间的内在逻辑，生动描绘了他从年轻下士到疯狂刽子手的思想轨迹。读者可以从中了解他一生收藏了什么书籍，书籍又对他产生了何种影响，甚至怎样改变命运。